Adobe Animate CC 2019
经典教程

[美] 拉塞尔·陈（Russell Chun）著

肖岳 译

人民邮电出版社

北京

图书在版编目（ＣＩＰ）数据

Adobe Animate CC 2019经典教程 / （美）拉塞尔·
陈（Russell Chun）著；肖岳译. -- 北京 ：人民邮电
出版社，2020.3（2022.1重印）
ISBN 978-7-115-50552-1

Ⅰ. ①A… Ⅱ. ①拉… ②肖… Ⅲ. ①超文本标记语言
－程序设计－教材 Ⅳ. ①TP312.8

中国版本图书馆CIP数据核字(2019)第267796号

版 权 声 明

♦ 著　　　　[美]　拉塞尔·陈（Russell Chun）

译　　　　肖 岳

责任编辑　武晓燕

责任印制　王 郁　焦志炜

♦ 人民邮电出版社出版发行　　北京市丰台区成寿寺路 11 号

邮编　100164　　电子邮件　315@ptpress.com.cn

网址　http://www.ptpress.com.cn

固安县铭成印刷有限公司印刷

♦ 开本：800×1000　1/16

印张：22.5　　　　　　　2020 年 3 月第 1 版

字数：540 千字　　　　　2022 年 1 月河北第 6 次印刷

著作权合同登记号　图字：01-2019-6243 号

定价：79.00 元

读者服务热线：**(010)81055410**　印装质量热线：**(010)81055316**
反盗版热线：**(010)81055315**
广告经营许可证：京东市监广登字20170147号

内容提要

本书由 Adobe 公司编写，是 Adobe Animate CC 软件的官方培训手册。

本书共 10 课，每课都围绕着具体的示例讲解，步骤详细、重点明确，手把手教读者进行实际操作。本书讲解细致全面，内容包括 Animate 的基础知识、创建图形和文本、制作元件动画和人物动画、控制摄像机、制作形状的动画和使用遮罩、创建交互式导航和虚拟现实环境、处理声音和视频、发布动画等，并在适当的地方穿插介绍了 Animate CC 2019 版本中的最新功能。

本书语言通俗易懂，并配以大量图示，特别适合 Animate 新手阅读；有一定使用经验的用户也可以通过本书学到大量高级功能。本书也适合作为高校相关专业以及相关培训班的教材。

前　言

Adobe Animate CC 2019 提供了一个全面的创作环境，它可以用来创建复杂的动画和交互式的富媒体应用程序，并将其发布到各种平台上。Animate CC 在创意行业中得到了广泛应用，它可以用来开发融合了视频、声音、图形和动画的引人入胜的项目。你可以在 Animate CC 中创建原创内容，或者从其他 Adobe 应用程序（如 Photoshop CC 或 Illustrator CC）导入素材来快速设计动画和多媒体，并使用代码来生成复杂的交互性。

Animate CC 可用于生成图形和动画素材，建立创新性和沉浸式的网站，发布广播级别的动画，为桌面端创建独立的应用程序，还可以创建能在 Android 或 iOS 等移动设备上运行的移动应用。

对动画的控制能力，直观而灵活的绘图工具，以及针对高清视频、HTML5、WebGL、SVG、移动应用、桌面应用程序和 Flash Player 等的输出选项，使得 Adobe Animate CC 成为能够将创意变为现实的一个稳定的多媒体创作环境。

关于经典教程

本书是 Adobe 图形和出版软件系列官方培训教材的一部分，由 Adobe 产品专家指导撰写。本书按照课程编写、设计，这有利于读者自己掌握学习进度。如果你刚接触 Animate，可以先了解基本概念和该软件的基础性功能。本书还介绍了许多高级功能，包括使用该软件最新版本所需要的技巧和技术。

虽然本书是一本按部就班的操作指南，每一课都按照顺序一步步地创建某些特定项目，但你仍可以自由地探索和体验 Animate。你可以按书中的课程顺序从头至尾阅读，也可以只阅读感兴趣或需要的课程。各课都包含了一个用于复习的小节，可以帮你对该课内容进行总结。

新增功能

Adobe Animate CC 2019 版本提供了更多具有表现力的工具、更强大的动画控件，以及对各种播放平台的强大支持。

本书介绍了 Animate CC 2019 更新的功能以及改进的功能，包括：

- 新的图层效果，允许你对图层上的单个关键帧应用滤镜和颜色效果；

- 建立父子图层，这是一个强大的新方法，它可以在图层之间建立层次结构，这使得你对角色动画的操作更快、更容易；

- 自动嘴型同步，该功能通过人工智能实现，它可以将图形元件中的音素与时间轴上原声带中的对话进行匹配；
- 一个新的资源变形（Asset Warp）工具，它用于对矢量图像和位图图像进行轻松变形；
- 图层深度（Layer Depth）面板升级版，用于建立三维空间逼真的空间感；
- 新的 VR 360 和 VR Panorama 文档，可以创造沉浸式的、交互的虚拟现实环境；
- 新的 WebGL glTF 标准和扩展文档，可以为 WebGL 图形和动画提供更好的支持。

必备知识

在开始阅读本书前，请确认系统已正确设置，并确认已安装了所需的软件和硬件。你需要具备计算机和操作系统方面的使用知识，应该知道怎样使用鼠标、标准菜单和命令，以及怎样打开、保存和关闭文件。如果你需要复习这些知识，请参考 Microsoft Windows 或 macOS 系统的使用文档。

此外，还需要下载免费的 Adobe AIR 运行时，以便在第 10 课发布桌面版应用程序。

安装 Animate CC

你必须购买 Adobe Creative Cloud 中的 Adobe Animate CC 软件。系统配置的最低要求如下所示。

macOS

- Intel 多核处理器。
- macOS v10.12（64 位）或 10.13（64 位）。
- 2GB 内存（推荐 8GB）。
- 1024×900 分辨率（推荐 1280px×1024px）。
- 推荐 QuickTime 12.x 软件。
- 4GB 可用硬盘空间，用于安装软件；安装期间需要额外的可用空间（无法安装在区分大小写的文件系统的卷上或可移动的闪存设备上）。
- OpenGL 3.3 版本或更高版本。
- Internet 宽带连接，以便激活软件、订阅验证以及访问在线服务。
- 推荐 QuickTime 10.x 软件。

Windows

- Intel Pentium 4、Intel Centrino、Intel Xeon 或 Intel Core Duo（或兼容）处理器（2 GHz 或更高）。

- Microsoft Windows 7（带有 Service Pack 1）、Windows 8.1（64 位）或 Windows 10（1703 版本）。

- 2GB 内存（推荐 8GB）。

- 1024×900 分辨率（推荐 1280px×1024px）。

- 4GB 可用硬盘空间，用于安装软件；安装期间需要额外的可用空间（无法安装在可移动的闪存设备上）。

- OpenGL 3.3 版本或更高版本。

- Internet 宽带连接，以便激活软件、订阅验证以及访问在线服务。

有关系统要求的更新和软件安装的完整说明，请访问 Adobe 官方网站的帮助页面。

请从 Adobe Creative Cloud 中安装 Animate CC，并确保拥有登录名和密码。

怎样使用本书

本书各课都将一步步指导用户怎样创建实际项目中的一个或多个特定元素。有些以前面的课程所构建的项目为基础，但大多数的课程是独立的。所有课程在概念和技巧上都是相互关联的，所以学习本书的最佳方式是按顺序阅读各课。在本书中，有些技巧和方法仅在前几次操作过程中才会详细解释和描述。

在本书某些课程中，你将创建和发布最终的项目文件，比如 GIF 文件、HTML 文件、视频以及 AIR 桌面端应用程序。Lessons 文件夹内的 End 文件夹（比如 01End、02End 等）中的文件，是每一课中已完成项目的示例文件。如果想要把正在进行的工作与已成功生成示例项目的项目文件进行比较，则可以将这些示例文件作为参考。

本书在编排上的原则是面向项目，而不是面向功能。以元件（symbol）为例，这意味着我们会在好几课的实际设计项目中使用元件，而不只是在某一课中使用。

其他资源

本书并不能代替程序自带的文档，也不是全面介绍 Adobe Animate CC 2019 中每种功能的参考手册。本书只介绍课程中用到的命令和选项。有关 Animate 软件功能和教程的详细信息，请在帮助（Help）菜单中选择相应的命令，或者单击欢迎（Welcome）屏幕中的链接。还可参考以下资源。

- Adobe Animate 帮助和支持：在这里可以查找并浏览 Adobe 官网中的帮助和支持内容。可以通过以下方法打开该页面：选择 Help > Animate Help 或按 F1 键；在帮助与支持页面，单击用户指导文档；也可单击 Animate CC 手册（PDF）以下载指导文档。

- Animate 教程：提供了有关 Animate CC 功能的大量交互式课程。访问方式为：选择 Help > Animate Tutorial；单击 Start Screen > Learn。

- Adobe Creative Cloud 教程：提供了灵感、关键技术、跨产品工作流和新特性更新等方面的内容。

- Adobe 论坛：可就 Adobe 产品展开对等讨论以及提出和回答问题。Adobe Animate CC 论坛可通过 Help > Adobe Online Forums 来访问。

- Adobe Create：提供了与设计有关的颇具思想性的文章，还展示了一些顶级设计师的作品、教程等。

- 教师资源：向讲授 Adobe 软件课程的教师提供珍贵的信息。可在这里找到各种级别的教学解决方案（包括使用整合方法介绍 Adobe 软件的免费课程），可用于备考 Adobe 认证工程师考试。

还可以查看下面这两个有用的链接。

- Adobe 增效工具：在这里可查找补充和扩展 Adobe 产品的工具、服务、扩展、示例代码等。

- Adobe After Effects CC 产品主页。

Adobe 授权的培训中心

Adobe 授权的培训中心（AATC）提供由教师讲授的有关 Adobe 产品的课程和培训。

资源与支持

本书由异步社区出品，社区（https://www.epubit.com/）为你提供相关资源和后续服务。

配套资源

本书提供如下资源：

● 本书课程素材。

要获得以上配套资源，请在异步社区本书页面中单击 配套资源 ，跳转到下载界面，按提示进行操作即可。注意：为保证购书读者的权益，该操作会给出相关提示，要求输入提取码进行验证。

提交勘误

作者和编辑尽最大努力来确保书中内容的准确性，但难免会存在疏漏。欢迎你将发现的问题反馈给我们，帮助我们提升图书的质量。

当你发现错误时，请登录异步社区，按书名搜索，进入本书页面，单击"提交勘误"，输入勘误信息，单击"提交"按钮即可。本书的作者和编辑会对你提交的勘误进行审核，确认并接受后，你将获赠异步社区的 100 积分。积分可用于在异步社区兑换优惠券、样书或奖品。

详细信息	写书评	提交勘误

页码：[　　] 页内位置（行数）：[　　] 勘误印次：[　　]

B I U ABC ≣▾ ≣▾ 〟 ⊘ 🖾 ☴

字数统计

提交

扫码关注本书

扫描下方二维码，你将会在异步社区微信服务号中看到本书信息及相关的服务提示。

与我们联系

我们的联系邮箱是 contact@epubit.com.cn。

如果你对本书有任何疑问或建议，请你发邮件给我们，并请在邮件标题中注明本书书名，以便我们更高效地做出反馈。

如果你有兴趣出版图书、录制教学视频，或者参与图书翻译、技术审校等工作，可以发邮件给我们；有意出版图书的作者也可以到异步社区在线提交投稿（直接访问 www.epubit.com/selfpublish/submission 即可）。

如果你是学校、培训机构或企业，想批量购买本书或异步社区出版的其他图书，也可以发邮件给我们。

如果你在网上发现有针对异步社区出品图书的各种形式的盗版行为，包括对图书全部或部分内容的非授权传播，请你将怀疑有侵权行为的链接发邮件给我们。你的这一举动是对作者权益的保护，也是我们持续为你提供有价值的内容的动力之源。

关于异步社区和异步图书

"异步社区"是人民邮电出版社旗下 IT 专业图书社区，致力于出版精品 IT 技术图书和相关学习产品，为作译者提供优质出版服务。异步社区创办于 2015 年 8 月，提供大量精品 IT 技术图书和电子书，以及高品质技术文章和视频课程。更多详情请访问异步社区官网 https://www.epubit.com。

"异步图书"是由异步社区编辑团队策划出版的精品 IT 专业图书的品牌，依托于人民邮电出版社近 30 年的计算机图书出版积累和专业编辑团队，相关图书在封面上印有异步图书的 LOGO。异步图书的出版领域包括软件开发、大数据、AI、测试、前端、网络技术等。

异步社区   微信服务号

目 录

第1课 开始了解Adobe Animate CC

课程概述

本课将介绍如下内容：

- 在Adobe Animate CC中创建新文件；
- 理解不同类型的Adobe Animate文档；
- 调整Stage（舞台）设置和文档属性；
- 向Timeline（时间轴）添加图层；
- 理解并管理Timeline（时间轴）中的关键帧；
- 在Library（库）面板中处理导入的图像；
- 在Stage（舞台）上移动和重新定位对象；
- 向关键帧加入滤镜和颜色效果；
- 打开和使用面板；
- 在Tools（工具）面板中选择和使用工具；
- 预览动画；
- 保存文件。

 本课大约要用60分钟完成。启动Adobe Animate之前，请先访问异步社区，将本书的课程资源下载到本地硬盘中，并进行解压。在学习本课时，请打开相应的课程文件。建议先做好原始课程文件的备份工作，以免后期用到这些原始文件时，还需要重新下载。

在 Animate 中，Stage（舞台）是用来布置所有可视元素的场所，Timeline（时间轴）用来组织帧和图层，其他面板用来编辑和控制所创建的内容。

1.1　启动 Adobe Animate CC 并打开文件

第一次启动 Adobe Animate CC 时，你将会看到一个 Start（开始）工作间，它也用作 New Document（新建文档）对话框。它还可以显示你为不同类型和大小的文档选项构建的项目类别。在本课程中，你将创建一个简单的幻灯片类型的动画，它用来展示一些度假时拍的照片。你还会添加一些背景、照片以及装饰元素，在这个过程中你将学习如何在"舞台"上定位元素，并沿着动画的"时间轴"放置它们，以便它们可以按顺序依次显示。此外，你将学到如何利用"舞台"从空间上管理可视元素，以及如何利用"时间轴"从时间上管理元素。

 注意： 如果还没有下载本课的项目文件，请参见前言中的相应内容进行下载。

1. 启动 Adobe Animate CC。在 Windows 中，选择 Start（开始）>Programs（程序）>Adobe Animate CC。在 Mac 中，在 Applications 文件夹的 Adobe Animate CC 文件夹中双击 Adobe Animate CC。

 提示： 也可以双击一个Animate文件（*.fla或.xfl）来打开Animate，比如双击01End.fla文件，这个文件显示了完成后的项目。

 注意： Output（输出）面板将显示警告消息，指出位图被打包到一个sprite sheet（精灵表单）中，而且EaselJS的帧编号是从0开始而不是从1开始。你可以忽略这些警告。第一个警告只是一个通知，第二个警告无关紧要，因为我们直接是从头到尾播放"时间轴"的。

2. 选择 File（文件）>Open（打开）。在"打开"对话框中，选择 Lesson01\01End 文件夹中的 01End. fla 文件，并单击"Open"按钮打开最终的项目。

3. 选择 Control（控制）>Test（测试）。

Animate 会导入项目并在一个新窗口中打开它，导入结果如图 1.1 所示。

动画开始播放。在动画播放期间，几张重叠的照片一张接着一张地出现，最后会显示一些星星的图片。在新照片出现的时候，之前出现的照片开始模糊，并退到后面去。

4. 关闭先前的窗口和 FLA 文件。

1.2　理解文档类型并创建一个新文档

Animate 是一种动画和多媒体创作工具，它可以为多种平台和播放技术创建媒体。你的动画将在哪里播放决定了当你创建新文件时会选择哪种类型的文档。

 注意： 并不是所有的文档类型都支持全部特性。例如，HTML5 Canvas文档就不支持3D Rotation（3D旋转）和Translation（翻译）工具。现有文档类型不支持的工具在Animate界面上将呈灰色显示。

图1.1

1.2.1 播放环境

播放或运行时环境是最终发布的文件播放时使用的技术。你的动画既可以在支持 Flash Player 的浏览器中播放，也可以在支持 HTML5 和 JavaScript 的浏览器中播放。你的动画也可以导出为高清视频并上传到互联网上，也可以在移动设备上作为 App 播放，甚至可以当作虚拟现实的沉浸式体验的背景。你应该首先确定播放或运行时环境，以便选择合适的文档类型。

1.2.2 文档类型

无论播放环境和文档类型如何，所有的文档类型都被保存为 FLA 或 XFL（Animate）文件。区别是每个文档类型被配置为导出不同的最终发布文件。

> **注意**：最新版本的Animate CC仅支持ActionScript 3.0。如果需要ActionScript 1.0 或2.0，则必须使用Flash Professional CS6或更低版本。

- 选择HTML5 Canvas可以创建在使用HTML5和JavaScript的现代浏览器中播放的动画素材。可以在Animate CC内插入JavaScript或者将其添加到最终的发布的文件中，从而添加交互性。
- 为纯动画素材选择Web GL，以充分利用硬件图形加速功能。
- 选择ActionScript 3.0可以创建在桌面浏览器的Flash Player中播放的动画和交互性。ActionScript 3.0是Animate原生脚本语言的最新版本，它与JavaScript类似。选择ActionScript 3.0文档并不意味着必须包括ActionScript代码。

注意：ActionScript 3.0文档还支持将内容发布为macOS或Windows上的放映文件。放映文件作为独立的应用程序在桌面上播放，不需要浏览器。

- 从2020年起，Adobe将不再支持Flash Player。尽管Flash Player即将"寿终正寝"，但最好还是将ActionScript 3.0文档作为Animate中对绘画和动画特性支持范围最大的一个文档，你可以从中导出动画素材，比如精灵表单（sprite sheet）、PNG序列或者已完成的高清视频。
- 选择AIR for Desktop可以在Windows或macOS桌面上创建以应用程序播放的动画和交互性，而且无须浏览器。可以使用ActionScript 3.0在AIR文档中添加交互性。
- 选择AIR for Android或AIR for iOS可以为Android或Apple移动设备发布一个App。可以使用ActionScript 3.0为移动App添加交互性。

 提示：你可以轻松地从一种文档类型切换到另一种文档类型。例如，如果你想更新一个旧的Flash条幅广告动画，那么可以将ActionScript 3.0文档转换为HTML5 Canvas文档。可以通过File（文件）> Convert To（转换为）>new document type（新文档类型）来选择新的文档类型。但是，某些功能和特性可能会在转换中丢失。例如，转换为HTML5 Canvas文档意味着ActionScript代码会被注释掉。

- 通过VR Panorama（VR全景）或VR 360为Web浏览器发布一个虚拟现实项目，用户可以全方位地查看该项目。你还可以为沉浸式环境添加动画或交互性。

1.2.3 创建新文档

接下来，你将通过启动一个新文档来创建刚才预览过的简单动画。Animate为创建新文档提供了两个接口：标准的 New Document（新文档）对话框和稍微有些复杂的 Start（开始）屏幕（如果没有打开文档，则界面会一直显示开始屏幕）。无论是为预期项目中常见的类型选择预备设置，还是选择宽度和高度固定的文档类型，这两个接口都包含了用于定义新文档参数的相同控件。

预备设置按照预期用途分类的话可以分为 6 类（在对话框的顶部显示），单击类别可以显示它包含在对话框中的预备设置。你既可以使用给定的预备设置，也可以通过对话框右侧的 Details（详细资料）部分来微调它们的设定。在 Width（宽度）和 Height（高度）选项框中输入文档的尺寸（单位为像素），然后从 Platform Type（平台类型）菜单中选择文档类型，平台类型菜单列出了支持动画播放的平台。

如果你希望从零开始自定义文档设置，那请选择最右侧的 Advanced（高级）类别。对话框的中心将显示所有可用的平台。你可以选择一个平台类型，然后在宽度框和高度框中输入想要创建的文档的尺寸。

1. 在 Animate 的主屏幕上选择高级类别，如图 1.2 所示。

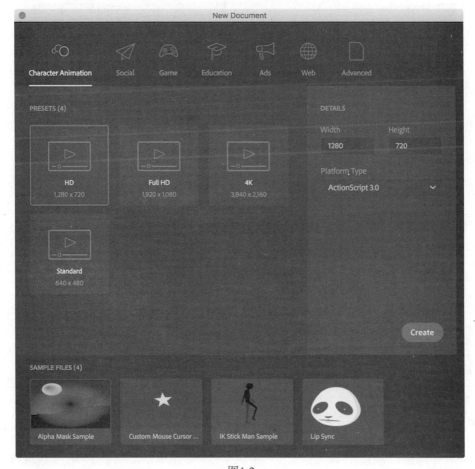

图1.2

2. 在对话框中间 Platforms（平台）区选择 ActionScript 3.0。在对话框右边的 Details（详情）区选择 Stage（舞台）的维度，你可以为 Width（宽）和 Height（高）输入像素值来确定"舞台"的维度。这里输入的"宽"为 800，"高"为 600，如图 1.3 所示。

3. 单击 Create（创建）按钮。
Animate 将会创建一个"舞台"尺寸确定的 ActionScript 3.0 文档。

4. 选择 File（文件）>Save（保存）。将文件命名为 01_workingcopy.fla，并从 File Format/

Save As Type（文件格式 / 保存类型）菜单中选择 Animate 文档（*.fla）。尽管软件程序现在是叫 Animate，但是文件后缀名是 .fla 或者 .xfl，这些都体现了 Animate 的前身是 Flash。找到 01Start 文件夹并单击 Save（保存）。

及时保存文件是一种良好的工作习惯，可以确保若应用程序或计算机崩溃时你所做的工作不会丢失。应该总是使用 .fla 后缀名（如果将其保存为 Animate 未压缩文档（Animate Uncompressed Document）请使用 .xfl）来保存 Animate 文件，以表示这是一个 Animate 源文件。

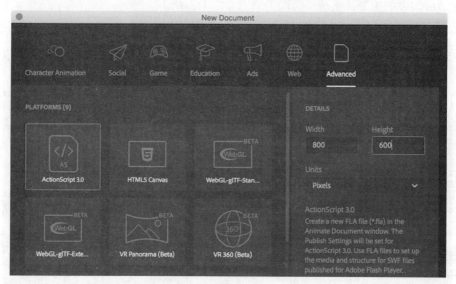

图1.3

注意：如果将Animate文档保存为Animate未压缩文档（后缀名为.xfl），那文档会被保存为文件夹中的一系列文件，而不是单独的文档。这样保存的文件的内容对用户来说是公开的，方便用户之间进行素材的交换。XFL格式是一种更高级的保存格式，本书不会涉及。

1.3 了解工作区

Adobe Animate CC 的工作区包括位于屏幕顶部的命令菜单以及用于在影片中编辑和添加元素的多种工具和面板。你可以在 Animate 中为动画创建所有的对象，也可以导入在 Adobe Illustrator CC、Adobe Photoshop CC、Adobe After Effects CC 及其他兼容的应用程序中创建的元素。

默认情况下，Animate 会显示菜单栏、Timeline（时间轴）、Stage（舞台）、Tools（工具）面板、Properties（属性）面板、Edit（编辑）栏以及其他面板。在 Animate 中工作时，可以打开、关闭、为面板分组和取消面板分组、停放和取消停放面板，以及在屏幕上移动面板，以适应你自己的工作风格或屏幕情况，如图 1.4 所示。

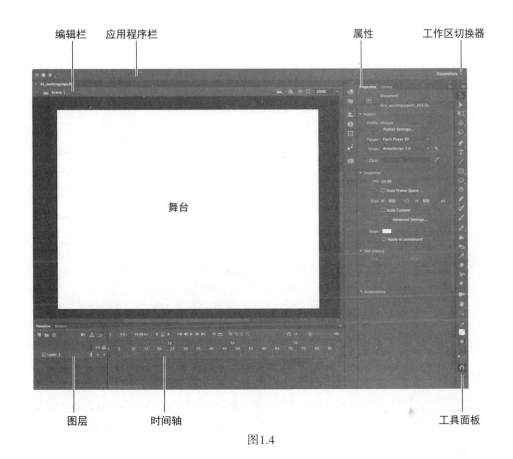

图1.4

1.3.1 选择新工作区

Animate 还提供了几种预设的面板排列方式（工作区），它们可能更能满足特定用户的需要。使用 Window（窗口）>Workspaces（工作区）子菜单，选择一个不同的工作区或者保存一个新的工作区。Application（应用程序）栏右端的 Workspace switcher（工作区切换器）也提供了相同的功能。

1. 单击工作区切换器，选择一个新的工作区。

不同的面板将根据该面板在所选工作区中的重要性来重新排列并调整大小。例如，Animator（动画制作者）和 Designer（设计人员）工作区将时间轴放在顶部，以便可以轻松、频繁地访问它。

2. 如果你移动了某些面板，并且希望进入某个预设的工作区，那可以选择 Window（窗口）>Workspaces（工作区）>Reset[preset name]（重置"预设名"），然后单击确认对话框中的 OK 按钮。

3. 要返回到默认的工作区，可以选择 Window（窗口）>Workspaces（工作区）>Essentials（基本）。在本课程中，我们将使用"基本"工作区，如图 1.5 所示。

图1.5

1.3.2 保存工作区

如果面板的某种排列方式与你的工作风格匹配，那就可以将它保存为自定义工作区，并在需要的时候返回到该工作区。

1. 单击工作区切换器，然后选择 New Workspace（新建工作区）。这样会打开 New Workspaces（新建工作区）对话框。

2. 为新工作区输入一个名称，然后单击 OK 按钮，如图 1.6 所示。

图1.6

Animate 会保存面板的当前排列方式，并把它添加到 Workspace（工作区）菜单的选项中，以便随时访问。

 提示：默认情况下，Animate的界面为黑色，也可以将界面更改为浅灰色。选择Animate CC>Preferences（macOS）或Edit（编辑）>Preferences（首选项）（Windows），然后在General（常规）选项中，从User Interface（用户界面）中选择Light（浅）。如果觉得Animate的界面不够黑，你也可以在菜单中选择Darkest（最黑）将界面更改为全黑。

1.3.3 舞台

屏幕中间的白色矩形称为 Stage（舞台）。与剧院的舞台一样，Animate 中的舞台用来播放观众所观看的电影。它包括出现在屏幕上的文本、图像和视频。元素移入舞台，观众就可以看到元素；将元素移出舞台，观众就看不到元素了。可以使用标尺［View（视图）>Rulers（标尺）］或网格［View>Grid（网格）>Show Grid（显示网格）］在舞台上定位元素。此外，还可以使用标尺中的参考线［View>Guides（参考线）］、Align（对齐）面板以及后续课程中将学到的其他工具来辅助元素定位。

默认情况下，舞台外面的灰色区域是可见的，可以在这个区域中放置不愿意被观众看到的元素。这个灰色区域叫作粘贴板（pasteboard）。要想只查看舞台，可选择 View（视图）>Magnification（缩放比率）>Clip To Stage（剪切到舞台）来选择该选项。就现在而言，不要选中该选项，以查看视图中的粘贴板。

也可以单击 Clip Content Outside The Stage（剪切掉舞台外面的内容）按钮来裁剪舞台区域外的图形元素，以了解观众最终看到的项目的样子，如图 1.7 所示。

若要缩放舞台，使之能够完全放在应用程序窗口中，可选择 View（视图）>Magnification（缩放比率）>Fit In Window（符合窗口大小）。也可以从舞台上方的菜单中选择不同的缩放比率视图选项，如图 1.8 所示。

 提示：可以以全屏模式观看舞台，以排除各种面板的干扰，为此可选择View（视图）>Screen Mode（屏幕模式）>Full Screen Mode（全屏模式）。按F4键可以切换面板，按Esc键可返回Standard Screen Mode（标准屏幕模式）。

默认的舞台

剪切掉舞台外面内容后的舞台

图1.7

图1.8

1.3.4 更改舞台属性

现在来更改舞台的颜色。可以在 Properties（属性）面板中修改舞台的颜色和其他文档属性（如舞台尺寸、帧速率），该面板是舞台右边的一个垂直面板。

1. 在"属性"面板的 Properties（属性）区域中，可以看到当前舞台的尺寸［Size（大小）选项］被设置为 800 像素 ×600 像素，这是在创建新文档时设定的，如图 1.9 所示。

2. 在"属性"区域中，单击靠近舞台的 Background Color（背景颜色）按钮，从弹出的调色板中选择一种新颜色。这里选择深灰色（#333333），如图 1.10 所示。

图1.9

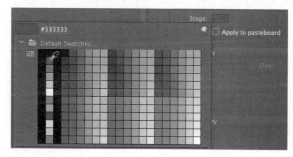

图1.10

现在，舞台有了不同的颜色。你可以随时更改舞台的属性。

1.4 使用"库"面板

在 Properties（属性）面板右侧的选项卡中可以访问 Library（库）面板。"库"面板用于展示文档的库中的内容，文档的库中包含了用户在 Animate 中创建的元件、导入的文件，如位图、图形、声音文件和剪辑的视频等。元件是经常用于动画和交互的图形。

 注意：更多关于元件的知识将在第2课中讲解。

1.4.1 关于"库"面板

"库"面板可以用来组织文件夹中的库项目，查看文档中的项目的使用频率，并按照类型对项目进行排序。还可以在"库"面板中创建文件夹来将项目进行分组。当将项目导入到 Animate 中时，可以把它们直接导入到舞台上或导入到库中。不过，导入到舞台上的任何项目也会被添加到库中，就像所创建的元件一样。这样就可以轻松地访问这些项目了，还可以把它们添加到舞台上，并对其进行编辑或查看它们的属性。

要显示"库"面板，可选择 Window（窗口）>Library（库），也可以按 Ctrl + L（Windows）或 Command+L（macOS）组合键。

An **提示**：通过单击CC 库图标（Window > CC Libraries），你也可以访问存储在 Creative Cloud账户中的资源。

1.4.2 把项目导入到"库"面板中

通常，可以直接使用 Animate 的绘图工具来创建图形并将其保存为元件，这些元件都存储在"库"中。你也可以导入 JPEG 图像或 MP3 声音文件等媒体文件，它们也存储在"库"中。在本课中，你需要向"库"中导入几幅图像，以便在动画中使用。

1. 选择 File（文件）>Import（导入）>Import To Library（导入到库）。在 Import To Library（导入到库）对话框中，选择 Lesson01\01Start 文件夹中的 background.png 文件，并单击 Open 按钮。如果图像文件没有显示，请在 Enable（使能）菜单中选择 All Files（*.*）。

Animate 会导入所选的 PNG 图像，并把它存放在 Library 面板中。

An **提示**：如果Enable菜单不可见，请单击Options（选项）按钮来激活它。

2. 继续导入 01Start 文件夹中的 photo1.jpg、photo2.jpg 和 photo3.jpg 图像。

可以按住 Shift 键选择多个文件，然后一次导入所有图像。

Library 面板将显示所有导入图像的文件名，并为选中的文件提供缩略图预览，如图 1.11 所示。这些图像现在就可以在 Animate 文档中使用。

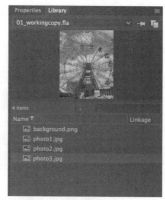

1.4.3 将"库"面板中的项目添加到舞台上

要使用导入的图像，只需把它从"库"面板中拖到舞台上即可。

1. 如果还没有打开"库"面板，选择 Window（窗口）> Library（库）将其打开。

2. 把 background.png 项目拖到舞台上，并将其放在舞台中央，如图 1.12 所示。

图1.11

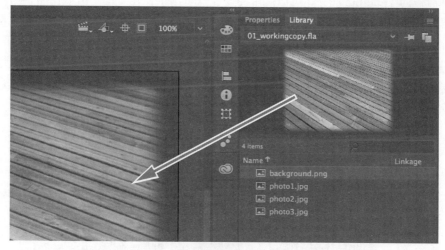

图1.12

An 提示：若想一次性将图片文件导入到"库"中并将其放置在舞台上，也可以选择File（文件）>Import（导入）>Import To Stage（导入到舞台），也可以按 Command + R（macOS）或Ctrl + R（Windows）组合键。

1.5 理解时间轴

在默认的"基本"工作区中，Timeline（时间轴）位于舞台的下方。时间轴面板包含动画和时间轴自身的回放控件，时间轴以线性的方式来依次显示动画中的事件序列。如同电影，Animate 文档以帧为单位度量时间。在影片播放时，播放头（如红色垂直线所示）随着时间轴中的帧向前移动。可以针对不同的帧来更改舞台上的内容。如想要在特定的时间在舞台上显示帧的内容，可以将播放头移动到时间轴中的想要显示的那个帧上。帧的编号以及时间（单位为秒）将总是显示在时间轴的上方。

在时间轴的顶部，Animate 会显示所选的帧编号、当前帧速率（每秒钟播放多少帧），以及迄今为止电影已经播放的时间，如图 1.13 所示。

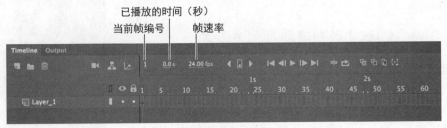

图1.13

时间轴面板的 Timeline 部分还可以展示图层，这有助于你在文档中组织作品。当前项目只含有一个图层，其名为 Layer_1。可以把图层看作堆叠在一起的多个电影胶片。每个图层都包含一幅出现在舞台上的不同图像，可以在一个图层上绘制和编辑对象，这不会影响另一个图层上的对象。图层按它们互相重叠的顺序堆叠在一起，使得位于时间轴底部图层上的对象在舞台上显示时也将出现在图层的底部。单击图层选项图标下方的每个图层的圆点或方形，可以隐藏、锁定或只显示图层内容轮廓，如图 1.14 所示。

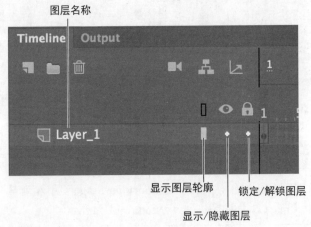

图1.14

更改时间轴的外观

时间轴的外观可以调整，从而适应你的工作流。当想要查看更多图层时，请在时间轴右上角的Frame View（框架视图）菜单中选择Short（较短）选项。该选项会减小帧单元格的行高。Preview（预览）和Preview in Context（关联预览）选项显示时间轴中关键帧的内容的缩略图版本。

也可以通过选择Tiny（很小）、Small（小）、Normal（正常）、Medium（中）或Large（大）来更改帧单元格的宽度。本书中，时间轴的帧默认为Normal（正常），如图1.15所示。

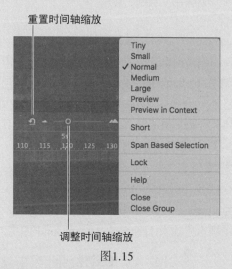

重置时间轴缩放

调整时间轴缩放

图1.15

为了更好地控制时间轴帧的大小，请拖动Resize Timeline View（调整时间轴视图）滑块。该滑块将调整帧的大小，以便你能看到更多或更少的时间轴。单击Reset Timeline Zoom To The Default Level（重置时间轴缩放到默认级别）按钮，将时间轴视图还原为Normal（正常）大小。

1.5.1 重命名图层

推荐的一种做法是把内容分别放在不同的图层上，并根据内容对图层进行命名，以便以后可以轻松地查找所需的图层。

1. 双击现有的图层的名字——Layer 1，将其重命名为 background。

2. 在名称框外单击来启用新名称，如图 1.16 所示。

3. 单击锁形图标下面的圆点以锁定图层。锁定图层可以防止意外移动或更改图层中的内容，如图 1.17 所示。

图1.16

图1.17

图层中将出现一个锁形图标。该图标表示因为图层被锁定，所以无法进行编辑。

1.5.2 添加图层

新的 Animate 文档只包含一个图层，但是可以根据需要添加多个图层。上方图层中的对象将叠在下方图层中的对象上。

1. 在时间轴中选择 background 图层。

2. 选择 Insert（插入）>Timeline（时间轴）>Layer（图层），或单击时间轴下面的 New Layer（新建图层）按钮后，新图层将出现在 background 图层上面，如图 1.18 所示。

3. 双击新创建的图层并将其重命名为 photo1。在名称框外单击可应用新名称。

时间轴上现在已有两个图层。background 图层包含背景照片，其上方新创建的 photo1 图层是空的。

4. 选择顶部名为 photo1 的图层。

5. 如果"库"面板还没有打开，可选择 Window（窗口）>Library（库）将其打开。

6. 从"库"面板中把名为 photo1.jpg 的库项目拖到舞台上。

photo1 JPEG 图像将出现在舞台上，并且会叠在 background 图层的图像上，如图 1.19 所示。

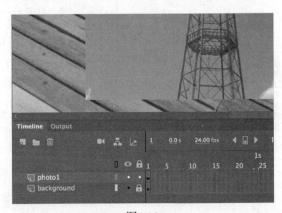

图1.18　　　　　　　　　　　　　　　图1.19

7. 选择 Insert（插入）>Timeline（时间轴）>Layer（图层）或单击时间轴下方的 New Layer（新建图层）按钮，以添加第 3 个图层。

8. 将第 3 个图层重命名为 photo2。

注意：当添加了很多图层并且重叠的图形变得很复杂时，单击图层中眼睛图标下面的原点可以隐藏该图层的内容。或者按住 Shift 键并单击眼睛图标下方的原点来使图层透明，以便可以看到图层下面的内容。隐藏或使图层透明只会影响在 Animate 中查看项目的方式，并不会影响最终导出的项目。双击图层图标可以在 Layer Properties（图层属性）对话框中修改透明度级别。

处理图层

如果不想要某个图层，可以将其删除。删除的方法是选中图层，然后单击时间轴下面的Delete（删除）按钮，如图1.20所示。

图1.20

如果想重新排列图层并修改图像相互之间的堆叠方式，只需简单地拖动想要改变的图层，将其移到图层堆栈中的新位置即可。

1.5.3　插入帧

到目前为止，舞台上只有一张背景图片和另一张重叠的图片，但是整个动画只有一个帧，这个帧只是一秒的一小部分。要让时间轴包含更多的时间，让这个动画能播放更长的时间，必须添加额外的帧。

1. 在 background 图层中选择第 48 帧。使用时间轴右下角的 Resize Timeline View（调整时间轴视图）滑块来展开时间轴帧，这样可以更容易地识别第 48 帧，如图 1.21 所示。

图1.21

2. 选择 Insert（插入）>Timeline（时间轴）>Frame（F5 键），也可以单击鼠标右键，然后从弹出的菜单中选择 Insert Frame（插入帧）。

Animate 将在 background 图层中添加帧，一直添加到所选的帧（第 48 帧），如图 1.22 所示。

3. 在 photo1 图层中选择第 48 帧。

4. 选择 Insert（插入）>Timeline（时间轴）>Frame（F5 键），也可以单击鼠标右键，然后从弹出的菜单中选择 Insert Frame（插入帧）。

Animate 将在 photo1 图层中添加帧，直到所选的位置（第 48 帧）。

5. 在 photo2 图层中选择第 48 帧，并向这个图层中插入帧。

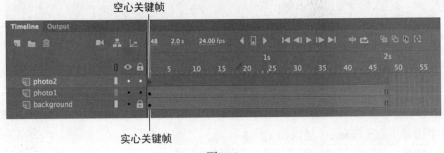

图1.22

现在时间轴上有 3 个图层，每个图层都有 48 个帧。由于 Animate 文档的帧速率是 24 帧 / 秒，因此当前的动画将持续 2 秒。

选取多个帧

如同可以按住 Shift 键在桌面上选取多个文件那样，你也可以按住 Shift 键在 Animate 的时间轴上选取多个帧。如果有多个图层，并且希望在所有图层中都插入一些帧，可按住 Shift 键，将鼠标指针移到想要添加帧的位置，然后选择 Insert（插入）>Timeline（时间轴）>Frame（帧）。

1.5.4 创建关键帧

关键帧会指示舞台上内容的变化。关键帧在时间轴上用圆圈表示。空心圆圈表示在这个特定的时间，特定的图层中没有任何内容。实心黑色圆圈则表示在特定的时间，特定的图层中有内容。例如，background 图层在第 1 帧中包含一个有内容的关键帧（实心黑色圆圈），photo1 图层也在第 1 帧中包含一个有内容的关键帧。这两个图层都包含照片。不过 photo2 图层在第 1 帧中包含一个空的关键帧（空心黑色圆圈），这表示当前关键帧是空的，如图 1.23 所示。

图1.23

现在，我们想在 photo2 图层中下一张照片出现的时间点上插入一个关键帧。

1. 在 photo2 图层上选择第 24 帧。在选择帧时，Animate 时间轴上方的最左边会显示帧编号，如图 1.24 所示。

2. 选择 Insert（插入）>Timeline（时间轴）>Keyframe（F6 键）。

一个新的关键帧（以空心圆圈表示）将出现在 photo2 图层中的第 24 帧中，如图 1.25 所示。

3. 在 photo2 图层中的第 24 帧处选择新的关键帧。

4. 从"库"中把 photo2.jpg 拖到舞台上。

第 24 帧的空心圆圈将变成实心圆圈，这表示 photo2 图层中现在有了内容。在播放动画的第 24 帧时，舞台上会出现拖进来的照片。你可以拖动时间轴顶部的红色播放头进行查看，或者在时间轴的任意位置查看舞台上所发生的事情。你会看到背景图片和 photo1 在整个时间轴播放期间一直都在舞台上，而 photo2 则只会在第 24 帧出现，如图 1.26 所示。

图1.24

图1.25

图1.26

理解帧和关键帧对于掌握 Animate 是必不可少的。一定要理解 photo2 图层是如何包含 48 个帧，并且带有两个关键帧的———一个是位于第 1 帧的空白关键帧，另一个是位于第 24 帧的实心关键帧，如图 1.27 所示。

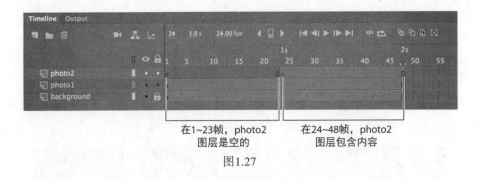

在1~23帧，photo2
图层是空的

在24~48帧，photo2
图层包含内容

图1.27

1.5.5 移动关键帧

如果想让 photo2.jpg 早点或晚点出现，那么需要移动关键帧，使其远离或接近时间轴的右边。可以沿着时间轴轻松地移动任何关键帧，然后将其拖放到一个新位置上。

1. 选择 photo2 图层上第 24 帧的关键帧。

2. 稍微移动鼠标指针，鼠标指针旁会出现一个方框图标，它表示可以重新定位关键帧。

3. 在 photo2 图层中，单击关键帧并将其拖动到第 12 帧，如图 1.28 所示。

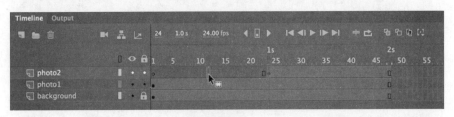

图1.28

现在，photo2.jpg 将提前出现在动画中的舞台上，如图 1.29 所示。

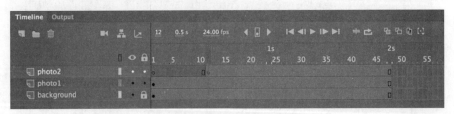

图1.29

删除关键帧

如果想删除关键帧，请不要按Delete/Backspace键，这样做将删除舞台上关键帧中的内容，导致只剩下一个空关键帧。正确的做法是选取关键帧，然后选择Modify（修改）>Timeline（时间轴）>Clear Keyframe（清除关键帧）（Shift+F6组合键），这样就可以从时间轴中删除关键帧（及其内容）了。

1.6 在时间轴中组织图层

现在的 Animate 文件只有 3 个图层，即 background 图层、photo1 图层和 photo2 图层。还需要为这个项目添加更多的图层，正如大多数的项目一样，最终你不得不管理多个图层。图层文件夹有助于组合相关的图层，使时间轴组织有序且易于管理，这就像为桌面上的相关文档创建文件夹一样。尽管创建文件夹需要花费一些时间，但是后续可以节省时间，因为你清楚地知道在哪里可以寻找到特定的图层。

1.6.1 创建图层文件夹

还是上面的那个项目，现在继续为额外的图片添加图层，并且把这些图层存放在图层文件夹中。

1. 选择 photo2 图层，然后单击时间轴顶部的 New Layer（新建图层）按钮。
2. 把该图层命名为 photo3。
3. 在第 24 帧插入一个关键帧。
4. 把 photo3.jpg 从库中拖到舞台上。

现在已有 4 个图层。上面的 3 个图层均是科尼岛的风景图片，它们出现在不同的关键帧中，如图 1.30 所示。

图1.30

图1.31

5. 选择 photo3 图层，并单击时间轴顶部的 New Folder（新建文件夹）图标（🗁）。

一个新的图层文件夹将出现在 photo3 图层上面。

6. 把该文件夹命名为 photos，如图 1.31 所示。

1.6.2 将图层添加到图层文件夹中

现在需要将各个照片图层添加到 photos 文件夹中。

在安排图层时，Animate 将会按照各个图层出现在时间轴中的顺序来显示图层中的内容，上面的图层的内容出现在前面，下面的图层的内容则出现在后面。

1. 把 photo1 图层拖到 photos 文件夹中。

注意，粗线条用于指示图层的目的地。当把图层拖进文件夹内时，Animate 会缩进处理图层的名称，如图 1.32 所示。

2. 把 photo2 图层和 photo3 图层拖到 photos 文件夹中。

现在 3 个图层都位于 photos 文件夹中，且它们的堆叠顺序与它们在文件夹外面时的相同，如图 1.33 所示。

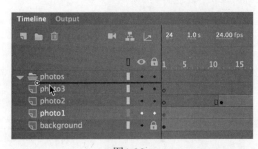

图1.32

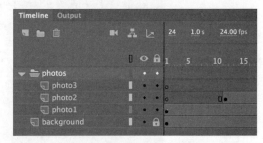

图1.33

单击文件夹名称左侧的箭头可以折叠文件夹，再次单击箭头可展开文件夹。需要注意的是，如果删除一个图层文件夹，那么此图层文件夹内的所有图层都会被删除。

剪切、复制、粘贴和复制图层

当管理多个图层和图层文件夹时，可以通过剪切、复制、粘贴和复制图层命令来使工作更简单、更有效率。被选中图层的所有属性都会被复制和粘贴，包括帧、关键帧、所有动画以及图层名和类型。可以复制并粘贴任何图层文件夹及其内容。

要剪切或复制图层或图层文件夹，先选中它们，然后用鼠标右键单击图层名称，在弹出的菜单中选择Cut Layers（剪切图层）或Copy Layers（复制图层），如图1.34所示。

再次右键单击时间轴，选择Paste Layers（粘贴图层）命令，被复制或剪切的图层就会被粘贴到时间轴中。使用Duplicate Layers（复制图层）命令可以同时完成复制和粘贴图层的操作。

也可以从Animate的菜单栏中剪切、复制、粘贴或复制图层。选择Edit（编辑）>Timeline（时间轴），然后选择Cut Layers（剪切图层）、Copy Layers（复制图层）、Paste Layers（粘贴图层）或Duplicate Layers（复制图层）即可。

图1.34

1.7　使用"属性"面板

通过 Properties（属性）面板可以快速访问你最需要的属性。"属性"面板中显示的内容取决于你选取的内容。例如，如果没有选取任何内容，"属性"面板中将包括常规 Animate 文档的选项，如更改舞台的颜色和尺寸等；如果选取了舞台上的某个对象，"属性"面板将会显示它的 x 坐标和 y 坐标，以及它的高度和宽度，当然还有其他的一些信息。可通过"属性"面板来移动舞台上的照片。

在舞台上定位对象

接下来将使用"属性"面板移动照片，还将使用 Transform（变形）面板旋转照片。

 提示：如果"属性"面板没有打开，可通过选择Window（窗口）>Properties（属性），也可以按Command+F3（macOS）或Ctrl + F3（Windows）组合键来打开。

---

1. 将播放头拖到时间轴的第 1 帧，然后选择 photo1.jpg 照片并将它拖到 photo1 图层中的舞台上。蓝色轮廓线表示对象被选中。

2. 在"属性"面板中，为 X 值输入 50，Y 值输入 50，然后按 Return（macOS）/Enter（Windows）键来应用这些值。也可以在 X 值和 Y 值上滚动鼠标滑轮来更改其值。现在，照片被移动到了舞台的左边，如图 1.35 所示。

图1.35

X 值和 Y 值是从舞台的左上角开始度量的。X 从 0 开始，并向右增加；Y 从 0 开始，并向下增加。用于导入照片的注册点（Animate 开始进行度量的点）位于舞台的左上角。

3. 选择 Window（窗口）>Transform（变形），打开"变形"面板。

4. 在"变形"面板中，选择 Rotate（旋转），并在 Rotate 框中输入 –12，或在这个值上滚动鼠标来进行旋转。然后按 Enter（Windows）/Return（macOS）键来应用这个值。

选中的照片在舞台上将逆时针旋转 12°，如图 1.36 所示。

图1.36

5. 选择 photo2 图层的第 12 帧。单击舞台上的 photo2.jpg，将其选中。

6. 使用"属性"面板和"变形"面板以一种有趣的方式来定位和旋转第二张照片。将 X 值设置为 200，将 Y 值设置为 40，将 Rotate 值设置为 6，使之与第一张照片产生对比，如图 1.37 所示。

图1.37

7. 选择 photo3 图层的第 24 帧。单击舞台上的 photo3.jpg 将其选中。

8. 使用"属性"面板和"变形"面板以一种有趣的方式来定位和旋转第 3 张图片。将 *X* 值设置为 360，将 *Y* 值设置为 65，将 Rotate 值设置为 −2，这样所有的图片看起来都不一样了，如图 1.38 所示。

图1.38

> **An** **注意:** 在Animate中缩放或旋转图片时，它们可能呈现出锯齿状，可以使用Bitmap（位图）属性对话框来平滑每一张图片。单击位图标或"库"面板中的图形缩略图来打开对话框，并选中Allow Smoothing（允许平滑）选项。

使用面板

在Animate中所做的任何事情几乎都会涉及面板。在本课中，我们要用到"库"面板、"工具"面板、"属性"面板、"变形"面板、"历史记录"面板和"时间轴"。在以后的课程中，我们会使用其他面板来控制项目的不同方面。由于这些面板是Animate工作区的一个组成部分，因此需要学会如何管理面板。

要在Animate中打开面板，可以从Window（窗口）菜单中选择其名称，如图1.39所示。

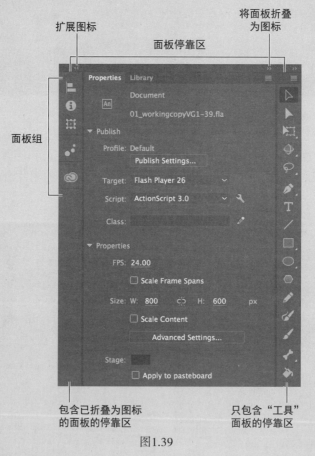

图1.39

单独的面板可以自由浮动，并且可以在停靠区（dock）、组或堆栈（stack）中组合。

- 停靠区是垂直列中的面板组或面板的集合。停靠区位于用户界面的左边缘或右边缘。
- 组是可以放置在一个停靠区内或自由浮动的面板集合。

- 堆栈类似于停靠区，但它可以放置在用户界面中的任何地方。

在默认的"基本"工作区中，大多数面板都位于屏幕右侧的3个停靠区中。时间轴和"输出"面板在屏幕底部，舞台位于顶部。但是，面板可以移动到任何你想要它在的位置。

- 要移动面板，可拖动其选项卡将其移到一个新位置。
- 要移动面板组或堆栈，请拖动选项卡附近的区域。

当面板、组或堆栈通过其他面板、组、停靠区或堆栈时，一个蓝色高亮显示的放置区域将会出现。如果在放置区域可见时释放鼠标按钮，则面板将添加到组、停靠区或堆栈中。

- 要停靠一个面板，可拖动其选项卡将其移动到屏幕左边缘或右边缘的一个新位置。如果在拖动时面板经过现有停靠区的顶部或底部，那么会出现一个水平的放置区域，该区域用来显示面板的新位置。如果出现一个垂直的放置区域，则释放面板时会创建一个新的停靠区。
- 要为一个面板分组，可移动其选项卡将其拖动到另外一个面板的选项卡上面，或者将其拖动到一个现有组顶部的放置区域。
- 要创建堆栈，可将一个组拖到停靠区之外或者拖到已有堆栈的外面，以便让面板组自由浮动。此外，也可以将一个自由浮动的面板拖动到另一个浮动面板的选项卡上面。

你还可以将大多数面板显示为图标，从而节省空间，但是依然可以快速访问它们。单击面板或堆栈右上角的双箭头，可以将面板折叠为图标。再次单击双箭头可以将图标展开为面板。

1.8 使用"工具"面板

"工具"面板位于工作区最右侧，是一个狭窄、细长的面板，它包含选取工具、绘图和文字工具、绘画和编辑工具、导航工具以及其他工具选项。你会频繁使用"工具"面板来切换适用于手头任务的各种工具。最常用的是 Selection（选取）工具，它是一个黑色箭头工具，位于"工具"面板的顶部，它用来选择和单击舞台或时间轴中的项目。选择了一个工具之后，在面板底部的选项区域会有更多的选项以及适用于任务的其他设置，如图 1.40 所示。

选择和使用工具

当选择了工具后，"工具"面板底部可用的选项和"属性"面板将会发生变化。例如，当选择 Rectangle（矩形）工具后，屏幕上将会出现 Object Drawing Mode（对象绘制模式）和 Snap To

Objects（贴紧对象）选项。当选择 Zoom（缩放）工具后，屏幕上将会出现 Enlarge（放大）和 Reduce（缩小）选项。

"工具"面板中包含许多工具，以至于它们不能同时显示在面板上。有些工具在"工具"面板中被安排在隐藏的组中，组中只会显示上一次选择的工具。工具按钮右下角的小三角形表示这个组中还有其他工具。单击并按住可见工具的图标即可查看其他可用的工具，然后从菜单中选择一种工具。

下面将使用 PolyStar（多角星形）工具为短动画添加一些装饰。

1. 在时间轴中选择文件夹，然后单击 New Layer（新建图层）按钮。

2. 将新图层命名为 stars。

3. 锁定新图层下面的其他图层，这样不会移入其他东西。

4. 在时间轴中，将播放头移到第 36 帧，然后选择 stars 图层中的第 36 帧。

5. 选择 Insert（插入）>Timeline（时间轴）>Keyframe（关键帧）（F6 键），以在 stars 图层的第 36 帧处插入一个新关键帧，如图 1.41 所示。

图1.40（左侧工具面板标注）：
- 选取和变形工具
- 绘图工具
- 编辑工具
- 选项

图1.40

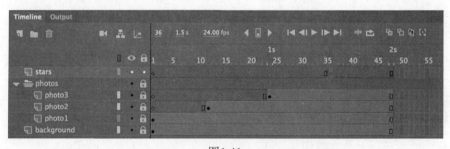

图1.41

这将在该图层的第 36 帧处创建星星的形状。

注意：如果你使用的是较小的显示器，则"工具"面板的底部可能会被裁切掉，这会使某些工具和按钮不可见。有一个简单的方法可以解决这个问题：拖动"工具"面板的左边缘，将面板加宽，从而可以显示多列工具，如图1.42所示。

6. 在"工具"面板中，选择 PolyStar（多角星形）工具，该工具的图标是一个六边形。

7. 在"属性"面板中，单击铅笔图标旁边的彩色正方形（表示轮廓或者描边的颜色），然后选择红色对角线，如图 1.43 所示。

红色对角线表示描边没有颜色。

8. 单击油漆桶图标旁边的彩色正方形（表示填充的颜色），然后选择一种明亮爽快的颜色，比如黄色。可以单击右上角的色轮来访问 Adobe Color Picker（拾色器），或者更改右上角的 Alpha

百分比来确定透明度，如图 1.44 所示。

图1.42

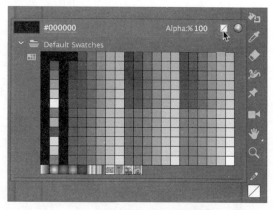

图1.43

9. 在"属性"面板中，单击 Tool Settings（工具设置）下的 Options（选项）按钮后，Tool Settings（工具设置）对话框出现。

10. 在 Style（样式）菜单中，选择 Star（星形）；在 Number of Sides（边数）选项框中，输入 5；在 Star point size（星点大小）选项框中，输入 0.50。最后单击 OK 按钮。这些选项决定了星星的形状，如图 1.45 所示。

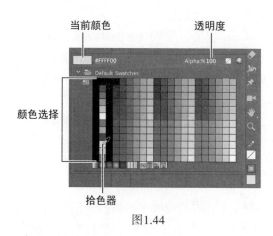

图1.44

Tool Settings

Style: star

Number of Sides: 5

Star point size: 0.50

Cancel   OK

图1.45

11. 确保已选中 stars 图层第 36 帧的空关键帧。先将星星拖到想要添加星星的舞台上，然后拖动星星来调整它的宽度。在不放弃拖动的情况下，将鼠标指针放在星星的中心可以旋转它。通过以上方法可以制作不同大小和不同旋转角度的多个星星，如图 1.46 所示。

12. 选择 Selection（选取）工具以退出 PolyStar（多角星形）工具。

13. 如果需要，可以在舞台上使用"属性"面板或"变形"面板重新定位或旋转星星。或者，选择"选取"工具，然后单击选中星星并将其拖动到舞台中的新位置。当在舞台上拖动星星时，"属性"面板中的 X 值和 Y 值将更新。

图1.46

1.9 添加图层效果

你可以添加有趣的视觉效果，以更改特定图层中对象的外观。图层效果包括颜色效果和滤镜效果。当选择了关键帧后，这两种效果都可以在"属性"面板中使用。

Color Effect（颜色效果）部分中的 Style（样式）菜单上的选项包括 Brightness（亮度）、Tint（色调）和 Alpha（透明度）。"亮度"选项用来控制图层的黑暗程度或亮度。"色调"选项用来决定要向图层添加多少种颜色。"透明度"选项可以控制图层的透明度。第 4 个选项是 Advanced（高级）选项，它允许你同时改变亮度、色调和透明度。

滤镜是一种特殊的效果，它通过多种有趣的方式（添加阴影或添加模糊）来改变或扭曲对象的外观。

为关键帧添加图层效果

图层效果是基于关键帧的，也就是说，一个图层的不同的关键帧中可以有不同的图层效果。现在，为图层的不同关键帧添加滤镜和颜色效果，这样做可以丰富幻灯片的表达方式，还可以让新增的图片脱颖而出。

1. 将播放头移动到时间轴的第 12 帧上，然后同时选中 photo1 图层和 background 图层的第 12 帧。选择方法为按住 Shift 键不放，然后单击帧。幻灯片播放时 photo2 图像出现在第 12 帧上。

2. 选择 Insert（插入）>Timeline（时间帧）>Keyframe（关键帧）（F6 键）。

此时，关键帧会出现在 photo1 图层和 background 图层的第 12 帧上，如图 1.47 所示。

3. 选中这两个关键帧，然后在"属性"面板中单击 Add Filter（添加滤镜）按钮，在弹出来的菜单选择 Blur（模糊）选项，这样就为选中的关键帧添加了模糊滤镜，如图 1.48 所示。

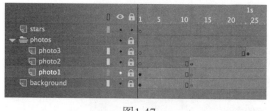

图1.47

图1.48

4. 将 Blur X 和 Blur Y 选项的值调整为 8px。

此时，背景图片和第一张图片都已经变得模糊，这突出显示了 photo2 图层的照片，如图 1.49 所示。

图1.49

5. 选择 photo2 图层的第 24 帧，这也是 photo3 图像出现的时候。

6. 选择 Insert（插入）> Timeline（时间轴）> Keyframe（关键帧）（F6 键）。该关键帧允许用户为图层增加一个滤镜，这样可以同步改变图层的外观，如图 1.50 所示。

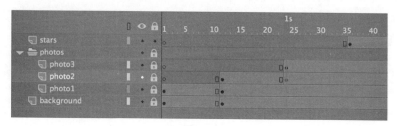

图1.50

7. 单击"属性"面板中的 Add Filter（添加滤镜）按钮，然后选择 Blur（模糊）。将 Blur X 和 Blur Y 的值改为 8 px。

photo2 图层中的图片开始变得模糊，这有助于观众将注意力放在 photo3 图层的新图片上，如图 1.51 所示。

图1.51

8. 选中 background 图层、photo1 图层、photo2 图层和 photo3 图层的第 36 帧，然后插入一个关键帧（F6 键），如图 1.52 所示。

图1.52

9. 在"属性"面板的 Color Effect（颜色效果）部分，在"样式"菜单中选择"亮度"，然后将 Bright（亮度）值调到 -30%。

被选中的图层变得暗淡了一些，它为此刻出现在 stars 图层中的黄色的星星增添了些戏剧的效果，如图 1.53 所示。

注意：你还可以将颜色效果和滤镜应用在舞台的个人标记实例中，稍后会介绍这部分内容。

图1.53

1.10 在 Animate 中撤销执行的步骤

在理想的世界中，所有的一切都按计划进行。但是现实生活中有时会需要回退一步或两步，然后重新开始。在 Animate 中，你可以使用 Undo（撤销）命令或 History（历史记录）面板撤销已执行的步骤。

要在 Animate 中撤销单个步骤，可选择 Edit（编辑）>Undo（撤销），也可以按 Command + Z（macOS）/ Ctrl + Z（Windows）组合键。要重新执行已经撤销的步骤，可选择 Edit（编辑）>Redo（重做）。

在 Animate 中撤销多个步骤的最简单的方法是使用"历史记录"面板，该面板会显示你已经执行的最近 100 个步骤。关闭文档就会清除其历史记录。要访问"历史记录"面板，可选择 Window（窗口）>History（历史记录）。

例如，如果对最近添加的星星不满意，你可以撤销所做的工作，并把 Animate 文档返回到以前的状态。

1. 选择 Edit（编辑）>Undo（撤销），可以撤销执行的最后一个动作。可以多次选择"撤销"命令，其回退的步骤的次数与"历史记录"面板中列出的步骤一样多。选择 Animate CC> Preferences（首选项）（macOS）或 Edit（编辑）> Preferences（首选项）（Windows），可以更改"撤销"命令的最大数量。

 注意： 如果先在"历史记录"面板中删除了一些步骤，再执行了另外的步骤，那么删除的步骤将不再可用。

2. 选择 Window（窗口）>History（历史记录），打开"历史记录"面板，如图 1.54 所示。

3. 把"历史记录"面板的滑块向上拖动到犯错误之前的步骤。在"历史记录"面板中，错误步骤之后的步骤将会显示为灰色，并从项目中被删除。要添加回某个步骤，可以向下拖动滑块。

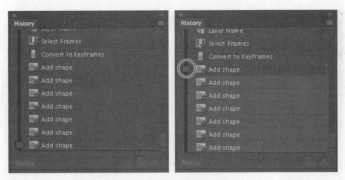

图1.54

4. 将"历史记录"面板的滑块拖动它的原始位置，也就是面板底部步骤的旁边，撤销操作完成。

1.11 预览影片

在处理项目时，推荐的做法是频繁地预览项目，以确保实现了想要的效果。要快速查看动画，可以选择 Control（控制）>Play（播放），或者直接按 Enter/Return 键。

要想知道动画或影片在运行时环境中以何种形式展现在观众面前，可以选择 Control（控制）>Test Movie（测试影片）>In Browser（在浏览器中）。也可以按 Command + Return（macOS）或 Ctrl + Enter（Windows）组合键来预览影片。

1. 选择 Control（控制）>Test（测试）。

Animate 将在 FLA 文件所在的位置创建所需的发布文件，然后在默认的浏览器打开并播放影片，如图 1.55 所示。

图1.55

2. 关闭浏览器窗口并返回 Animate。

1.12 修改内容和舞台

在本课开始部分时，你创建了一个舞台尺寸为 800 像素 × 600 像素的新文件。然而，客户后来可能会需要不同大小的动画来适应不同的布局。例如，他们需要一个具有不同宽高比的更小的版本作为横幅广告，或者需要一个运行在 Android 设备上具有特定尺寸的版本。

幸运的是，即使所有的内容都已经就位，你也可以修改舞台。当修改舞台的大小时，Animate 提供了缩放舞台中内容的选项，你可以成比例地自动缩小或放大所有内容。

改变舞台大小和缩放内容

下面将使用不同的舞台大小来创建这个动画项目的另一个版本。选择 File（文件）>Save（保存），保存目前所做的工作。

1. 在"属性"面板的"属性"部分中，可以看到当前舞台的大小被设置为 800 像素 × 600 像素。单击 Properties（属性）区域的 Advanced Settings（高级设置）按钮，可以打开 Document Settings（文档设置）对话框，如图 1.56 所示。

2. 在 Width（宽）和 Height（高）文本框中，输入新的像素大小。Width 中输入 400，Height 中输入 300。

可以单击 Width 和 Height 字段之间的链接图标来限制舞台的比例。选择该链接图标后，一个维度发生更改，另一个维度会自动按比例更改。

3. 选择 Scale content（缩放内容）选项，保持 Anchor（锚）选项保持不变，如图 1.57 所示。

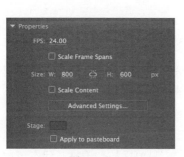

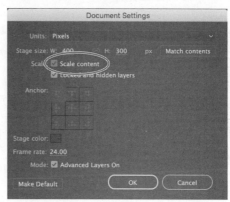

图1.56   图1.57

如果新舞台的比例不同，那么"锚"选项可以让用户自己选择从何处（即所谓的原点）调整内容的大小。

4. 单击 OK 按钮。

Animate 将修改舞台的大小，并自动调整所有内容的大小。如果新的舞台大小与原始的大小不成比例，Animate 将会调整所有东西从而最大限度地适配内容。也就是说，如果新舞台比原来的宽，那么舞台右边将会有多余的空间。如果新舞台比原来的更高，那么舞台的底部将会有多余的空间。

5. 选择 File（文件）>Save As（另存为）。

6. 在"另存为"对话框中，在 File Format（文件格式）菜单中选择 Animate Document（ *.fla），并将文件命名为 01_workingcopy_ resized.fla，然后保存文件。

现在有了两个 Animate 文件，它们内容相同但舞台大小不同。关闭这个文件并且重新打开 01_workingcopy.fla 来继续学习本课。

1.13 保存影片

在多媒体制作中有这样一句口头禅："早保存，常保存。"应用程序、操作系统和硬件的崩溃总是时常发生，而且总是发生在意想不到并且特别不合适的时候。所以应该定期保存影片，以确保在崩溃发生时，不会造成太大损失。

Animate 能极大地减轻这种"白干了"的担忧。为了预防崩溃，Auto-Recovery（自动恢复）特性将会创建一个备份文件。

 注意： 如果在打开的文档中有未保存的修改，Animate 将在文档窗口最上方的文件名后面加上一个星号以作提醒。

使用"自动恢复"来备份

Auto-Recovery（自动恢复）特性是针对 Animate 应用程序的所有文档的一个首选项设置。

"自动恢复"特性保存了一个备份文件，这样在发生崩溃时，你将有一个可以使用的备用文件。

1. 选择 Animate CC >Preferences（首选项）（macOS）或 Edit（编辑）>Preferences（首选项）（Windows）。

此时将出现 Preferences（首选项）对话框。

2. 在左侧边栏中选择 General（常规）类别。

3. 选择 Auto-Recovery（自动恢复）选项（如果还没有选中的话），并且输入一个时间（单位为分）。Animate 会以这个时间为间隔创建备份文件，如图 1.58 所示。

4. 单击 OK 按钮。

如果修改了文件，但是没有在"自动恢复"间隔内保存，那么 Animate 会在与 FLA 相同的位置上创建一个新文件，并在文件名的前面加上"RECOVER_"。只要文档处于打开状态，这个文件就一直存在。当关闭文档或安全退出 Animate 时，这个文件将被删除。

 注意： 要了解如何让Animate CC保持最新的版本，以及了解Animate中可用的帮助来源，请参阅本书的"前言"。

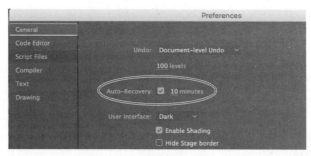

图1.58

1.14 复习题

1. 什么是舞台？

2. 帧与关键帧之间的区别是什么？

3. 什么是隐藏工具，怎样才能访问隐藏工具？

4. 指出在 Animate 中用于撤销步骤的两种方法，并详细解释。

5. 哪种文件类型最适于在现代的浏览器中播放动画？

6. 图层效果是什么？如何添加它们？

1.15 复习题答案

1. 舞台是在播放影片时，观众用来看影片的矩形区域。它包括出现在屏幕上的文本、图像和视频。存储在舞台外面的粘贴板上的对象不会出现在影片中。

2. 帧是时间轴上的时间度量单位。在时间轴上圆圈表示关键帧。关键帧表示舞台内容中的变化。

3. 由于"工具"面板中包含了许多工具，所以它们不能同时显示，此时就需要把某些工具组合在一起。组合后的组中只显示一种工具（即最近使用的工具）。工具图标上出现的小三角形表示还有隐藏的工具可用。要选择隐藏的工具，可以单击并按住已显示的工具图标，然后从弹出的菜单中选择隐藏的工具。

4. 在 Animate 中可以使用 Undo（撤销）命令或 History（历史记录）面板撤销步骤。如果一次撤销一个步骤，可以选择 Edit（编辑）>Undo（撤销）；如果一次撤销多个步骤，可以在"历史记录"面板中向上拖动滑块。

5. HTML5 Canvas 文档可以在现代浏览器中播放动画和交互式内容。HTML5 Canvas 可以导出 HTML、JavaScript 以及在浏览器中播放时需要的所有资源，而无须用到 Flash Player。

6. 图层效果是可以添加到时间轴关键帧中的滤镜或颜色效果，它们用于改变关键帧内容的外观。选择一个关键帧，并从"属性"面板的颜色效果或滤镜区域来选择一个样式或滤镜，这样就成功添加了图层效果。

第2课　创建图形和文本

课程概述

本课将介绍如下内容：

- 绘制矩形、椭圆及其他形状；
- 修改所绘对象的形状、颜色和大小；
- 理解填充和描边设置；
- 创建、编辑曲线以及可变宽度的描边；
- 运用渐变和透明度；
- 使用艺术画笔和图案画笔进行有表现力的绘制；
- 创建、编辑文本，并使用Web字体；
- 在舞台上分布对象；
- 创建、编辑元件（symbols）；
- 理解元件和示例；
- 为元件示例应用滤镜。

本课大约要用180分钟完成。启动 Adobe Animate 之前，请先访问异步社区，将本书的课程资源下载到本地硬盘中，并进行解压。在学习本课时，请打开相应的课程文件。建议先做好原始课程文件的备份工作，以免后期用到这些原始文件时，还需要重新下载。

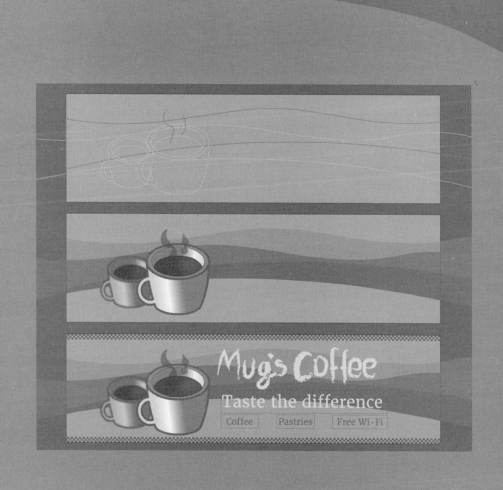

　　可以在 Adobe Animate CC 中使用矩形、椭圆、线条以及自定义的艺术画笔或图案画笔，创建有趣的、复杂的图形和插图，并将它们保存为元件，这些元件会在"库"面板展示。还可以将元件与渐变、透明度、文本和滤镜等结合起来，以创建更具表现力的效果。

2.1 开始

首先来看一下将在本课中创建的最终的动画影片。

1. 双击 Lesson02\02End 文件夹中的 02End.html 文件，在浏览器中查看最终的项目，如图 2.1 所示。

图2.1

<table>
<tr><td>**An**</td><td>**注意：** 如果还没有将本课的项目文件下载到计算机上，请现在就下载。具体做法参见本书的"前言"。</td></tr>
</table>

图2.2

这个项目是一个简单的静态横幅广告的插图。这幅插图是为一家名为 Mug's Coffee 的虚拟公司设计的，该公司正在使用这个插图为其商店和咖啡做宣传。在本课中，你将会绘制一些图形并修改它们，并学习组合简单的元素来创建更复杂的画面。目前还不用创建任何动画。毕竟，在学习跑步之前得先学会如何走路！学习创建和修改图形是使用 Adobe Animate CC 进行任何动画创作之前的一个重要步骤。

2. 在 Animate 的 Start（开始）屏幕中，选择 Web 作为预期的文档预设类别。在 Details（详情）区域，请确保在 Platform Type（平台类别）菜单中选择了 HTML5 Canvas。

3. 将 Stage（舞台）的大小设置为 700 像素 ×200 像素，然后单击 Create（创建）按钮，如图 2.2 所示。

4. 选择 File（文件）>Save（保存）。把该文件命名为 02_workingcopy.fla，然后将其保存在 02Start 文件夹中。立即保存文件是一种良好的工作习惯［即使已经启用了 Auto-Recovery（自动恢复）特性］。它可以确保即使应用程序或计算机崩溃，你所做的工作也不会丢失。

2.2 理解描边和填充

Animate 中的每一个图形开始都只是一个形状。形状由两部分组成：填充（fill）和描边（stroke）。前者是形状的内部，后者是形状的轮廓。如果能记住这两个组成部分，就可以比较顺利地创建美观、复杂的视觉效果。

填充功能和描边功能是彼此独立的，因此可以修改或删除其中一个，而不会影响到另一个。

例如，创建一个矩形，该矩形为蓝色填充和红色描边，以后可以把填充更改为紫色，并完全删除红色描边，最终得到的是一个没有轮廓线的紫色矩形。也可以独立地移动填充或描边，因此如果想移动整个形状，就要确保同时选取了填充和描边。

2.3 创建形状

Animate 包括多种绘图工具，它们在不同的绘制模式下工作。许多创建工作都开始于像矩形和椭圆这样的简单形状，因此能够熟练地绘制、修改形状的外观以及应用填充和描边是很重要的。

你将从绘制一杯咖啡开始。

 注意： 在Animate CC、HTML文档以及通常的Web设计与开发中，颜色通常用十六进制的值来表示。#符号后面的6位数表示构成颜色的红、绿、蓝的比重。

2.3.1 使用矩形工具

咖啡杯实质上是一个圆柱体，它是一个顶部和底部都是椭圆的矩形。首先绘制矩形主体。把复杂的对象分解成多个组成部分，可以使绘制更容易。

1. 从 Tools（工具）面板中选中 Rectangle（矩形）工具（ ▦ ）。确保没有选择"工具"面板底部的 Object Drawing（对象绘制）模式图标（ ◉ ）。

2. 在"工具"面板底部选择描边颜色和填充颜色。为描边选择 #663300（深褐色），为填充选择 #CC6600（浅褐色）。

3. 在舞台上绘制一个矩形，其高度比宽度稍大一点。在第 6 步中可以指定矩形的准确大小和位置，如图 2.3 所示。

4. 选取"选择"工具。

5. 在整个矩形周围拖动"选择"工具，选取其描边和填充。当选中一个形状时，Animate 将会用白色虚线显示它。也可以双击一个形状，Animate 将同时选取该形状的描边和填充，如图 2.4 所示。

图2.3

图2.4

6. 在 Properties（属性）面板的 Position And Size（位置和大小）区域，将宽度设置为 130，高度设置为 150。按 Return（macOS）键或 Enter（Windows）键来应用这些值。

2.3.2　使用椭圆工具

现在将创建咖啡杯顶部的杯口和圆形的底部。

1. 在"工具"面板中选择 Oval（椭圆）工具。

2. 确保选择了 Snap To Objects（贴紧至对象）按钮（<img />）。该选项会强制舞台上绘制的形状相互贴紧，以确保形状的线条和角相互连接。

3. 将矩形的一侧向另外一侧拖动，创建一个与矩形两边都接触的椭圆。"贴紧至对象"选项可以使椭圆的边与矩形的边相互连接，如图 2.5 所示。

4. 在矩形底部绘制另一个椭圆，如图 2.6 所示。

图2.5

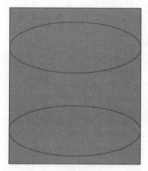

图2.6

Animate的绘图模式

　　Animate提供了3种绘图模式，它们用于在舞台上对象之间如何进行交互，以及如何编辑它们。默认情况下，动画使用Merge Drawing（合并绘图）模式，但你也可以启用Object Drawing（对象绘图）模式或通过Rectangle Primitive（矩形基元）或Oval Primitive（椭圆基元）工具来启用Primitive Drawing（基元绘图）模式。

合并绘图模式

　　在合并绘图模式中，Animate会合并已经绘制好的图形，如矩形和椭圆，合并方式为重叠，重叠后的图形看起来就像一个图形。如果移动或删除与其他形状合并的图形，那么重叠部分将会被永久删除，如图2.7所示。

图2.7

对象绘图模式

在对象绘图模式中，Animate不合并绘制的对象；即使这些对象已经重叠，但它们仍保持独立。要想启用Object Drawing（对象绘图）模式，可以先选择要使用的绘图工具，然后单击"工具"面板底部的Object Drawing（对象绘图）按钮。

要想将对象转换为图形（合并绘图模式），可以选中它并选择Modify（修改）>Break Apart（解体）（指Command+B / Ctrl+B组合键）。要想将图形转换为对象（"对象绘图"模式），可以选中它并选择Modify（修改）>Combine Objects（结合对象）>Union（联盟）。这样，当前的图形就变成了一个对象，如图2.8所示。但请记住，图形无法恢复到它最初绘制时的样子。

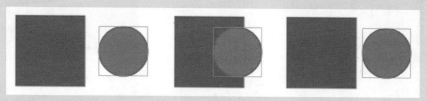

图2.8

基元绘图模式

当使用Rectangle Primitive（矩形基元）工具或Oval Primitive（椭圆基元）工具时，Animate将会把矩形或椭圆绘制成独立的对象，但这些对象仍有保留了一些可编辑的特性。与普通对象不同，可以使用"属性"面板来修改矩形基元的圆角半径、起始角和结束角，还可以调整椭圆基元的内半径，如图2.9所示。

图2.9

2.4　进行选择

要修改对象，首先要能够选择它的不同部分。在 Animate 中，可以使用 Selection（选取）、Subselection（部分选取）或 Lasso（套索）工具进行选择。通常情况下，使用"选取"工具可以选择整个对象或者对象的一部分；"部分选取"工具允许选择对象中特定的点或线；利用"套索"工具可以进行任意形状的选取。

选择描边和填充

接下来将使用矩形和椭圆让前面创作的对象看起来更像一个咖啡杯。你将使用"选取"工具来删除不想要的描边和填充。

1. 在"工具"面板中，选择 Selection（选取）工具。

2. 单击并选取椭圆顶部上面的填充部分，如图 2.10 所示。

椭圆顶部上面的形状将高亮显示。

3. 按 Delete（macOS）/Backspace（Windows）键。

这样就从所选区域中清除了形状，如图 2.11 所示。

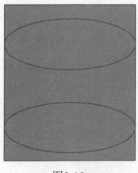

图2.10

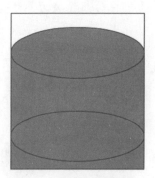

图2.11

4. 按住 Shift 键单击顶部椭圆上面的 3 条线段，将其选中，然后按 Delete/Backspace 键将其删除，如图 2.12 所示。

Animate 删除了各个描边，现在只有顶部的椭圆连接到了矩形。

5. 按住 Shift 键并选择底部椭圆下面的填充和描边，然后按 Delete/Backspace 键，如图 2.13 所示。

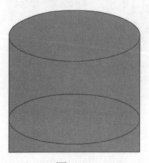

图2.12

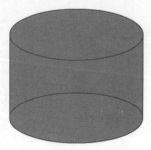

图2.13

剩下的形状看上去就像一个圆柱体。

2.5 编辑形状

在 Animate 中绘图时，通常是从使用"矩形"或"椭圆"工具开始。若想要创建更复杂的图形，则需要使用其他工具来修改这些基本形状。Free Transform（任意变形）工具、Copy（复制）命令、Paste（粘贴）命令以及 Selection（选取）工具可以把普通的圆柱体变成咖啡杯。

2.5.1 使用任意变形工具

如果将咖啡杯底的边缘变窄一些，咖啡杯看起来会更逼真。可以使用 Free Transform（任意变形）工具来更改它的整体形状。通过"任意变形"工具，你可以更改对象的比例、旋转角度或斜度（倾斜的方式），也可以通过在边框周围拖动控制点来扭曲对象。

1. 在"工具"面板中，选择 Free Transform（任意变形）工具（ ▣ ）。

2. 在舞台上围绕圆柱体拖动"任意变形"工具以选取它。

圆柱体上将出现变形手柄，如图 2.14 所示。

3. 在向里拖动圆柱体底部的其中一个角时，按住 Shift + Command/Shift + Ctrl 组合键，这样可以以相同的距离同时移动两个角，如图 2.15 所示。

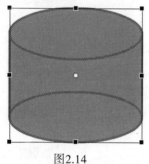

图2.14

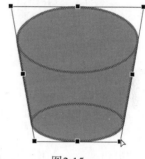

图2.15

4. 在形状外面单击以不再选中它。

圆柱体的底部比较窄，而顶部比较宽。现在它看起来更像是一只咖啡杯了。

 注意： 如果在移动某个控制点时按住Option或Alt键，那么Animate将相对于其变形点（通过圆圈图标表示）来缩放对象。可以随意移动变形点，甚至是在对象的外面移动它。移动时按住Shift键可以约束对象的缩放比例。按Command/Ctrl键可以通过单个控制点来使对象变形。

2.5.2 使用"复制"和"粘贴"命令

通过 Copy（复制）和 Paste（粘贴）命令，你可以轻松地在舞台上复制形状。通过复制和粘贴咖啡杯的上边缘可以制作出咖啡的液面效果。

1. 选择 Selection（选取）工具，按住 Shift 键，然后选择咖啡杯开口的上圆弧和下圆弧。

2. 选择 Edit（编辑）>Copy（复制）（Command + C/Ctrl + C 组合键），复制椭圆的顶部描边，如图 2.16 所示。

3. 选择 Edit（编辑）> Paste In Place（粘贴到当前位置）（Shift + Command + V/Shift + Ctrl + V 组合键）。

舞台上将会出现一个复制好的椭圆，它会完全覆盖那个被复制的、原来的椭圆。复制出来的椭圆处于被选中状态。

4. 在"工具"面板中，选择"任意变形"工具。

椭圆上将出现变形手柄。

5. 在向里拖动复制的椭圆的一个角时按住 Shift 键。让椭圆缩小 10%。按住 Shift 键可以同步改变形状，从而让椭圆维持其宽高比。

咖啡杯的顶部边缘现在已经准备好，如图 2.17 所示。

图2.16

图2.17

6. 再次选择 Edit（编辑）> Paste In Place（粘贴到当前位置）（Shift + Command + V/Shift + Ctrl + V 组合键），为舞台添加另外一个复制的椭圆（它复制缩小了 10% 的那个椭圆），如图 2.18 所示。

7. 选择"自由变形"工具。按住 Shift 键并向里拖动新椭圆的一个角，使新椭圆再缩小 10%。

8. 把新椭圆拖到咖啡杯的边缘上，使之叠盖住前边缘。也可以按向下的箭头（Down Arrow）键来向下微调所选的椭圆。

9. 在选区外面单击，取消选中椭圆。

10. 选取较小椭圆的下部分和底部椭圆的上部分，然后将其删除。

现在咖啡杯中就好像装有咖啡一样，如图 2.19 所示。

图2.18

图2.19

2.5.3　更改形状轮廓

通过"选取"工具，你可以拖曳、拉伸线条和角，从而更改任何形状的整体轮廓。这是处理形状时一种快速、直观的方法。

1. 在"工具"面板中，选择"选取"工具。

2. 移动鼠标指针，使其靠近咖啡杯的一侧。

光标附近将出现一条曲线，这表示可以更改描边的曲率。

3. 向外拖动描边。

咖啡杯的一侧将弯曲，这显得咖啡杯稍微有点凸出，如图 2.20 所示。

4. 稍微向外拖动咖啡杯的另一侧。

咖啡杯现在具有了更圆滑的杯体。

图2.20

> **An** | 注意：在拖动形状的边缘时按住Option/ Alt键可以添加新的角。

2.5.4　更改描边和填充

如果要更改描边或填充的属性，可以使用 Ink Bottle（墨水瓶）工具或 Paint Bucket（颜料桶）工具。"墨水瓶"工具更改描边颜色，"颜料桶"工具更改填充颜色。

1. 在"工具"面板中，选择 Paint Bucket（颜料桶）工具（ ）。

2. 在"属性"面板中，选择一种深褐色的填充颜色（#663333）。

3. 单击咖啡杯中咖啡的液面。

顶部椭圆的填充色将变成深褐色，如图 2.21 所示。

> 提示：如果"颜料桶"工具改变了周围区域中的填充色，那可能是形状轮廓中有一个小间隙，从而导致填充溢出。可手动封闭间隙，或使用"工具"面板底部的 Gap Size（间隙大小）菜单来选择Animate将要自动封闭的间隙大小。

4. 在"工具"面板中，选择 Ink Bottle（墨水瓶）工具（ ）。

5. "属性"面板中，选择一种深褐色的描边颜色（#330000）。

6. 单击咖啡液面上方的顶部描边。

咖啡液面周围的描边将变成深褐色，如图 2.22 所示。

图2.21

图2.22

提示：也可以选择描边或填充，并在"属性"面板中更改其颜色，而无须使用"颜料桶"或"墨水瓶"工具。

2.6 使用渐变填充

填充（fill）是所绘制对象的内部。现在你已经选择了用纯褐色填充，但是也可以应用渐变进行填充，也可以使指定对象没有填充。

在渐变（gradient）中，一种颜色将逐渐变成另外一种颜色。Animate 可以创建线性（linear）渐变或径向（radical）渐变，前者沿着水平方向、垂直方向或对角线方向改变颜色；后者从一个中心焦点开始向外改变颜色。

本课将使用线性渐变填充为咖啡杯添加三维效果。

2.6.1 创建渐变变换

可以在"颜色"面板中定义要在渐变中使用的颜色。默认情况下，线性渐变一般是从一种颜色转变成另一种颜色，但是在 Animate 的渐变中，可以达到 15 种颜色的变换。颜色指针（color pointer）决定了每种颜色的定义位置，以及指针之间的颜色的平滑变化。可以在 Color（颜色）面板中的渐变定义条下添加颜色指针，从而添加更多颜色和颜色渐变。

在咖啡杯的表面创建从褐色转变成白色再转变成深褐色的渐变效果，以表现出圆滑的外观。

1. 选择"选取"工具，然后选择表示咖啡杯正面的填充。

2. 打开 Color（颜色）面板（Window > Color）。在"颜色"面板中，单击 Fill Color（填充颜色）（ ▱ ）按钮，并从 Color Type（颜色类型）菜单中选择 Linear gradient（线性渐变），如图 2.23 所示。

咖啡杯的正面通过从左到右变化的颜色渐变进行了填充，如图 2.24 所示。

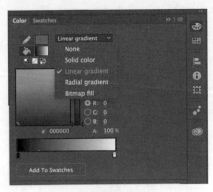

图2.23

图2.24

3. 在"颜色"面板中，选择位于颜色渐变定义条左端的颜色指针（当选中它时，它上面的三角形将变成黑色），然后在十六进制值字段中输入 FFCCCC 以选择浅褐色，并按 Return/Enter 键应用该颜色。也可以从 Color Picker（拾色器）中选择一种颜色，或双击颜色指针以从色板中选择一种颜色。

4. 选择最右边的颜色指针，然后输入 B86241 选择深褐色，并按 Return/Enter 键应用该颜色，如图 2.25 所示。

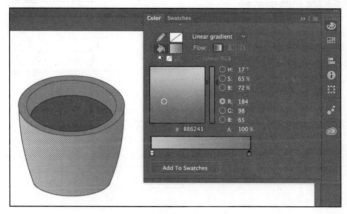

图2.25

咖啡杯表面的渐变填充将从浅褐色逐渐变为深褐色。

5. 在渐变定义条下单击，创建新的颜色指针，如图 2.26 所示。

6. 把新的颜色指针拖到渐变的中间位置。

7. 选择新的颜色指针，然后在十六进制值字段中输入 FFFFFF 以将新颜色指定为白色，并按 Return/Enter 键应用该颜色，如图 2.27 所示。

图2.26

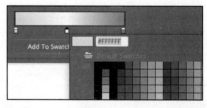

图2.27

咖啡杯的渐变填充将从浅褐色逐渐变为白色再变为深褐色，如图 2.28 所示。

8. 单击舞台上的其他位置，取消选中舞台上的填充。选择"颜料桶"工具，并且确定已取消选中"工具"面板底部的 Lock Fill（锁定填充）按钮（）。

> **An** 提示：如果"锁定填充"按钮在"工具"面板上不可见，请拖动面板左侧边缘来扩展面板（如第1课所述）。这会让面板显示多列工具。

"锁定填充"选项把当前渐变锁定到应用它的第一个形状上，以便后续的形状可以继续使用该渐变。如果要在咖啡杯的背面应用一种新的渐变，则需要取消选中"锁定填充"选项。

9. 使用"颜料桶"工具选取咖啡杯的背面。

Animate 将对咖啡杯的背面应用渐变，如图 2.29 所示。

图2.28 图2.29

An 提示：要从渐变定义条中删除颜色指针，只需把它拖离渐变定义条即可。

2.6.2 使用渐变变形工具

除了为渐变选择颜色和定位颜色指针之外，还可以调整渐变填充的大小、方向和中心。为了挤压咖啡杯正面上的渐变并颠倒背面上的渐变方向，你可以使用 Gradient Transform（渐变变形）工具。

1. 选择 Gradient Transform（渐变变形）工具█［"渐变变形"工具与 Free Transform（自由变形）工具在同一个组中］。

2. 单击咖啡杯的正面，变形手柄出现，如图 2.30 所示。

3. 向里拖动边界框右侧的方块手柄来进一步挤压渐变。拖动中心的圆圈，将渐变向左移动，使得白色亮区位于中心稍微偏左一点，如图 2.31 所示。

4. 单击咖啡杯的背面，变形手柄出现，如图 2.32 所示。

图2.30 图2.31 图2.32

5. 拖动边界框角上的圆形手柄，把渐变旋转 180°，这使得渐变从左边的深褐色渐渐减弱到白色再到右边的浅褐色。将渐变缩小，然后稍微向右移动，让亮区落在咖啡杯内表面的右侧。

咖啡杯现在看上去更加逼真了，因为阴影和亮区使得咖啡杯的正面看上去是凸起的，而背面则是凹陷的。

提示：移动中心圆圈会改变渐变的中心；拖动圆形手柄可以旋转渐变；拖动方块手柄中的箭头可以拉伸或压缩渐变。

2.6.3 添加径向渐变

现在可以为咖啡的上表面添加一个深的、丰富的棕色径向渐变。

1. 通过"选取"工具选择咖啡的上表面。

2. 打开"颜色"面板，选择 Radial Gradient（径向渐变）。为左边的颜色指针选择浅棕色，为右边的颜色指针选择深巧克力棕色，如图 2.33 所示。

图2.33

咖啡的上表面呈现径向渐变，中间的颜色较浅，边缘的颜色较深。

3. 选择"渐变变形"工具。

4. 拖动渐变的中心点手柄，让其靠近咖啡杯的右边缘。

5. 将宽度手柄向右拖动，使椭圆逐渐变平，使其宽度约为高度的两倍。

6. 将大小手柄向左拖动以缩小椭圆，使渐变只覆盖咖啡表面，如图 2.34 所示。

图2.34

咖啡表面的设计已经完成了。因为线性渐变和径向渐变发生的微妙变化，所以对象的维度和形式可以得到很好的实现。

为包含已完成绘制的咖啡杯的图层重命名。

提示：可以使用"渐变变形"工具来改变位图填充的宽度、方向、大小和旋转角度。

2.6.4 组合对象

咖啡杯的创建已经完成，现在可以把它变成一个单独的组了。组把形状与其他图形的集合保存在一起以保持完整性。当组成咖啡杯的元素组合在一起时，可以把这些元素作为一个单元移动，而无须担心咖啡杯会与底层的形状合并。因此，可以使用组来组织绘图。

1. 选择"选取"工具。

2. 选取组成咖啡杯的所有形状。

3. 选择 Modify（修改）>Group（组合）。

咖啡杯现在就是单个组。在选取它时，蓝色轮廓线表示咖啡杯的边界框，如图 2.35 所示。

4. 如果想更改咖啡杯的某一部分，可以双击组来编辑它。

注意，舞台上所有其他的元素都会变暗淡，并且舞台上面的 Edit（编辑）条将显示 Scene 1 Group，如图 2.36 所示。这表示现在已位于特定的组中，你可以编辑其内容了。

图2.35

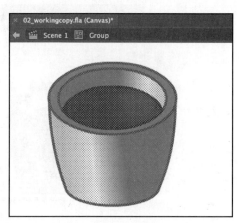

图2.36

5. 单击舞台上面 Edit（编辑）条中的 Scene 1 图标，或双击"舞台"上的空白部分，可以返回到主场景。

 提示： 要把组改回它的成分形状，可以选择Modify（修改）>Ungroup（取消组合）（Shift + Command + G/Shift + Ctrl + G组合键）。

2.7 使用可变宽度的描边

可以为描边制作很多不同风格的线条。除了实线，还可以选择点线、虚线或锯齿线，甚至可以自定义线条。此外，我们可以使用 Width（宽度）工具创建具有各种宽度的线条，并对其进行编辑。

本课将使用 Pencil（铅笔）工具创建代表咖啡飘香的可变宽度的线条。我们还会让"香气"稍微透明一点。透明度以百分比的形式进行衡量，被称为 Alpha。Alpha 的值为 100%，表示颜色是完全不透明的；Alpha 的值为 0% 则表示颜色是完全透明的。

2.7.1 添加可变宽度的线条

为了让咖啡杯更具个性，可以在咖啡上面添加一些奇形怪状的线条。

1. 在时间轴上，在 coffee_cup 图层上插入一个新图层，将其命名为 coffee_aroma。我们将在这个图层中绘制线条。

2. 在"工具"面板中，选择 Pencil（铅笔）工具（）。

3. 在"工具"面板底部的 Pencil Mode（铅笔模式）菜单中选择 Smooth（平滑）选项，如图 2.37 所示。

4. 在"属性"面板中，选择一种深褐色的描边颜色。

5. 在"属性"面板的 Fill And Stroke（填充和描边）部分，将描边大小设置为 15。在 Style（样式）菜单中选择 Solid（实线），在 Width（宽度）菜单中选择剖面粗细相间的 Width Profile 2 配置文件，如图 2.38 所示。

6. 在咖啡上画几条波浪线，如图 2.39 所示。

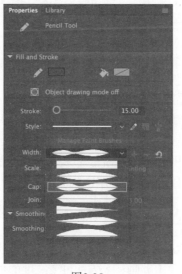

图2.37　　　　　　　　　　图2.38　　　　　　　　　　图2.39

Animate 会使用剖面粗细相间的宽度对每一条波浪线进行渲染。虽然它看起来像一个很复杂的形状，但整个对象其实是一个可选的描边。

> **An** ┃ **提示：** 可以像编辑任何其他描边那样来编辑可变宽度的线条。使用Selection（选取）和Subselection（部分选取）工具可弯曲曲线或移动锚点。

2.7.2 编辑线条宽度

我们可以巧妙地调整凸起在线条中出现的位置以及凸起的个数。可以通过 Width（宽度）工具进行这些编辑。

1. 在"工具"面板中，选择 Width（宽度）工具（）。
2. 将鼠标指针移动到一个可变宽度的描边上。

锚点会沿着线条出现，它会指出线的粗细部分位于何处。

3. 拖动任意锚点处的手柄以更改线条的宽度，让线条的一些限制和凸

图2.40

起变得更夸张，如图 2.40 所示。

> **An** | 提示：要删除可变宽度线条的锚点，可单击选中锚点，然后按Delete/ Backspace键。

4. 沿着描边拖动锚点以移动其位置。
5. 在描边任意位置上拖动以添加新的锚点并定义该位置处的宽度。若 Animate 在指针旁边显示了一个小加号，这表示可以添加锚点。

> **An** | 提示：当只想修改可变宽度线条的一侧时，可按住Alt/Option键。

2.8　使用色板和标记色板

色板（swatch）是预设的颜色样本。可通过 Swatches（色板）面板（Window>Swatches，或按 Command + F9/Ctrl + F9 组合键）访问它们。还可以把图形中使用的颜色保存为新色板，以便以后可以随时调用。

标记色板（tagged swatch）是具有特殊标记的色板，可以与舞台上使用它们的图形相链接。如果在"色板"面板中更改了标记色板，所有使用这些标记色板的图形都将更新。

2.8.1　保存色板

前面为咖啡杯上方的咖啡蒸气使用了棕色，现在我们将为把这个棕色保存为一个色板。

1. 选择"选取"工具，然后单击咖啡杯上方的可变宽度的描边。
2. 打开"色板"面板（Command + F9/Ctrl + F9 组合键），或单击 Swatches 图标。

"Swatches"面板被打开，而且面板底部一行显示了默认的渐变颜色，如图 2.41 所示。

3. 单击"色板"面板底部的 Create A New Swatch（创建一个新的色板）按钮。

新的色板将出现，该色板具有所选择的咖啡蒸气的精确颜色，如图 2.42 所示。

2.8.2　创建标记色板

接下来将保存的色板转换为一个标记色板，并将其用于所有的咖啡蒸气。

1. 选择咖啡蒸气的色板之后，单击"色板"面板底部的 Convert To A Tagged Swatch（转换为一个标记色板）按钮，如图 2.43 所示。

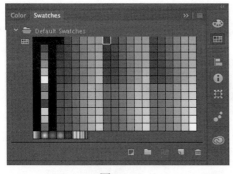

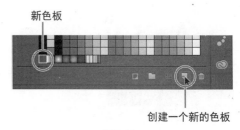

新色板

创建一个新的色板

图2.41　　　　　　　　　　　　　　　　　图2.42

此时将出现 Tagged Color Definition（标记颜色定义）对话框。

2. 在 Name（名称）字段中输入 coffee steam，然后单击 OK 按钮，如图 2.44 所示。

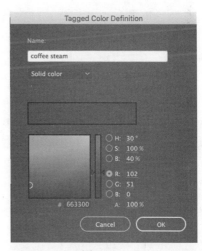

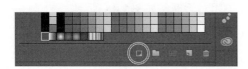

图2.43　　　　　　　　　　　　　　　　　图2.44

然后对话框关闭，并且"色板"面板的"标记色板"部分会出现一个新的标记色板，如图 2.45 所示。

图2.45

2.8.3　使用标记色板

现在将对咖啡杯上方的所有蒸气使用新的标记色板。

1. 选择"选取"工具，然后按住 Shift 键，单击咖啡杯上方所有的咖啡蒸气，如图 2.46 所示。

2. 打开"色板"面板。

3. 选择咖啡蒸气的标记色板。

所选的图形会使用标记色板为其上色。在"属性"面板中，颜色右下角的白色三角形表示这是一个标记色板，如图 2.47 所示。

图2.46

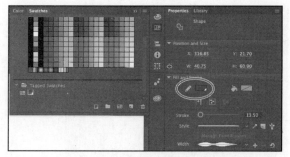

图2.47

2.8.4　更新标记色板

当不得不更新项目时，标记色板的作用才能真正地发挥出来。假设艺术总监或客户不喜欢咖啡蒸气的颜色，他们想让咖啡蒸气的颜色变得透明一点。由于所有蒸气都使用了标记色板，因此可以简单地更新标记色板的颜色，这样一来，所有使用这个标记色板的图形也将随之更新。

1. 打开"色板"面板。

2. 在"色板"面板的 Tagged Swatches（标记色板）部分中，双击咖啡蒸气的标记色板。

这将打开 Tagged Color Definition（标记颜色定义）对话框，该对话框包含了标记颜色的名称和颜色信息。

3. 将颜色更改为不同的棕色色调，并为其添加一定透明度（更改 Alpha 值或透明度值）。新颜色将显示在颜色预览窗口的上半部分。单击 OK 按钮关闭对话框，如图 2.48 所示。

新的颜色信息会被保存，所有使用标记色板的图形将更新为新颜色，如图 2.49 所示。

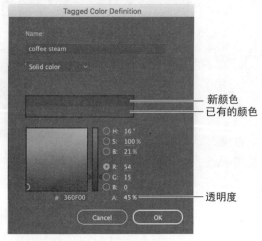

图2.48

图2.49

2.9 创建曲线

前面已经使用"选取"工具对形状的边缘进行拉扯来直接地制作曲线。为了实现对曲线更精确的控制，可以使用 Pen（钢笔）工具。

2.9.1 使用钢笔工具

现在我们将创建一个舒缓的、波浪形的背景图形。

1. 首先，将舞台的背景色更改为浅棕色（#CC9966）。

2. 选择 Insert（插入）>Timeline（时间轴）>Layer（图层），然后将新图层命名为 dark_brown_wave。

3. 将图层拖动到图层堆栈的底部，然后锁定所有其他图层，如图 2.50 所示。

4. 在"工具"面板中，选择 Pen（钢笔）工具（🖋）。

5. 将描边颜色设置为深棕色，将 Alpha 设置为 100%。为 Style（样式）选择 Hairline（极细线）选项，Width（宽度）选择 Uniform（均匀）。

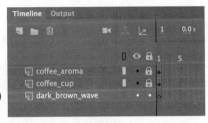

图2.50

6. 单击舞台的左边缘来建立第一个锚点，开始绘制形状。

7. 将鼠标指针移动到舞台上，然后按住鼠标按键（不要松开），放置下一个锚点。继续按住鼠标按钮并沿着想要线所在的方向继续拖动鼠标。这会从新锚点拖出一条方向线，当释放鼠标按键时，也就在两个锚点之间创建一条平滑的曲线。

要了解有关使用"钢笔"工具绘制的更多信息，请参阅"使用钢笔工具创建路径"。

8. 继续在舞台上向右移动鼠标，按住鼠标按键并拖动方向线以构建波形轮廓。然后穿过舞台的右边缘，最后单击一次鼠标以设置角点，如图 2.51 所示。

图2.51

现在你已经绘制了波形的顶部边缘，接下来需要绘制底部边缘来完成形状的绘制。

9. 在上一个角点的下方单击一次，然后在舞台上向左绘制一条波浪线，这条波浪线与第一条曲线类似（但不完全平行）。

注意不要将锚点直接放置在上一条波浪线的锚点下面，以便让波形具有自然的轮廓。

10. 继续让下方波浪线通过舞台左边缘，然后在初始锚点下方单击鼠标以放置另一个角点。

11. 单击第一个锚点来关闭形状，结果如图 2.52 所示。

图2.52

12. 选择"颜料桶"工具。

13. 将填充颜色设置为深棕色。

14. 单击刚才创建的轮廓内部，以填充颜色。

15. 选择"选取"工具，然后单击轮廓以将其选中，按 Delete 键删除描边，结果如图 2.53 所示。

图2.53

 注意： 不要急于将所有的曲线处理得很完美。只有勤加练习才能习惯"钢笔"工具的使用。在本课的后续内容中，我们还有机会来优化曲线。

2.9.2 利用"选取"和"部分选取"工具编辑曲线

在第一次尝试创建平滑的波浪线时，效果可能不是很好。可以通过"选取"工具或"部分选取"工具来优化曲线。

1. 选择"选取"工具。

2. 把鼠标指针悬停在一条线段上，如果光标附近出现了弧形线段，就表示可以编辑曲线；如果光标附近出现的是一个直角线段，就表示可以编辑角点。

3. 拖动曲线以编辑其形状，如图 2.54 所示。

4. 在"工具"面板中，选择"部分选取"工具。

5. 单击形状的轮廓。

6. 把锚点拖到新位置或移动手柄，以优化总体形状。拉长手柄来使曲线变得平缓，倾斜手柄来改变曲线的方向，如图 2.55 所示。

图2.54

图2.55

2.9.3 删除或添加锚点

可以使用"钢笔"工具下面的隐藏工具，根据需要删除或添加锚点。

1. 单击并按住"钢笔"工具，隐藏的工具菜单会弹出来，如图 2.56 所示。

2. 选择 Delete Anchor Point（删除锚点）工具。

3. 单击形状轮廓线上的一个锚点，将其删除。

图2.56

4. 选择 Add Anchor Point（添加锚点）工具。

5. 在曲线上单击，添加一个锚点。

使用"钢笔"工具创建路径

可以使用"钢笔"工具创建笔直或弯曲、开放或闭合的路径。如果不熟悉"钢笔"工具，那么在开始使用时可能会感到困惑。如果理解路径的元素以及如何使用"钢笔"工具创建这些元素，那么绘制路径将变得更容易。

要创建直线路径，请单击鼠标。第一次单击时，将设置一个起点。此后每次单击都会在前一个点和当前点之间绘制一条直线。要使用"钢笔"工具绘制复杂的直线路径，只需继续添加点即可，如图2.57所示。

要创建曲线路径，请先单击鼠标放置锚点，然后拖动鼠标来为该点创建方向线，最后释放鼠标按键。然后移动鼠标放置下一个锚点，并拖出另一组方向线。每个方向线末端的是方向点，方向线的位置和点的位置确定了弯曲线段的尺寸和形状。移动方向线和点会重新调整路径中的曲线，如图2.58所示。

创建直线
图2.57

平滑曲线通过名为平滑点的锚点连接。陡峭的曲线路径通过角点连接。当在平滑点上移动方向线时，平滑点两侧的曲线段同时被调整；但是当移动角点上的方向线时，只有与方向线位于同一边的曲线段被调整。

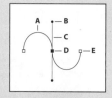

创建直线
图2.58

A.曲线段　B.方向点　C.方向线
D.选定的锚点　E.未选定的锚点

路径段和锚点在绘制后可以单独或作为一个组移动。当路径包含多个段时，可以拖动单个锚点来调整路径的各个段，或选择路径中的所有锚点来编辑整个路径。

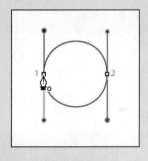

创建封闭路径
图2.59

径。可以使用"部分选取"工具来选择和调整锚点、路径段或整个路径。

封闭路径与开放路径的不同之处在于路径的结束方式。要结束一个开放路径，可选择"选取"工具或按Esc键。要创建封闭路径，请将"钢笔"工具指针放在起点上（指针将显示一个小o符号），然后单击鼠标。封闭路径会自动结束路径，如图2.59所示。在路径封闭后，"钢笔"工具指针会出现一个小的*符号，表示下一次单击将开始一个新的路径。

2.10　使用透明度来创建深度感

接下来将创建第二个波浪线，并使之与第一个波浪线重叠。让第二个波浪线稍微有点透明，从而产生一种丰富的、有层次感的效果。透明度可应用于描边或填充。

修改填充的 Alpha 值

1. 选择"选取"工具和 dark_brown_wave 图层中的形状。

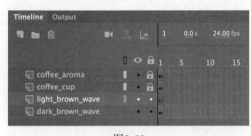

图2.60

2. 选择 Edit（编辑）>Copy（复制）。

3. 选择 Insert（插入）>Timeline（时间轴）>Layer（图层），并把新图层命名为 light_brown_wave，如图 2.60 所示。

4. 选择 Edit（编辑）>Paste In Place（粘贴到当前位置）（Command + Shift + V /Ctrl + Shift + V 组合键）。"粘贴到当前位置"命令可把复制的项目放到它被复制时所处的位置。

5. 把粘贴的形状稍微向左移或向右移，以使波浪的波峰稍微发生一点偏移，如图 2.61 所示。

图2.61

6. 在 light_brown _wave 图层中选择形状的填充。

7. 选择 Window（窗口）>Color（颜色）打开"颜色"面板。将填充颜色设置为稍微不同的褐色（#CC6666），然后把 Alpha 值改为 50%，结果如图 2.62 所示。

图2.62

"颜色"面板中的色板可以预览最近选择的颜色。透明度可由透过透明色板看到的灰色网格来展示。

 注意：也可以在"属性"面板中更改形状的透明度，方法是单击Fill Color（填充颜色）图标，在弹出的颜色菜单中更改Alpha的值。

2.11 使用"画笔"工具进行更有表现力的创作

虽然"钢笔"工具擅长制作精确的曲线，比如在背景中所创建的波浪形状，但它还不能很好地创建自发的、富有表现力的图形。

要获得更好的绘制效果，可以使用 Paint Brush（画笔）工具（🖌）。"画笔"工具允许用户创建更生动、更自由的图形，且图形可以具有重复样式的边框和装饰。并且，与使用 Animate 创建的其他图形一样，使用"画笔"工具创建的图形仍然完全基于矢量。

用户可以从几十个不同的画笔中进行选择，如果没有找到适合的画笔，那么可以自定义画笔，甚至创建自己的画笔。

2.11.1 探索画笔库

下面将使用"画笔"工具前面的带有咖啡馆名称和 Logo 的横幅广告添加一个小比萨饼图案。我们将使用一个画笔模拟粗糙的粉笔来书写上面的字母，为这个咖啡品牌提供一点乡村氛围。

1. 在时间轴中，在所有图层之上添加一个新图层，并将其命名为 chalk。

2. 选择"画笔"工具。在"属性"面板中，选择一个与图稿中已有的红色和橙色产生鲜明对比的描边颜色。在这个例子中，我们选择了一个充满活力的黄色。

3. 在 Fill And Stroke（填充和描边）部分，将描边大小设置为 15。

对于咖啡广告上的字来说，这是一个很好的宽度。

4. 现在选择画笔样式，请单击 Brush Library（画笔库）按钮，它位于 Style（样式）菜单的右侧，如图 2.63 所示。

"画笔库"面板被打开。在左侧的列中，Animate 将所有画笔按不同类别分组：箭头（Arrows）、艺术（Artistic）、装饰（Decorative）、线条艺术（Line Art）、图案画笔（Pattern Brushes）和矢量包（Vector Pack）。

5. 选择其中一个类别并查看子类别，然后选择子类别来查看单个画笔。例如，选择 Artistic（艺术）> Chalk Charcoal Pencil（粉笔炭笔），然后双击 Charcoal–Thick 画笔，如图 2.64 所示。

图2.63

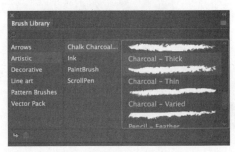

图2.64

Charcoal–Thick 画笔被添加到 Style（样式）菜单中，并成为当前使用的画笔样式，如图 2.65 所示。

6. 解锁 coffee_cup 图层和 coffee_aroma 图层。

7. 选择"选取"工具，把咖啡杯图形和它的蒸气图形往旁边移一下，腾出一些空间。

8. 选择 chalk 图层，然后选择"画笔"工具。

9. 现在来点好玩的。在咖啡杯旁边，用画笔手写出咖啡馆的名字 Mug's Coffee，如图 2.66 所示。

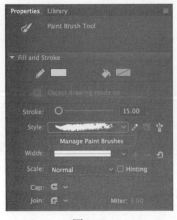

图2.65

图2.66

粉笔风格的字体看起来很复杂，但其实它只由一条简单的矢量线控制。如果选择"选取"工具并双击其中一个字母，你可以编辑字母的路径。也可以使用"部分选取"工具来编辑画笔标记的向量路径。可以使用"变形"工具推、拉描边，移动描边或编辑描边，就像处理任何其他矢量形状一样，如图 2.67 所示。

图2.67

2.11.2　创建图案

现在，在条幅广告周围添加一个装饰边框。

1. 在所有图层之上创建一个新图层，并将其重命名为 border。

2. 选择 Line（线条）工具。在"属性"面板中单击 Stroke（描边）色板，然后选择淡褐色或橙色，以便与背景图形的其他部分协调一致。

3. 在"属性"面板中，单击 Style（样式）旁边的 Brush Library（画笔库）按钮。

这将打开"画笔库"面板，除非它已经打开。

4. 选择 Pattern Brushes（图案画笔）>Dashed（虚线）>Dashed Square 1.3（虚线方格 1.3）。如果发现了更有吸引力的图案，也可以随意选择。双击选择的图案，如图 2.68 所示。

Dashed Square 1.3 画笔被添加到"样式"菜单，并成为当前使用的画笔样式，如图 2.69 所示。

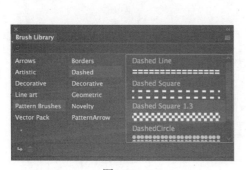

图2.68

图2.69

5. 在舞台的顶部边缘创建一条水平长线，在舞台底部边缘创建另外一条水平长线，如图 2.70 所示。

图2.70

舞台顶部和底部有规律的虚线图案与波浪图案和粉笔风格的字体就形成了完美的对比。

An | 提示：使用"线条"工具绘制时，按住Shift键可绘制水平或垂直的线条。

编辑和创建自己的艺术或图案画笔

　　你可能无法在"画笔库"中找到喜欢的画笔，或者你的项目需要非常特殊的东西。无论哪种情况，你都可以编辑现有画笔，也可以创建一个全新的画笔。图案画笔沿着描边重复同一个形状，而艺术画笔则沿着描边扩展基本的艺术图形。

　　要编辑一个画笔，请单击"属性"面板中Style（样式）菜单旁边的Edit Brush Style（编辑描边样式）按钮，如图2.71所示。

　　Paint Brush（画笔选项）对话框将出现，它包含了多个控件，主要用来优化将画笔应用到基础形状上的方式，如图2.72所示。

图2.71

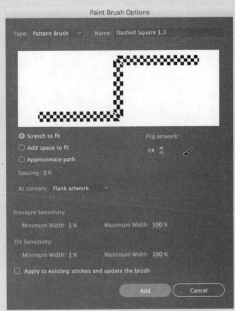

图2.72

"艺术"画笔和"图案"画笔有不同的选项。读者可以尝试不同的间距、形状重复或拉伸以及如何处理角和重叠等选项。当对新画笔满意后，单击Add（添加）将自定义画笔添加到"样式"菜单中。

　　要创建一个全新的画笔，首先在舞台上创建一些形状，让想要创建的画笔以此为基础。例如，如果要创建火车轨道，请先重复使用"图案"画笔来创建基本图形，如图2.73所示。

　　在舞台上选择该作品，然后在"属性"面板中"样式"菜单旁单击Create New Paint Brush Selection（根据所选内容创建新的画笔）按钮，如图2.74所示。

　　然后，Paint Brush Options（画笔选项）面板将出现。从"样式"菜单中，选择Art Brush（艺术画笔）或Pattern Brush（图案画笔），然后再对画笔选项进行细化。预览窗口显示了所选选项的结果，如图2.75所示。

图2.73

图2.74

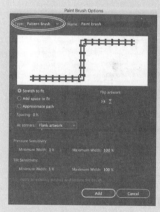

图2.75

　　输入新画笔的名称，然后单击Add（添加）按钮。新画笔将被添加到"样式"菜单中供你使用，如图2.76所示。

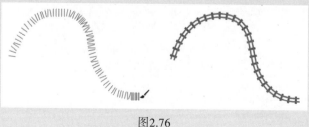

图2.76

2.11.3　管理画笔

如果已创建了新画笔或对现有的一个画笔进行了自定义，则可以将其保存到"画笔库"。

1. 单击"属性"面板中的 Manage Paint Brushes（管理画笔）按钮，如图 2.77 所示。

Manage Document Paint Brushes（管理文档画笔）对话框将出现，该对话框显示了当前已添加到"样式"菜单中的画笔。它将显示哪些画笔是当前舞台上使用的，哪些不是，如图 2.78 所示。

图2.77

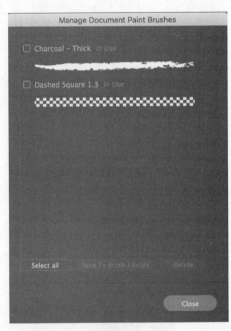

图2.78

2. 选择要删除或保存到"画笔库"的画笔。不能删除当前正在使用的画笔。

3. 如果将画笔保存到"画笔库"，它将出现在"画笔库"中名为 My Brushes 的类别中，如图 2.79 所示。

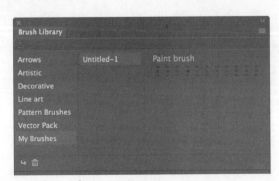

图2.79

对压力敏感的绘图板

　　Animate支持来自压敏绘图板（如Wacom绘图板）的输入，以控制可变宽度的描边及艺术画笔或图案画笔。用手写笔用力按压会产生较宽的描边，而轻轻地按压则产生较窄的描边。可以在Paint Brush Options（画笔选项）对话框中修改倾斜度或灵敏度百分比，以调整所创建形状的宽度范围。尝试在平板电脑上使用手写笔来创作可变宽度描边，以自然、直观的方式创建矢量图像。

旋转舞台以方便绘制

　　当在普通的纸张上创作时，一般通过旋转纸张来获得更好的绘制或书写角度。在Animate中，可以使用Rotation（旋转）工具对舞台执行相同的操作。

　　"旋转"工具在"工具"面板中的Hand（手形）工具子选项中。

　　选择"旋转"工具，然后单击舞台，以指定由十字准线指示的枢轴点。建立枢轴点后，拖动舞台以将其旋转到所需的角度，如图2.80所示。

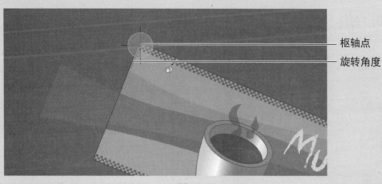

枢轴点
旋转角度

图2.80

　　单击舞台顶部的Center Stage（舞台居中）按钮，可将舞台重置为其正常方向，如图2.81所示。

图2.81

2.12　创建和编辑文本

　　现在准备添加一些文本来完成这幅插图。有很多选项可用于文本，具体用哪一个取决于正在处理的文档类型。对于本课所使用的HTML5 Canvas文档，可以使用静态文本或者动态文本。

　　静态文本将使用你（或者设计师）的计算机上的字体来进行简单的文本显示。当在舞台上创建静态文本并发布到HTML5项目时，Animate会自动将字体转换为轮廓。这意味着你不必担心观众看到的文本时是否是你想要展示的字体。这样的缺点是文本太多会增加文件大小。

　　使用动态文本可以利用通过Adobe字体（以前的Typekit）或谷歌字体获得的Web字体。通过订阅Creative Cloud，可以获得由Typekit提供的数千种高质量的字体，这些字体由Adobe托管，可直接通过Animate中的"属性"面板来访问。Google Fonts提供的高质量的开源字体，由Google

服务器进行托管。

在下一个任务中，我们将为咖啡馆创建一个标签行及其产品的一些说明。我们将选择一个合适的网络字体并添加文本。

 注意： 在本书付印时可用的Adobe Animate CC版本还不支持新的Adobe字体工作流，这就是我们使用谷歌字体来演示如何使用网页字体的原因。

2.12.1 使用文本工具添加动态文字

现在将使用 Text（文本）工具来创建文本。

1. 选择最上面的图层。

2. 选择 Insert（插入）>Timeline（时间轴）>Layer（图层），然后将新图层命名为 text。

3. 选择 Text（文本）工具（T）。

4. 从"属性"面板的 Text Type（文本类型）菜单中选择 Dynamic Text（动态文本），如图 2.82 所示。

5. 在咖啡店的名称下拖出一个文本框，该文本框从咖啡杯右侧开始，到舞台右边缘结束。

6. 输入 Taste the difference，如图 2.83 所示。

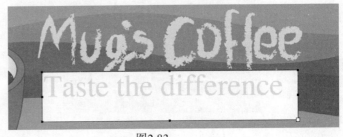

图2.82   图2.83

文本的大小可能不合适，或者它不是你想要的大小或字体。不要担心，下一个任务就是为文本框选择一种网络字体。

7. 选择"选取"工具，退出"文本"工具。

8. 在舞台上同一图层的标签行下方添加 3 个更小的文本：Coffee、Pastries 和 Free Wi-Fi，如图 2.84 所示。

图2.84

2.12.2 添加网络字体

现在，将一个网络字体链接到项目中。请确保计算机可以访问 Internet，因为 Animate 将从网络中检索可用字体的列表。添加 Adobe 字体和 Google 字体的过程非常相似。在本节中，我们将添加 Typekit 字体。

1. 选择 Taste the Difference 文本，然后在 Character（字符）部分的"属性"面板中单击 Add Web Fonts（添加网络字体）（其图标为地球仪），从弹出的菜单中选择 Google Fonts，如图 2.85 所示。

图2.85

Animate 会显示 Google Fonts 对话框，该系列字体的加载速度非常慢，请耐心等待。其字体如图 2.86 所示。

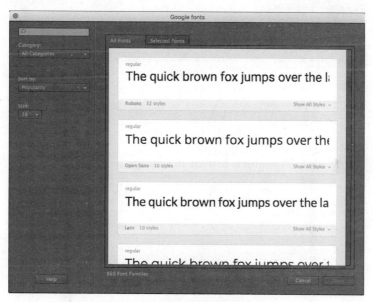

图2.86

2. 在 Sort by（排序）菜单中选择 Alphabet（字母表）。

右侧的 Google 字体将按字母顺序显示。也可以选择按日期、流行程度或其他标准排序，如图 2.87 所示。

Google 字体将通过一个简单的句子依次列出。可以使用右侧的滚动条滚动查看。还可以搜索特定字体，或使用 Category（分类）菜单来缩小搜索范围。

3. 现在，仔细阅读列出字体，选择一个你认为适合这个条幅广告的字体。在示例文本下单击所选字体的名称，然后单击 Done 按钮，如图 2.88 所示。

此时，对话框被关闭，所选的 Google 字体被添加到 Animate 项目中。

4. 在"字符"部分的"属性"面板中，从 Family（系列）菜单中选择刚被添加的网络字体。网络字体出现在菜单的最顶部，如图 2.89 所示。

图2.87

图2.88

图2.89

你选择的 Google 字体将被应用于舞台的文本框中。选择一种与作品完美搭配的颜色。在"属性"面板中调整字体的大小和 / 或行距［行距在 Paragraph（段落）部分］，以便所有文本在空间中都能恰当地显示出来。

5. 选择另外 3 个文本，并通过"系列"菜单来应用相同的网络字体，结果如图 2.90 所示。

图2.90

2.12.3　删除网络字体

如果改变了主意，也可以轻松地删除 Google 字体，并选择一个不同的字体。

1. 选择使用了想要删除的网络字体的文本。

2. 通过选择其他的字体取消选中当前的字体。

3. 单击 Add Web Fonts（添加网络字体）按钮，然后选择 Google Fonts（Google 字体）来打开 Google Fonts（Google 字体）对话框。

4. 单击 Selected Fonts。

Animate 将显示为项目选择的所有字体，这些字体由蓝色框标记。在本例中，Google 字体 Architects Daughter 被选中，因为它之前被添加到了项目中，如图 2.91 所示。

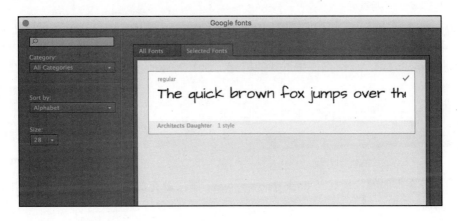

图2.91

如果字体由灰色框标记，则表示你仍在舞台上的某些文本中使用它。在从项目中删除字体之前，必须完全从文本中取消选中字体。

5. 单击字体来取消选中字体。

现在，Selected Fonts（所选字体）区域中不显示任何字体了，如图2.92所示。

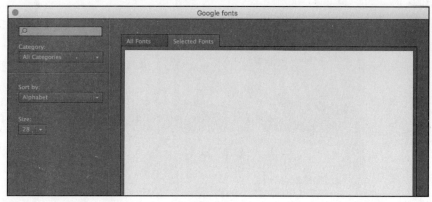

图2.92

6. 单击 Done 按钮。

Add Web Fonts（添加网络字体）对话框将被关闭。网络字体将从"属性"面板中的"系列"菜单中删除。

2.12.4 匹配现有对象的颜色

如果要精确匹配颜色，那么可以使用 Eyedropper（滴管）工具（ ）来对填充或描边进行采样。使用"滴管"工具单击对象后，Animate 将自动切换到加载了所选颜色及关联属性的"颜料桶"工具或"墨水瓶"工具上，以便将其应用于其他对象。

下面将使用"滴管"工具来采样其中一种背景波浪图案的颜色，并将其应用到3个较小的文本上。

1. 选择"选取"工具。

2. 按住 Shift 键选择 3 个较小的文本：Coffee、Pastries 和 Free Wi-Fi，如图 2.93 所示。

3. 选择"滴管"工具。

4. 单击 dark_brown_wave 图层中形状的填充，如图 2.94 所示。

图2.93   图2.94

所选的 3 个文本的颜色现在与 dark_brown_wave 图层填充的颜色相同了。使用相同的颜色有助于统一作品风格。

2.13 对齐和分布对象

最后，整理文本，使布局更有条理。虽然可以使用标尺［View（视图）>Rulers（标尺）］和网格［View（视图）>Grid（网格）>Show Grid（显示网格）］来定位对象，但这里将使用 Align（对齐）面板。当处理多个对象时，"对齐"面板更有效。此外，还可以通过在舞台上移动对象时显示的智能参考线来进行更好的布局。

对齐对象

顾名思义，Align（对齐）面板可以水平或者垂直地对齐任何数量的所选对象。它还可以均匀地分布对象。

1. 选择"选取"工具。

2. 选择第一小段文字 Coffee。

3. 向左或向右移动文本框，直到智能参考线出现。将所选文本的左边缘与其上方较大文本的左边缘对齐，如图 2.95 所示。

4. 选择第 3 小段文字 Free Wi-Fi。

5. 向左或向右移动文本，直到智能参考线出现。将所选文本的右边缘与其上方较大文本的右边缘对齐，如图 2.96 所示。

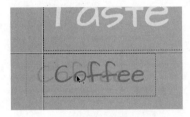
图2.95

图2.96

6. 按住 Shift 键选择所有 3 个小文本，如图 2.97 所示。

图2.97

7. 打开"对齐"面板［Window（窗口）>Align（对齐）］，如图 2.98 所示。

8. 如果已选择 Align to Stage（与舞台对齐）选项，请取消选择。单击 Align Bottom Edge（底对齐）按钮。

Animate 将对齐文本的底部边缘。

9. 单击 Space Evenly Horizontally（水平平均间隔）按钮。

调整所选文本以使它们之间的间隔变得均匀，如图 2.99 所示。

图2.98

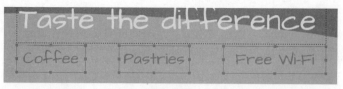

图2.99

An | **提示：** 可能需要锁定较低的图层，这样就不会意外选择较低图层中的形状。

使用标尺和辅助线

有时需要更精确地放置元件实例。第1课讲解了如何在"属性"面板中使用x坐标和y坐标来定位各个对象。在本课，你将了解如何使用Align（对齐）面板使多个对象相互对齐。

在舞台上定位对象的另一种方式是使用标尺和辅助线。标尺出现在粘贴板的上边和左边，沿着水平轴和垂直轴提供度量单位。辅助线是出现在舞台上的垂直线或水平线，但是它不会出现在最终发布的影片中。

要使用标尺，可选择View（视图）>Rulers（标尺）（Option + Shift + Command + R/Ctrl + Shift +Ctrl+ R组合键）。以像素为单位进行度量的水平标尺和垂直标尺分别出现在粘贴板的上边和左边。当在舞台上移动对象时，标记线表示边界框在标尺上的位置。$x=0$和$y=0$的点从舞台左上角开始计算，向右则x值增加，向下则y值增加。将鼠标指针移动到顶部的水平标尺或左边的垂直标尺上，然后在舞台上拖动辅助线。舞台上将出现一条彩色线，可将其用作对齐的辅助线，如图2.100所示。

图2.100

利用"选取"工具双击辅助线，Move Guide（移动辅助线）对话框将出现，输入精确定位的像素值。

选择View（视图）>Snapping（贴紧）>，确保选中Snap To Guides（紧贴辅助线）选项。现在对象将紧贴舞台上的任何辅助线。

选择View（视图）>Guides（辅助线）>Lock Guides（锁定辅助线）来锁定辅助线，以防止不小心移动了它们。可选择View（视图）>Guides（辅助线）>Clear Guides（清除辅助线）来清除所有的辅助线。可以选择View（视图）>Guides（辅助线）>Edit Guides（编辑辅助线）来更改辅助线的颜色和贴紧的精确度。

2.14 元件介绍

现在假设你想在场景中添加另一个咖啡杯图片。你可以复制现有的咖啡杯并将其粘贴到文档中，但是这将增加文件所占的内存，并且会对性能产生影响。推荐的一种做法是把咖啡杯转换成一个元件，这样可以一次又一次地使用它了。

元件（symbol）是可以用于特效、动画或交互性的可重用的资源。Animate支持创建3种类型的元件：图形、按钮和影片剪辑。可以在项目中无限次地使用一个元件，但是Animate只会把它的数据存储一次。这意味着元件可以减小文件所占的内容，缩短下载时间。

元件存储在"库"面板中。当把元件拖到舞台上时，Animate将会创建元件的一个实例（instance），并把原始的元件留在"库"中。实例是位于舞台上的元件的一个副本。可以把元件视作原始的摄影底片，而把舞台上的实例视作底片的相片，只需一张底片，即可创建多张相片。更改元件的内容会导致元件的所有实例发生变化。

把元件视作容器也很有帮助。元件可以包含JPEG图像、导入的Illustrator图画或在Animate中创建的图画。在任何时候，元件都可以被编辑，这意味着可以编辑并替换元件中的内容。更改元件的内容会导致元件的所有实例发生变化。

元件的3种类型

Animate中的3种元件类型都有特定的应用场合，可以通过在"库"面板中查看元件旁边的图标，辨别它是图形（ ）、按钮（ ）还是影片剪辑（ ）。在本书中，你将见到并学会使用这3种元件。

影片剪辑元件

影片剪辑元件是非常强大且通用的一种元件。在创建动画时，我们一般使用影片剪辑元件，可以通过影片剪辑元件对影片剪辑实例应用滤镜、颜色设置和混合模式，以利用特效增强其外观。

An **注意：** 尽管影片剪辑元件的名字中带有"影片"二字，但是它不一定是动态的。

影片剪辑元件可以包含它们自己独立的时间轴。影片剪辑元件内可以包含一个动画，就像在主时间轴上包含一个动画那样容易，这使得制作非常复杂的动画成为可能。例如，飞越舞台的蝴蝶可以从左边移动到右边，同时它拍打的翅膀与它的移动是独立的。

更重要的是，你可以使用代码控制影片剪辑，使它们对用户的输入做出响应。例如，可以控制影片剪辑的位置或旋转，来创建街机游戏。电影剪辑也有拖放行为，这在构建拼图时很方便。

按钮元件

按钮元件用于交互性。按钮元件包含4个独特的关键帧，这些关键帧用于描述在与鼠标指针交互时按钮元件该怎么出现。然而，按钮元件需要代码来驱动。

你可以对按钮应用滤镜、混合模式和颜色设置。在第8课中，当创建非线性导航模式以允许用户选择所看到的内容时，你将学到关于按钮的更多知识。

图形元件

图形元件一般用于创建更加复杂的影片剪辑元件。图形元件不支持交互性，无法为图形元件应用滤镜或混合模式。

当想要在多个版本的图形之间轻松切换时，图形元件相当有用。例如，当需要将嘴唇形状与声音进行同步时，只要在图形元件的各个关键帧中放置所有不同的嘴唇形状，就可以轻松地同步语音。图形元件还用于将图形元件内的动画与主时间轴进行同步。

2.15　创建元件

创建元件有两种主要方法。这两种方法都有效，具体使用哪种取决于你喜欢的工作方式。

第一种方法是在舞台上不选择任何内容，只要在菜单中选择 Insert（插入）>New Symbol（新建元件）。Animate 将进入元件编辑模式，在该模式下你可以绘制元件或导入元件的图形。

第二种方法是选择舞台上的现有图形，然后将其转换为元件。无论选择了什么图形，该图形都将自动放置在新元件内。

大多数设计师喜欢使用第二种方法，因为这样可以在舞台上创建所有图形，并可以在将各个组件绘制成元件之前整体查看它们。

 注意： 在使用Convert To Symbol（转换为元件）命令时，实际上没有转换任何东西，而是将所选择的东西放在了元件内。

将舞台上的艺术作品转换为元件

对于这个任务，首先选择咖啡杯，然后将其转换为影片剪辑元件。

1. 在舞台上，选择咖啡杯组。

2. 选择 Modify（修改）>Convert To Symbol（转换为元件）（F8 键）。

Convert To Symbol（转换为元件）对话框将被打开。

3. 将元件命名为 coffee mug，然后从 Type（类型）菜单中选择 Movie Clip（影片剪辑），如图 2.101 所示。

4. 所有其他设置不变。Registration（注册）网格指示了元件的注册点（*x*=0，*y*=0）。注册点所有转换（例如，旋转或缩放）的中心点，也是 Animate 用来测量其在舞台上的位置的点。把注册点放在左上角。

5. 单击 OK 按钮。coffee mug 元件将出现在"库"面板中，如图 2.102 所示。

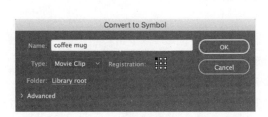

图2.101

图2.102

现在，库中已有了一个影片剪辑元件，该元件在舞台上也有一个实例。

2.16 编辑元件实例

在库中保存一个元件允许你在项目中使用该资源的多个副本或实例，但这不会增加文件所占的内存。最重要的是，实例不必是原始实例的精准副本。实例可以与原始元件稍有不同——它们在舞台上的位置、大小、旋转、甚至颜色、透明度或应用的滤镜都可以发生变化。接下来，你将添加第二杯咖啡，并对它进行更改，使它看起来是在第一杯咖啡后面。

2.16.1 添加另一个元件实例

可通过将元件实例从"库"面板中拖曳到舞台上来将该元件实例添加到舞台上。

1. 选择 coffee cup 图层。

2. 将咖啡杯影片剪辑元件从"库"面板中拖到舞台上。

咖啡杯图形的副本会出现在舞台上的 coffee cup 图层中。现在舞台上有两个咖啡杯符号实例，如图 2.103 所示。

3. 右键单击新创建的咖啡杯实例，然后选择 Arrange（排列）>Send To Back（移至底层）。第二个咖啡杯实例就被移动到了第一个的后面，如图 2.104 所示。

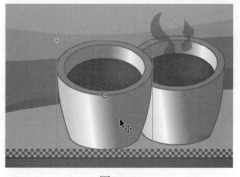

图2.103

图2.104

2.16.2 改变实例的大小和位置

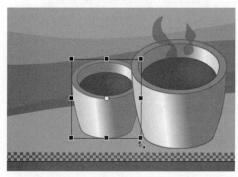

图2.105

现在，你将使用 Free Transform（自由变形）工具来减小第二个实例的大小，这样它就会在背景中显示得更远处。

1. 使用"选取"工具，单击舞台上咖啡杯的第二个实例以选中它。

2. 选择 Free Transform（自由变形）工具。

3. 按住 Shift 键来限制第二个实例的比例。将角点向内拖动，使第二个实例缩小为原来的三分之二或四分之三，如图 2.105 所示。

2.16.3 改变实例的颜色效果

每个实例都有自己的透明度、颜色色调和亮度值。这些设置的控件位于属性面板的 Color Effect（颜色效果）部分。

1. 使用"选取"工具，来选择你刚刚缩小一些的咖啡杯实例。

2. 在"属性"面板的"颜色效果"部分，在 Style（样式）菜单中选择 Brightness（亮度）。

3. 将 Bright（亮度）值调至 –20%，如图 2.106 所示。

舞台上的咖啡杯实例的颜色变得暗淡了一些，而且看起来感觉离得有些远了，如图 2.107 所示。

 提示：在"样式"菜单中选择 Advanced（高阶）选项允许你同时通过调整单个颜色组件（RGB）和 Alpha 百分比来更改实例的色调、透明度和亮度。

 提示：要重置实例的颜色效果，请在"样式"菜单中选择 None。

图2.106　　　　　　　　　　　　　　　　图2.107

2.16.4　从库中编辑元件

你可以在任何时候编辑任何元件。例如，如果你决定更改咖啡杯的形状，那么可以很容易地通过元件编辑模式对其进行更改。无论元件是否在舞台上被使用过，你都可以直接从"库"面板中编辑元件。

重要的是要记住，当编辑元件时，你也是对"master"进行更改，因此这些编辑将反映在舞台上该元件的所有单独实例中。

1. 双击"库"面板中的咖啡杯影片剪辑元件的图标。

Animate 将进入元件编辑模式。在该模式下，你可以查看元件的内容，在本例中是舞台上的咖啡杯。注意舞台顶部的 Edit（编辑）栏，它可以告知用户，当前不是在 Scene 1 中，而是在名为 coffee mug 的元件内，如图 2.108 所示。

2. 在"选取"工具处于活动状态时，双击图形以对其进行编辑。

Animate 将深入到一个组中，以显示构成这个组的所有矢量绘图对象。所有的描边和填充都应该被选中，它们用点表示。

3. 单击舞台以取消选择所有的描边和填充。双击咖啡杯的轮廓以选中外部描边。

4. 在"属性"面板中，将描边的尺寸增加到 4.0。

咖啡杯现在的轮廓比较粗，如图 2.109 所示。

图2.108　　　　　　　　　　　　　　　　图2.109

5. 单击舞台上方 Edit（编辑）栏上的 Scene 1，退出元件编辑模式并返回主时间轴。

"库"面板中的影片剪辑元件的缩略图反映了你所做的更改。舞台上的实例也反映了你对该元件所做的更改。如果编辑元件，则元件的所有实例都将更改，如图 2.110 所示。

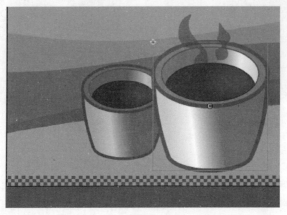

图2.110

> **An** 提示：在库中可以快速、方便地复制元件。选取、元件，右键单击，然后选择 Duplicate（复制），或在"库"面板菜单（在面板的右上角）中选择Duplicate（复制）。Animate将打开一个对话框，让你有机会在库中创建所选元件的精准副本。

2.16.5 就地编辑元件

有时你可能想在舞台上编辑与其他对象相关的元件。为此，可以先双击舞台上的一个实例，然后就进入了元件编辑模式。在此模式下，你依然可以查看元件周围的环境。这种模式叫作就地编辑（editing in place）。

1. 使用"选取"工具，双击舞台上较大的咖啡杯影片剪辑实例。

舞台上所有其他的对象将显示为灰色，现在已经进入元件编辑模式。注意，舞台顶部的 Edit（编辑）栏告知用户当前不在 Scene 1 中，而是在名为 coffee mug 的元件内部，如图 2.111 所示。

2. 双击对象组进行编辑。

元件中组的形状现在是可编辑的。注意，"编辑"栏显示用户现在位于 coffee mug 元件的一个组中。屏幕上将显示绘图组，这个绘图组构成了元件内的组。

3. 跟随你的心意，对咖啡杯做一些修改。如果你想有一些挑战的话，那么可以让咖啡杯变窄一些，改变它的颜色，或者像这个例子那样为它增加一个把手，如图 2.112 所示。

注意，由于你是就地编辑元件，所以其他的实例将会更新，并反映出了所做的一切更改。

4. 单击舞台上方"编辑"栏中的 Scene 1，返回主时间轴。也可以使用"选取"工具在图形外双击舞台的任何部分，来返回一个更高的组级别，结果如图 2.113 所示。

| 图2.111 | 图2.112 | 图2.113 |

2.16.6　拆分元件实例

如果不再希望舞台上的某个对象是一个元件实例，那么可以使用 Break Apart（拆分）命令让它返回到其原始形式。

1. 使用"选取"工具选择舞台上的咖啡杯实例。

2. 选择 Modify（修改）>Break Apart（拆分）。

Animate 将会拆分咖啡杯影片剪辑实例。留在舞台上的是一个组，它看起来和元件实例一样。你也可进一步拆分并对其进行编辑。

3. 再次选择 Modify（修改）>Break Apart（拆分）。

Animate 将组拆分为独立的组件，也就是更小的矢量绘制对象。

4. 多次选择 Edit（编辑）>Undo（撤销），将咖啡杯恢复到元件实例。

2.17　应用滤镜以获得特效

在上一课中，你对时间轴上的关键帧应用了滤镜，其实还可以将滤镜应用于舞台上的元件实例中。你可以使用滤镜来创建特殊的效果，如模糊、发光或阴影等。"属性"面板的 Filters（滤镜）区域提供了多种滤镜，每种滤镜都具有不同的选项，可用于优化效果。

应用模糊滤镜

可以较小的咖啡杯应用 Blur（模糊）滤镜，这有助于为场景提供更好的深度感。

1. 选择较小的咖啡杯实例。

2. 在"属性"面板中展开 Filters（滤镜）区域。

3. 单击"滤镜"区域顶部的 Add Filter（添加滤镜）按钮，并在菜单中选中 Blur（模糊）选项。"模糊"滤镜的属性和值将被显示，如图 2.114 所示。

4. 如果没有 Blur X（模糊 X）和 Blur Y（模糊 Y）值旁边的链接图标，请单击任一链接图标以将 X 和 Y 方向上的模糊效果链接起来。

5. 将 Blur X 和 Blur Y 的值设置为默认值（10 像素）。

舞台上的实例将变模糊，这有助于为该场景提供一种大气的透视效果，如图 2.115 所示。

图2.114

图2.115

> **An** **注意：**最好把"滤镜"的Quality（品质）设置保持为Low（低）。较高的设置会占用很多处理器资源，并且可能会降低性能，在应用了多个滤镜时更应该如此。

其他滤镜选项

在Filter（滤镜）区域的右上角有一个Option（选项）菜单，该菜单列出了可用于管理和应用多个滤镜的命令。

Save As Preset（保存为预设）命令允许你保存特定的滤镜及其设置，以便把它应用于另一个实例；Copy Selected Filter（复制所选滤镜）命令和Copy All Filter（复制所有滤镜）命令允许你选中1个或多个滤镜；Paste Filter（粘贴滤镜）命令允许粘贴所选的滤镜并将其应用到其他实例；Reset Filter（重置滤镜）命令会将所选滤镜的值重置为默认值。Enable Or Disable Filter（启用或禁用滤镜）按钮［Value（值）列顶部的眼睛图标］可用来查看应用了滤镜和没有应用滤镜的实例。

2.18 转换和导出作品

现在你已经完成了作品，该作品由一个简单的插图、分层设计、文本元素和元件实例构成。但是，你可能仍需要执行其他步骤以对其进行优化，以便在最终的发布播放环境中播放该作品。

2.18.1 将矢量作品转换为位图作品

矢量作品，特别是具有复杂曲线、许多形状和不同线条风格的作品，可能很耗费处理器资源，并且可能在配置不高的移动设备上无法正常播放，移动设备的处理器的功能较弱，很难呈现复杂的作品。Convert To Bitmap（转换为位图）命令提供了一种将舞台上所选的作品转换为单个位图的方法，该方法可以降低对处理器的负担。

一旦将对象转换为位图，你就可以移动它，而不必担心它与底层形状会合并。但是，该图形就不能再使用 Animate 的编辑工具进行编辑了。

1. 选择"选取"工具。

2. 解锁图层。选择 coffee aroma 图层中的咖啡波浪线，以及 coffee cup 图层中的咖啡杯实例。

3. 选择 Modify（修改）>Convert to Bitmap（转换为位图），如图 2.116 所示。

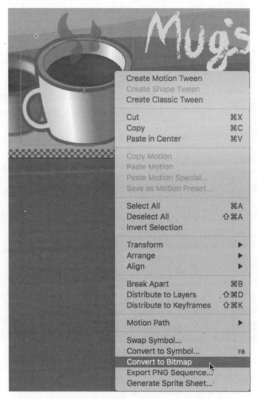

图2.116

Animate 将咖啡杯和波浪线转换为单个位图，并将位图存储在"库"面板中。

选择 Edit（编辑）>Undo（撤销）（Command + Z /Ctrl + Z 组合键）可撤销矢量图到位图的转换，并将咖啡杯和波浪线描边还原为矢量图形。

注意：在有复杂矢量作品时，另一个可以提高性能的选项是使用Export As Bitmap（导出为位图）命令（只在ActionScript 3.0文档中存在）。当你发布了项目，但该项目在FLA文件中仍然为可编辑的矢量图形时，你依然可以做出修改，该命令可以将矢量作品渲染为位图作品。可在Properties（属性）面板的Display（展示）部分的Render（渲染）菜单中选择Export As Bitmap（导出为位图）选项。

2.18.2　将作品导出为 PNG、JPG 或 GIF

如果想要获得一个 PNG、JPG 或 GIF 格式的简单图像文件，那么可以使用 Export Image（导出图像）面板选择想要的格式，并调整压缩选项以获得最佳的网络下载性能。

1. 选择 File（文件）>Export（导出）>Export Image（导出图像）。

Export Image（导出图像）对话框将打开，如图 2.117 所示。图 2.117 展示了从 Optimized File Format（优化文件格式）菜单中选择 GIF 的对话框和选择 Transparency（透明度）的对话框。该对话框与其他的设置稍微有些不同。

图2.117

将作品导出为SVG

可缩放矢量图形（Scalable Vector Graphics，SVG）是一种常见的基于XML的格式，用于在浏览器中显示矢量图形。可以将最终作品从Animate导出为SVG，同时嵌入或链接任何位图图像。导出的SVG将生成项目的静态图像。但是，SVG只支持静态文本。

要将作品导出为SVG，请执行以下操作。

1. 选择File（文件）>Export（导出）>Export Image（Legacy）［导出图像（旧版）］。

2. 从File Format（文件格式）菜单中，选择SVG Image（*.svg），然后单击Save按钮。

3. 在出现的ExportSVG对话框中，选择Image Location（图像位置）中的Embed（嵌入）。

Image Location（图像位置）选项确定了位图图像是编码到SVG文件还是保存为单独的文件，并链接到SVG中。嵌入图像会创建较大的SVG文件，而链接则允许用户轻松地交换和编辑图像。

4. 单击OK按钮。

Animate使用编码到文本文件中的任何图像数据来导出SVG文件。SVG文件是一个类似于HTML文档的文本文件。所有的视觉信息，包括角点、曲线、文本和颜色信息，都以紧凑的形式编码。

当在浏览器中打开SVG文件时，它会渲染图像，并保留所有矢量信息。曲线在放大时仍然会保持清晰，并且作品中的任何静态文本都是可选择的。

2. 选择适当的文件格式，选择压缩量，选择一个调色板，并比较不同的设置以权衡图像质量和文件大小。此外，你还可以调整图像的大小。

Animate为创建引人注目的、丰富且复杂的、图形和文本相结合的作品提供了强大的创作环境，也提供了极具灵活性的输出选项，这将非常有助于推动用户的所有创意追求。

 注意： 如果Animate文档包含多个帧，还可以选择将其导出为动画GIF。

 注意： 要了解更多关于图像优化选项和不同图像文件格式的信息，请查看工作区和工作流中的Animate用户指南。

创建Adobe Creative Cloud库来共享资源

Creative Cloud（CC）库让你无论在哪儿都能使用你最喜爱的资源。你可以使用CC库来创建、分享图形以及其他你想要分享的东西，如颜色、画笔、元件甚至整个文档。无论你何时需要它们，都可通过其他的Creative Cloud应用来共享和访问它们。你还可以与任何有Creative Cloud账号的人共享资源库，这让合作、保持一致的设计，甚至创建用于跨项目的样式指南变得非常容易。共享库的资源总是最新的并且可以随时使用。Creative Cloud库的工作方式与你在本课中使用的Animate"库"面板一样。

创建一个可以分享资源的CC库的步骤如下。

1. 选择Window（窗口）>CC库来打开CC Libraries（CC库）面板，或单击CC Libraries（CC库）面板图标。

根据CC库的内容，你的面板可能与上述的面板稍微有些不同。

2. 单击"库"面板按钮，然后选择Creat New Library（创建新库）选项。

3. 为刚创建的库命名，然后单击Create（创建）按钮。

图2.118

新的CC库已被创建。单击库顶部的Plus（加号，+）按钮来添加共享的资源，如图2.118所示。

想将CC库分享给别人，请打开"CC库"面板按钮并选择Collaborate（协作）或 Share Link（分享链接）。

如果选择了"协作"选项，浏览器将被打开，你可以邀请其他人来使用或编辑你的CC库。如果选择了"分享链接"选项，那么软件会生成一个公共链接，该链接用于其他人下载你CC库中的资源。

2.19 复习题

1. Animate 中的 3 种绘制模式是什么，它们有什么不同？
2. Animate 中的各种选择工具分别在什么时候使用？
3. 可以使用 Width（宽度）工具做什么？
4. 艺术画笔和图案画笔有什么区别？
5. 什么是网络字体，如何在 HTML5 Canvas 文档中使用网络字体？
6. 什么是元件？它和实例有什么不同？
7. 编辑元件的两种方式是什么？
8. 如何在 Animate 的实例中更改透明度？

2.20 复习题答案

1. 这 3 种绘制模式是合并绘制模式、对象绘制模式和基元绘制模式。

- 在合并绘图模式下，在舞台上绘制的形状合并为单个形状。
- 在对象绘制模式下，每个对象都是独立的，即使与另一个对象重叠也保持独立。
- 在基元绘制模式下，你可以修改对象的角度、半径或角半径。

2. Animate 包括 3 个选择工具：“选取”工具、“部分选取”工具和“套索”工具。

- 使用“选取”工具可选择整个形状或对象。
- 使用“部分选取”工具可选择对象中特定的点或线。
- 使用“套索”工具可以进行任意形状的选取。

3. 使用 Width（宽度）工具可以编辑描边的可变宽度。可以拖动任何锚点的手柄以扩展或缩小宽度、添加或删除锚点，或沿着描边移动锚点。

4. 艺术画笔使用基本形状并对该形状进行拉伸以匹配矢量描边，用于模拟一种富于表达性、创造性和美术性的标记。图案画笔则使用重复的基本形状来创建装饰图案。

5. 网络字体是专门为在线查看而创建的在服务器上托管的字体。Animate 为 HTML5 Canvas 文档提供了 Adobe Fonts 和 Google Fonts 两种网络字体。

6. 元件可以是图形、按钮或影片剪辑，在 Animate 中只需创建它们一次，然后就可以在整个文档或其他文档中重用它们。所有元件都存储在“库”面板中。实例是位于舞台上的元件的一个副本。

7. 要想编辑元件，既可以双击库中的元件进入元件编辑模式，也可以双击舞台上的实例就地进行编辑。就地编辑元件允许用户查看实例周围的其他对象。

8. 实例的透明度是由 Alpha 值确定的。要更改透明度，可以在“属性”面板的 Color Effect（颜色效果）菜单中选择 Alpha，然后更改 Alpha 的百分比。

第3课 制作元件动画

课程概述

本课将介绍如下内容：

- 针对对象的位置、缩放和旋转使用运动渐变来制作动画；
- 调整动画的节奏（pacing）和时序（timing）；
- 对透明度和特效制作动画；
- 更改对象的运动路径；
- 创建嵌套的动画；
- 拆分运动补间；
- 更改对象运动的缓动效果；
- 在3D空间中制作动画。

 本课大约要用120分钟完成。启动 Adobe Animate 之前，请先访问异步社区，将本书的课程资源下载到本地硬盘中，并进行解压。在学习本课时，请打开相应的课程文件。建议先做好原始课程文件的备份工作，以免后期用到这些原始文件时，还需要重新下载。

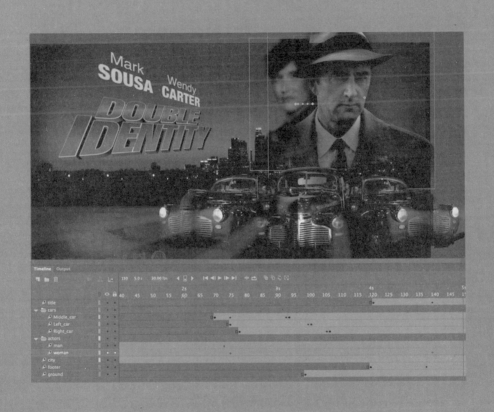

使用 Adobe Animate CC 几乎可以更改对象的所有方面，包括位置、颜色、透明度、大小和旋转，它们随着时间发生变化。运动补间（motion tween）是利用元件实例创建动画的基本技术。

3.1　开始

我们先来查看最终的影片文件，了解将在本课中创建的动画式标题页面。

1. 双击 Lesson03\03End 文件夹中的 03End.mp4 文件来播放最终动画，该动画是作为视频文件导出的，如图 3.1 所示。

图3.1

这个项目是一个将要放置在网站上的动画片头，供一部即将发布的虚拟电影使用。在本课中，你将使用 motion tween（运动补间）对页面上的多个部分（如城市景观、主要演员、几辆老爷车和主标题）进行动画处理。

2. 关闭 03End.mp4 文件。

3. 双击 Lesson03\03Start 文件夹中的 03Start.fla 文件以在 Animate 中打开初始项目文件。该文件是一个已部分完成的 ActionScript 3.0 文档，它已经包含了导入"库"中的许多图形元素以供用户使用。你还将使用 ActionScript 3.0 文档中所有可用的动画功能，但是你不会在浏览器中使用 Flash Player 播放它，而是将其导出为 MP4 视频文件。

4. 在舞台上方的视图选项中，选择 Fit in Window（符合窗口大小），或者选择 View（视图）> Magnification（缩放比率）>Fit in Window（符合窗口大小），以便在计算机屏幕上看到整个舞台。

5. 选择 File（文件）>Save As（另存为）。把文件命名为 03_workingcopy.fla，并把它保存在 03Start 文件夹中。

保存工作副本以确保在重新开始时，可以使用原始的文件。

3.2 关于动画

动画是对象随着时间的推移而发生的运动或变化。动画既可以像让盒子穿过舞台、从一个帧移动到下一个帧那样简单，也可以复杂得多。正如你在本课中将看到的，我们可以把单个对象的许多不同方面制作成动画。可以更改对象在舞台上的位置，改变它们的颜色和透明度，更改它们的大小和旋转方式，甚至可以对上一课学到的滤镜进行动画处理。此外，你还可以控制对象的运动路径，甚至控制它们的缓入缓出，即对象加速或减速的方式。

在 Animate 中，动画制作的基本流程如下：选取舞台上的对象，然后右键单击，从弹出的菜单中选择 Create Motion Tween（创建运动补间）。最后把红色播放头移动到不同的时间点处，并把对象移到一个新位置，或更改对象的属性。Animate 通过平滑地插入两个时间点之间的变化来处理其余的问题。

运动补间可以为舞台上对象的位置变化以及大小、颜色或其他属性的改变创建动画。运动补间要求使用元件实例。如果所选的对象不是元件实例，那么 Animate 将主动请求把所选内容转换为元件。

Animate 还会自动把运动补间分离到它们自己的图层上，这些图层称为补间图层。每个补间图层中只能有一个运动补间，不能有任何其他元素。补间图层允许用户在不同的关键时间点处来更改实例的多种属性。例如，宇宙飞船可以在开始关键帧中位于舞台左边，此时它比较小；在结束关键帧中它位于舞台最右边，此时它要比开始时大得多，由此得到的运动补间将使宇宙飞船飞越舞台，并在此过程中缓慢增长。

术语"补间"来自于经典动画行业。高级动画师负责绘制人物的开始和结束姿势，开始和结束姿势是动画的关键帧。然后由初级动画师负责绘制中间的帧，或做一些中间工作。因此，"补间"是指关键帧之间的平滑过渡。

3.3 理解项目文件

03Start.fla 文件包含了几个已经完成或部分完成的动画元素。6 个图层（man、woman、Middle_car、Right_car、footer 和 ground）中的每一个图层都包含了一个动画。man 和 woman 图层位于名为 actors 的文件夹中，Middle_car 和 Right_car 图层位于名为 cars 的文件夹中，如图 3.2 所示。

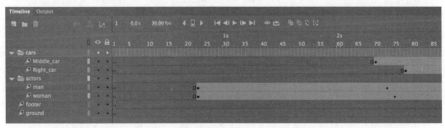

图3.2

下面将添加更多的图层来创建一个活力四射的城市夜景，你将对其中一位演员的动画进行精心调整，并添加第 3 辆汽车和一个 3D 标题。所有必需的图形元素都已经导入到库中。舞台被设置为高清模式，1280 像素 ×787 像素，颜色被设置为黑色。可能需要选择不同的视图选项才能看到整个舞台。

3.4　针对位置制作动画

下面将开始完成这个项目，首先是制作城市夜景的动画。城市夜景一开始处于比舞台上边缘稍低一点的位置，然后缓慢上升，直至其顶部与舞台顶部对齐。

1. 锁定所有现有的图层，以免意外修改它们。在 footer 图层上面创建一个新图层，并将其重命名为 city，如图 3.3 所示。

2. 在 Library（库）面板中，将名为 cityBG.jpg 的位图图像从 bitmaps 文件夹中拖到舞台上，如图 3.4 所示。

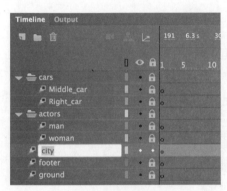

图3.3

图3.4

3. 在 Properties（属性）面板中，将 X 的值设置为 0，将 Y 的值设置为 90，如图 3.5 所示。

图3.5

这将把城市夜景图像放置到比舞台的上边缘稍低的位置。

4. 右键单击城市夜景图像，在弹出的菜单中选择 Create Motion Tween（创建运动补间），或者选择 Insert（插入）>Motion Tween（运动补间），如图 3.6 所示。

图3.6

5. 然后会出现一个对话框，警告用户所选的对象不是一个元件，运动补间需要的是元件。Animate 将询问用户是否想把所选的内容转换为元件，以便它可以继续处理运动补间。单击 OK 按钮，如图 3.7 所示。

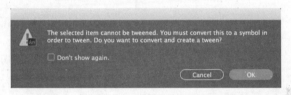

图3.7

提示： 尽管在该课的任务中，Animate 为了实现补间可以自动地把对象转换为元件，但最推荐的做法还是在制作动画之前你自己把对象转为元件。这样，你就可以自己控制元件的命名和选择，从而更好地理解库中所有的资源。

Animate 会自动把所选的内容转换为元件，并对其使用默认的名字 Symbol 1，然后将其保存在"库"面板中。Animate 还会把当前图层转换为补间图层，以便你开始对实例制作动画。补间图层可以通过图层名称前面的特殊图标来区分，并且把时间轴上的帧设置成蓝色。补间覆盖的帧范围叫作补间范围(tween span)。补间范围由第一个关键帧到最后一个关键帧之间的所有彩色帧表示。补间图层是为运动补间所保留的，因此不允许在补间图层上绘制对象，如图 3.8 所示。

图3.8

6. 把红色播放头移到补间范围的末尾，即第 191 帧，如图 3.9 所示。

7. 在舞台上选取城市夜景的实例，同时按住 Shift 键，将这个实例向舞台上方移动。
按住 Shift 键会迫使实例以垂直或水平的方式移动。

8. 为了更精确，可以在"属性"面板中把 Y 的值设置为 0。

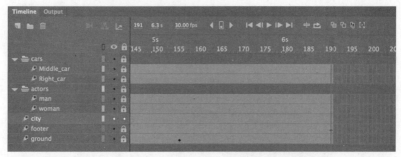

图3.9

在补间范围末尾的第 191 帧中，出现了一个黑色小菱形，这表示关键帧位于补间的末尾。

Animate 将在第 1 帧~第 191 帧平滑地插入变化，并用舞台上的一条运动路径表示这个动画，结果如图 3.10 所示。

图3.10

 提示：隐藏所有其他的图层，以隔离城市夜景，从而更好地查看运动补间的结果。

9. 在时间轴顶部来回拖动红色的播放头，以查看平滑的动画。也可以选择 Control（控制）> Play（播放）（或按 Enter/Return 键），让 Animate 播放动画。

针对位置制作动画相当简单，因为当把实例移到新位置时，Animate 会自动在这些位置上创建关键帧。如果想让对象移动到不同的位置，只需把红色播放头移动到想要目标帧上，然后把对象移至其新位置，Animate 会负责做其余的工作。

 提示：要删除运动补间，可以在时间轴或舞台上右键单击运动补间，然后选择 Remove Tween（删除补间）。

预览动画

时间轴底部集成了一组播放控件。这些控件为用户提供了一种可控的方式，用来播放、回放或在时间轴上向前或向后一步一步地查看动画。也可以使用 Control（控制）菜单中的播放命令来操作。

1. 单击时间轴上方控制条中的任何播放按钮，如图 3.11 所示，你可以转到第一帧、转到最后一帧、播放、暂停、向前或向后移动一帧。

2. 选择 Loop（循环）按钮（在控制条的右边），然后单击 Play（播放）按钮，如图 3.12 所示。

图3.11   图3.12

动画将循环播放，方便用户一遍又一遍地观看动画来仔细分析。

3. 移动时间轴标题上的起始标记或结束标记，来定义想要循环播放的帧的范围。

播放头将在标记的帧内循环。再次单击 Loop（循环）按钮可以将其关闭。

提示：也可以使用Time Scrub（时间拖动）工具［隐藏在Hand（手形）工具中］在时间轴上前后移动，来预览动画。选择Time Scrub（时间拖动）工具（或按住空格键+T），然后在舞台上前后拖放即可预览动画。

3.5 改变节奏和时序

可以通过在时间轴上拖动关键帧来更改整个补间范围的持续时间，或更改动画的时序（timing）。

3.5.1 更改动画持续时间

如果想让动画以较慢的节奏播放（以占据较长的一段时间），就需要延长开始关键帧与结束关键帧之间的整个补间范围。如果想缩短动画，就需要减小补间范围。可以通过在时间轴上拖动补间范围的末尾来延长或缩短运动补间。

1. 在 city 图层中，把鼠标指针移到靠近补间范围末尾的地方。

鼠标指针将变为双箭头，表示可以延长或缩短补间范围，如图 3.13 所示。

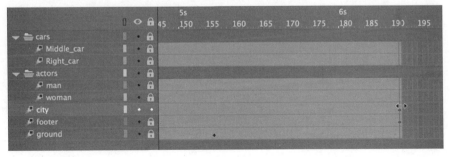

图3.13

2. 拖动补间范围的末尾，将其拖动到第 60 帧处，如图 3.14 所示。

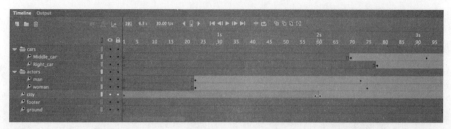

图3.14

现在运动补间将缩短至 60 帧，所以城市夜景的移动时间降低了，如图 3.15 所示。

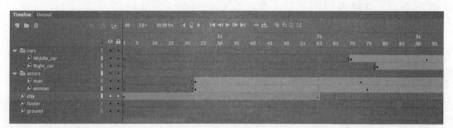

图3.15

3. 把鼠标指针移到靠近补间范围开始的地方（在第 1 帧），如图 3.16 所示。

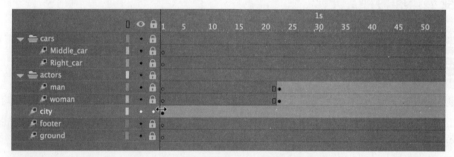

图3.16

4. 拖动补间范围的开始处，将其拖动第 10 帧，如图 3.17 所示。

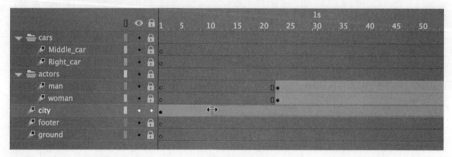

图3.17

运动补间将从一个较晚的时间开始播放，现在它只播放第10帧到第60帧，如图3.18所示。

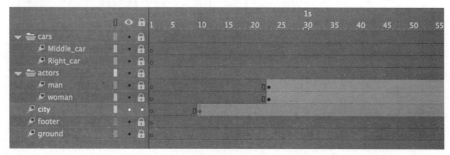

图3.18

注意： 如果补间中具有多个关键帧，那么通过拖动补间范围的一端或另一端来改变补间范围的长度时，所有关键帧将均匀分布。整个动画的时序将保持相同，只是播放长度发生了变化。

3.5.2 添加帧

如果希望运动补间的最后一个关键帧保持到动画的最后，那么可通过按住Shift键拖动补间范围的末尾来添加一些帧。

1. 把鼠标指针移到补间范围的末尾附近。

2. 按住Shift键，拖动补间范围的末尾，将其拖动到第191帧，如图3.19所示。

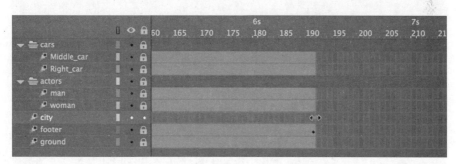

图3.19

提示： 可以选择Insert（插入）>Timeline（时间轴）>Frame（帧）（F5键）来添加单独的帧；也可以选择Edit（编辑）>Timeline（时间轴）>Remove Frame（删除帧）（Shift+F5组合键）来删除单独的帧。

运动补间中的最后一个关键帧仍停留在第60帧，但是Animate添加了一些帧，一直添加到第191帧，如图3.20所示。

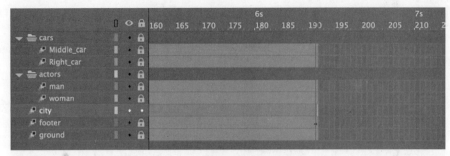

图3.20

3.5.3　移动关键帧

如果希望改变动画的播放节奏，那么可以选择单独的关键帧，单击该关键帧并将其拖动到新的位置。

1. 单击位于第 60 帧的关键帧。

这样就选取了第 60 帧的关键帧。若鼠标指针附近出现了一个小方框，则表示可以移动关键帧了，如图 3.21 所示。

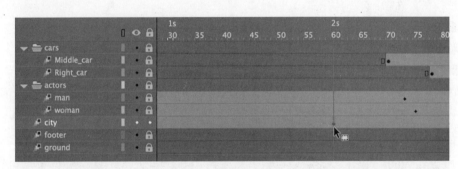

图3.21

2. 将关键帧拖动到第 40 帧，如图 3.22 所示。

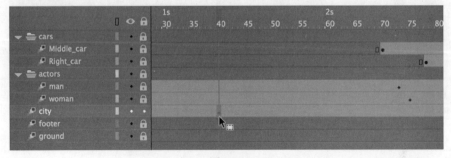

图3.22

因为运动补间中的最后一个关键帧现在位于第 40 帧，所以城市夜景的动画将加快播放。

基于整体范围的选择vs.基于帧的选择

默认情况下，Animate使用基于帧的选择，这意味着可以单独选择运动补间中的关键帧。然而，如果你想单击运动补间并选中整个补间范围（从起始帧到结束帧之间的所有帧），那你可以在"时间轴"右上角的Frame View（帧视图）菜单中启用Span Based Selection（基于整体范围的选择）（也可以按住Shift键单击，选择整个范围），如图3.23所示。

当启用Span Based Selection（基于整体范围的选择）后，可以单击运动补间的任何地方以将其选中，然后在时间轴上将整个运动补间作为一个整体前后移动。

如果在启用了Span Based Selection（基于整体范围的选择）后，想选择单个关键帧，那么可以按住Ctrl/Command键并单击想选择的关键帧。

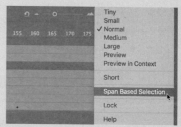

图3.23

在补间范围中移动关键帧vs.更改时序

通过移动关键帧或者拉伸/挤压补间范围的方式来管理动画的播放时序，有时会让人心生气馁，因为用户会得到不同的结果。这个结果取决于用户在时间轴上所选的内容，以及拖放选择内容的方式。

如果只是想在补间范围内移动关键帧的位置，那么要确保选中了单个关键帧，鼠标指针附近将出现一个小方框，然后就可以将关键帧拖放到新位置了。

如果想要在启用了Span Based Selection（基于整体范围的选择）功能后选择单个关键帧，那么可以按住Command/Ctrl键，然后单击关键帧。

考虑这样一个动画，有一个球从舞台的左侧移动到舞台的下边缘，然后移动到舞台的右侧，它的轨迹形成了一个V字，如图3.24所示。在时间轴上，可以使用3个关键帧来标记球体的这3个位置。

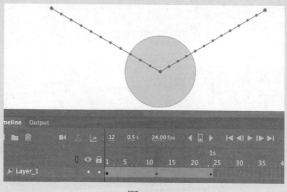

图3.24

在球体击中舞台的底部时，移动中间的关键帧从而更改动画的时序，如图3.25所示。

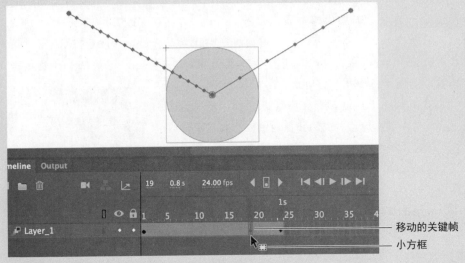

图3.25

在选择补间内的一个帧范围时，如果所选范围的右侧出现了一个双向箭头，那么你可以通过拖动所选内容来压缩或扩展其播放时间，如图3.26所示。当压缩量或膨胀量是原始长度的倍数（x05、x2、x4等）时，一个黑色标志将出现。

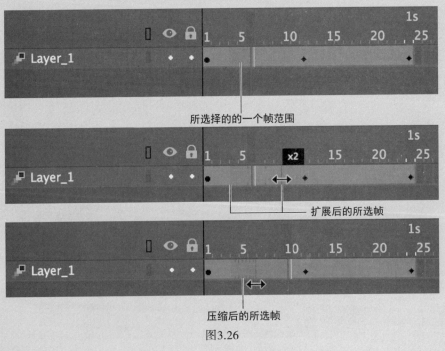

图3.26

了解帧速率

    动画的播放速度与文档的帧速率相关［显示在Properties（属性）面板的Properties（属性）区域］。但是，若想更改动画的播放速度或持续时间，则不需要修改帧速率。

    帧速率决定了一秒的时间内时间轴上最多可以有多少帧。默认值是24帧每秒（frames/second）。时间（秒）标记在时间轴上。帧速率用来衡量动画在出现时的平滑程度——帧速率越大，用来显示动画的帧就越多。以较低帧速率播放的动画会有顿挫感，因为用来显示动画的帧较少。慢动作的录像需要具有很高的帧速率，才能捕获迅速发生的行为，比如飞溅的子弹或下落的水滴。

    如果想要修改动画的总体持续时间或播放速度，则不要更改帧速率。相反，需要从时间轴上添加或删除帧才可以。

    如果想要更改帧速率，但是想让总体的持续时间保持不变，那么可在修改帧速率之前，在"属性"面板中选择Scale Frame Spans（缩放帧范围）选项，如图3.27所示。

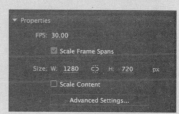

图3.27

3.6 制作有一定透明度的动画

    上一课学习了如何更改元件实例的颜色效果来更改其透明度、色调或亮度。还可以更改关键帧中的实例的颜色效果，或更改另一个关键帧的颜色效果的值，而 Animate 将自动显示平滑的变化，就像它处理位置的变化一样。

    接下来将更改开始关键帧中的城市夜景，使其完全透明，但是会保持末尾关键帧中的城市夜景不透明。Animate 将创建平滑的淡入效果。

1. 把红色播放头移到运动补间的第一个关键帧（第10帧），如图 3.28 所示。

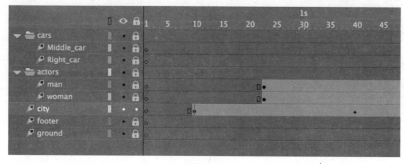

图3.28

2. 选取舞台上的城市夜景实例。

3. 在"属性"面板的 Color Effect（颜色效果）区域，从 Style（样式）菜单中选择 Alpha。

4. 把 Alpha 值设置为 0%，如图 3.29 所示。

图3.29

舞台上的城市夜景实例将变得完全透明，但你还能看到实例周围的蓝色边框，如图 3.30 所示。

图3.30

5. 把红色播放头移到运动补间的最后一个关键帧（第 40 帧），如图 3.31 所示。

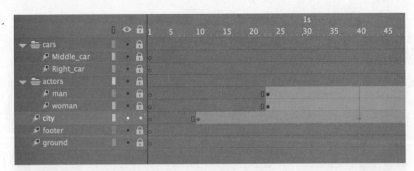

图3.31

6. 确保选中了舞台上的城市夜景实例。

7. 在"属性"面板的 Color Effect（颜色效果）区域，将 Alpha 值设置为 100%。

舞台上的城市夜景实例将变得完全不透明，如图 3.32 所示。

8. 选择 Control（控制）>Play（播放）（或按 Return/Enter 键），来预览效果。

Animate 将会在两个关键帧之间插入位置和透明度方面的变化。

图3.32

3.7　制作有滤镜的动画

　　滤镜可以给实例添加特效，比如模糊和投影效果等，也可以用在动画的制作中。接下来将通过对其中一位演员应用模糊滤镜，使得照片看起来好像是摄影机改变了焦点，从而美化演员的运动补间。制作滤镜的动画的方式与制作位置发生变化的动画或颜色效果发生变化的动画的方式相同，只需在一个关键帧中为滤镜设置值，并在另一个关键帧中为滤镜设置不同的值，Animate 就会自动创建平滑的过渡。

> **An** ｜ **注意：** 在HTML5文档中，只能应用滤镜，但无法制作滤镜动画。

1. 使时间轴上的 actors 图层文件夹为可见状态。

2. 解锁 woman 图层。

3. 在 woman 图层中把红色播放头移到运动补间的开始关键帧（第 23 帧），如图 3.33 所示。

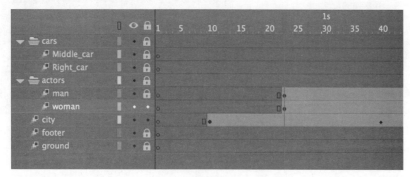

图3.33

　　4. 在舞台上选取女演员的实例，但你却看不到她，因为她的 Alpha 值为 0%（完全透明），可以单击舞台的右上方来选取透明的实例。或者单击时间轴上的 woman 图层，将其高亮显示，然后在出现在舞台上的轮廓内部单击，如图 3.34 所示。

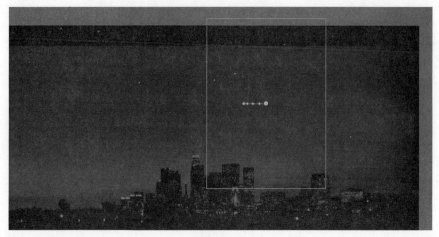

图3.34

5. 在"属性"面板中，展开 Filters（滤镜）区域。

6. 单击"滤镜"区域中的 Add Filter（添加滤镜）按钮（＋），然后从菜单中选择 Blur（模糊），这会为实例添加一个"模糊"滤镜，如图 3.35 所示。

7. 在"属性"面板的"滤镜"区域中，单击链接图标，使 X 方向和 Y 方向的模糊值相等。把 Blur X（模糊 X）的值设置为 20 像素，那么 Blue Y（模糊 Y）的值也是 20 像素。

8. 在整个时间轴上移动红色播放头，预览动画。

在运动补间中，女演员的实例都是模糊的，如图 3.36 所示。

图3.35

图3.36

9. 在第 140 帧右键单击 woman 图层，选择 Insert Keyframe（插入关键帧）>Filter（滤镜），如图 3.37 所示。

Animate 在第 140 帧建立了用于滤镜的关键帧。

10. 将红色播放头移到第 160 帧，右键单击 woman 图层，选择 Insert Keyframe（插入关键帧）>Filter（滤镜），添加另外一个滤镜关键帧，如图 3.38 所示。

图3.37

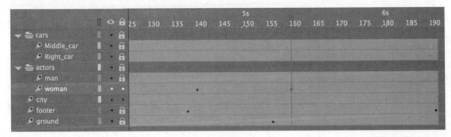

图3.38

11. 在第 160 帧选择舞台上的女演员实例。

12. 在"属性"面板中,把 Blur(模糊)滤镜中的 X 值和 Y 值都更改为 0,如图 3.39 所示。

图3.39

"模糊"滤镜从第 140 帧的关键帧变为第 160 帧的关键帧。Animate 将在模糊的实例和清晰的实例之间创建平滑的过渡。

掌握属性关键帧

  属性中的变化是彼此独立的,并且不需要绑定到相同的关键帧上。也就是说,可以将一个关键帧用于位置,将另一个关键帧用于颜色效果,再将其他的一个关键帧用于滤镜。管理许多不同类型的关键帧可能令人不堪重负,尤其是用户想在运动补间期间,在不同的时间点上让不同的属性发生变化时,更是如此。幸运的是,Animate CC 提供了几个有用的工具来管理关键帧。

在查看补间范围时，可以选择只查看特定属性的关键帧。例如，可以选择只查看Position（位置）关键帧，以便查看对象何时移动。也可以选择只查看Filter（滤镜）关键帧，以便查看滤镜何时发生变化。在时间轴中右键单击运动补间，选择View Keyframes（查看关键帧），然后从列表中选择想要查看的属性。也可以选择All（全部）或None（无），以查看所有的属性或不查看任何属性，如图3.40所示。

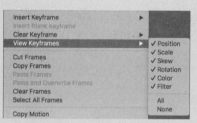

图3.40

在插入关键帧时，你也可以为想要改变的属性插入特定的关键帧。在时间轴中右键单击运动补间，选择Insert Keyframe（插入关键帧），然后选择所需的属性。

你也可以查看名为Motion Editor（运动编辑器）的高级面板，来查看和编辑对象的不同属性如何在运动补间期间改变的。

3.8 制作变形的动画

现在你将学习如何对缩放或旋转中的变化进行动画处理。可以利用 Free Transform（自由变形）工具或利用 Transform（变形）面板制作这些类型的变化。接下来，你将向项目中添加第 3 辆汽车。这辆汽车开始时比较小，当它朝着观众移动时将逐渐变大。

1. 锁定时间轴上的所有图层。
2. 在 cars 文件夹内插入一个新图层，并把它重命名为 Left_car，如图 3.41 所示。
3. 选择第 75 帧并插入一个新的关键帧（F6 键），如图 3.42 所示。

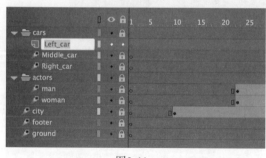

图3.41

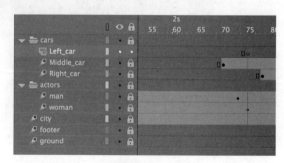

图3.42

4. 在第 75 帧，将名为 carLeft 的影片剪辑元件从"库"面板中拖到舞台上。
5. 选择 Free Transform（自由变形）工具。

舞台上的实例周围将出现变形手柄，如图 3.43 所示。

图3.43

6. 在按住 Shift 键的同时，将角柄向里拖动，从而使汽车变小。

7. 在"属性"面板中，确保图形的宽度大约为 400 像素。

此外，也可以使用 Transform（变形）面板［Window（窗口）>Transform（变形）］将汽车的缩放比例更改为 29.4%。

8. 把汽车移到其起点，大约为 X=710 和 Y=488 的位置，结果如图 3.44 所示。

图3.44

9. 在"属性"面板的 Color Effect（颜色效果）区域，在 Style（样式）菜单中选择 Alpha。

10. 把 Alpha 的值设置为 0。

汽车将变得完全透明。

11. 右键单击舞台上的汽车，然后选择 Create Motion Tween（创建运动补间），如图 3.45 所示。

当前图层将变成一个补间图层。

12. 把时间轴上的红色播放头移动到第 100 帧，如图 3.46 所示。

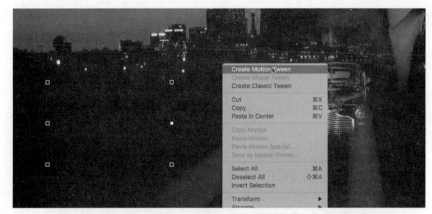

图3.45

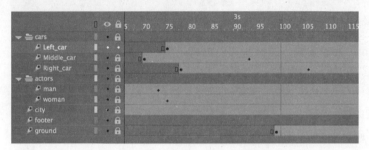

图3.46

13. 在舞台上选择小汽车的透明实例，然后在"属性"面板中把 Alpha 值更改为 100%。在第 100 帧将自动插入一个新的关键帧，来表示透明度的变化。

14. 在按住 Shift 键的同时，向外拖动角柄，使汽车变大。为了更精确，可以使用"属性"面板，把汽车的尺寸设置为宽度 =1380 像素，高度 =445.05 像素。

15. 把汽车定位到 X=607 和 Y=545 的位置，结果如图 3.47 所示。

图3.47

Animate 将会从第 75 帧到第 100 帧，对位置的变化、缩放比率的变化和透明度的变化进行补间。

16. 把 Left_car 图层移到 Middle_car 图层与 Right_car 图层之间，使得中间的汽车盖住两边的汽车，结果如图 3.48 所示。

图3.48

保存该文件的当前进度，将文件命名为 03_workingcopy.fla。下一节将处理另外一个文件。

 提示： 在拖动边界框的一个角柄时，按住Option/Ait键，此时边界框会相对于对角线调整大小，而不是相对于对象的变形点（通常是中心）来调整大小。

3.9　更改运动的路径

刚才制作的左边汽车的运动补间显示了一根带有圆点的彩色线条，它用来表示运动的路径。你可以轻松编辑运动的路径来使汽车沿着一条曲线行驶。你还可以移动、缩放甚至旋转路径，就像对舞台上的其他对象进行的操作一样。

为了更好地演示如何编辑运动的路径，可以打开 Lesson03\03Start 文件夹中的示例文件 03MotionPath.fla。该文件包含单个补间图层，该图层中有一个火箭飞行器，它从舞台左上方飞行到舞台的右下方，如图 3.49 所示。

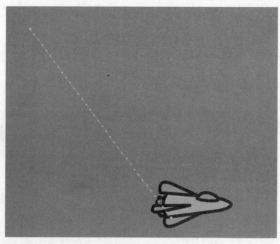

图3.49

3.9.1 移动运动的路径

你可以移动运动的路径，从而使火箭飞行器的相对运动保持相同，但是其起始位置和终止位置将会改变。

1. 选择"选取"工具。

2. 单击运动的路径，将其选中。

运动路径将突出显示。

3. 拖动运动路径，把它移到舞台上的另一个位置，如图 3.50 所示。

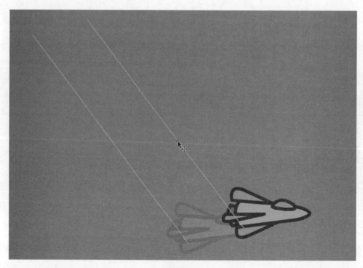

图3.50

动画的相对运动和播放时序将保持相同，但是起始位置和终止位置会被重新定义。

3.9.2 更改路径的缩放比率或旋转路径

你也可以利用 Free Transform（自由变形）工具操纵对象的运动路径。

1. 选择运动的路径。

2. 选择"自由变形"工具。

然后运动路径的周围将出现变形手柄，如图 3.51 所示。

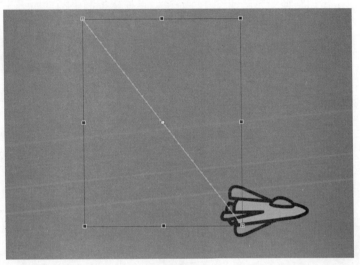

图3.51

3. 根据需要缩放或旋转运动路径。你可以让路径变小、变大或旋转，以实现火箭飞行器从舞台的左下方开始飞行，并在舞台的右上方降落，如图 3.52 所示。

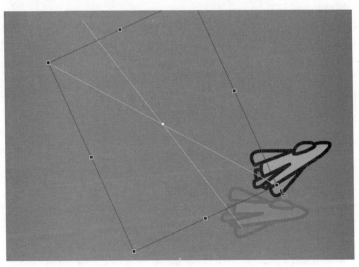

图3.52

3.9.3　编辑运动的路径

　　让对象在弯曲的路径上前行是一件简单的事情。你可以使用锚点手柄，利用贝塞尔曲线精度来编辑路径，或利用"选取"工具以更直观的方式编辑路径。

　　1. 选择 Convert Anchor Point Tool（转换锚点工具），它隐藏在 Pen Tool（钢笔工具）之下，如图 3.53 所示。

　　2. 在舞台上单击运动路径的起点和终点，并从锚点拖出控制手柄，如图 3.54 所示。

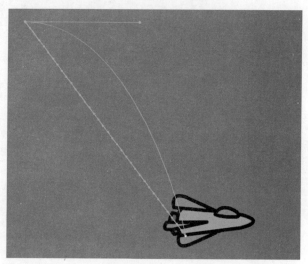

图3.53　　　　　　　　　　　　　　　　　　　　图3.54

　　锚点上的手柄控制着路径的曲度。

　　3. 选择 Subselection（部分选取）工具。

　　4. 拖动路径任一端的句柄来编辑路径的曲线，使火箭飞行器在较宽的路径上飞行，如图 3.55 所示。

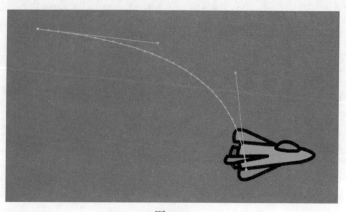

图3.55

3.9.4 将对象调整到路径上

有时，对象沿着路径延展的方向移动很重要。在宣传项目的动画片中，汽车前进的方向是不变的。不过，在火箭飞行器的示例中，火箭飞行器应该朝着它的头部所指的方向前进。"属性"面板中的 Orient to path（调整到路径）选项可以实现这个功能。

1. 选择时间轴上的运动补间（按住 Shift 键单击来选中整个运动补间）。

2. 在"属性"面板的 Rotation（旋转）下面，选择 Orient to path（调整到路径）选项，如图 3.56 所示。

图3.56

Animate 将为沿着运动补间所进行的旋转插入关键帧，将火箭飞行器的头部调整到运动路径上，如图 3.57 所示。

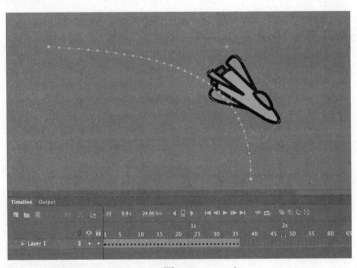

图3.57

3.10 交换补间目标

Animate CC 中的运动补间模型是基于对象的，这意味着对象和它的运动是相互独立的，从而可以让用户轻松地交换运动补间的对象。例如，如果想看到外星人在舞台上走来走去，而不是在舞台上看到火箭飞行器，就可以用"库"面板中的外星人元件替换运动补间的目标，并且保持动画不变。

1. 从"库"面板中把外星人的影片剪辑元件拖放到火箭飞行器上，如图 3.58 所示。

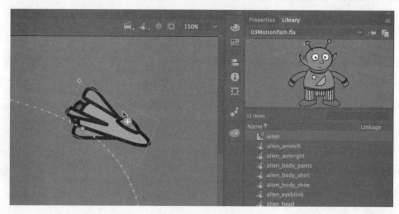

图3.58

Animate 将询问是否想用新对象替换现有的运动补间的目标，如图 3.59 所示。

 注意：你也可以使用"属性"面板中的选项来交换实例。在舞台上选取想要交换的对象。在"属性"面板中，单击 Swap（交换）按钮，然后出现一个对话框。在该对话框中选择新元件并单击 OK 按钮。Animate 将交换运动补间的对象。

2. 单击 OK 按钮。

Animate 将使用外星人对象替换火箭飞行器对象，如图 3.60 所示。运动仍然保持相同，但是运动补间的目标已经发生了改变。

图3.59　　　　　　　　　　　　　　　　　图3.60

3.11 创建嵌套的动画

通常，在舞台上活动的对象都具有自己的动画。例如，蝴蝶在飞跃舞台时，可能会挥动翅膀。或者，用来交换火箭飞行器的外星人可以挥动它的手臂。这些类型的动画就是嵌套的动画（nested animation），因为它们包含在影片剪辑元件内。影片剪辑元件具有独立于主时间轴的时间轴。

在这个例子中，你将赋予外星人一个独立的运动，以便它在飞跃舞台时能挥手。

在影片剪辑元件内创建动画

现在为构成外星人身体的元件制作一些动画，以便让它挥手。

1. 在"库"面板中，双击 alien（外星人）影片剪辑元件图标。

双击后，你将进入外星人影片剪辑元件的元件编辑模式中。外星人位于舞台的中间。在时间轴中，外星人的各个部分位于不同的图层中，如图 3.61 所示。

图3.61

2. 选择"选取"工具。

3. 右键单击外星人的左臂，然后选择 Create Motion Tween（创建运动补间），如图 3.62 所示。

Animate 将把当前图层转换为补间图层，并插入一个长度为 1 秒的帧，以便可以开始制作实例动画，如图 3.63 所示。

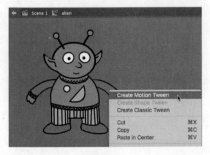

图3.62

图3.63

4. 选择"自由变形"工具。

5. 将鼠标指针移动到角点变形手柄附近，直到指针变成一个旋转图标，如图 3.64 所示。拖动手附近的角点手柄，向上旋转手臂，直到与外星人肩膀同高。

此时，运动补间的末尾将被插入一个关键帧。这样，外星人的左臂就从静止的位置平滑地旋转到伸展的位置。

6. 把红色播放头移回到第 1 帧处。

7. 现在为外星人的另一只手臂创建运动补间。右键单击右臂，然后选择 Create Motion Tween（创建运动补间）。

Animate 将把当前图层转换为补间图层，并插入了一个长度为 1 秒的帧。

8. 选择"自由变形"工具（如果还没有选中的话）。

9. 如同处理左臂那样，拖动右手附近的角点变形手柄，向上旋转手臂，直到它与外星人肩膀同高，如图 3.65 所示。

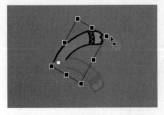

图3.64

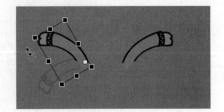

图3.65

Animate 将在运动补间的末尾插入一个关键帧。这样，外星人的右臂就从静止的位置平滑地旋转到伸展的位置。

10. 选择所有其他图层中的最后一个帧，并插入帧（F5 键），这样，在外星人移动手臂时，外星人的头、身体和脚仍然在舞台上显示，如图 3.66 所示。

图3.66

11. 单击舞台顶部的 Edit（编辑）栏，选择 Scene 1 按钮，退出元件编辑模式。

外星人举起其手臂的动画现在就完成了。无论何时使用影片剪辑元件，外星人的嵌套动画都会继续播放。

12. 选择 Control（控制）>Text（测试）来预览动画，如图 3.67 所示。

图3.67

An | **注意：** 影片剪辑元件内的动画将不会在主时间轴上播放。可以选择Control（控制）>Test（测试）来预览嵌套的动画。

Animate 将会打开一个窗口，显示导出的动画。外星人沿着运动路径移动，同时它的手臂会循环地移动。

13. 保存并关闭项目。下一小节将返回到前一个动画。

> **An** **注意**：影片剪辑元件内的动画将会自动循环播放。要阻止循环播放，需要添加代码，用来告诉影片剪辑时间轴在其最后一帧后停止播放。在后面的课程中你将学习利用ActionScript或者JavaScript来控制时间轴的更多知识。

3.12　缓动

缓动（easing）是指运动补间进行的方式。可以把缓动看作加速或减速。从舞台一边移到另一边的对象可以缓慢开始，然后逐渐加速，再突然停止。或者，对象可以快速开始，然后慢慢停止。关键帧指出了动画的开始位置和结束位置，而缓动则决定了对象怎样从一个关键帧到达下一个关键帧。

为运动补间应用缓动的一个简单方式是使用"属性"面板。缓动值的变化范围是 –100 ～ 100。负值表示从起始位置起创建更平缓的改变［称为缓入（ease-in）］，正值表示创建平缓的改变［称为缓出（ease-out）］。

为运动补间应用缓动的一种更高级的方法是使用新的 Motion Editor（动画编辑器）。

3.12.1　拆分运动补间

缓动会影响运动补间的整个范围。如果只想让缓动影响一个长运动补间的关键帧之间的部分帧，则应该拆分运动补间。例如，之前讲过的电影动画的 03_workingcopy.fla 文件。Left_car 图层中汽车的运动补间从第 75 帧开始，在第 191 帧结束，也就是到时间轴的最后才结束。但是，汽车的实际运动从第 75 帧开始，到第 100 帧就结束了。用户需要拆分这个运动补间，以便在第 75 帧～第 100 帧的补间中应用缓动。

1. 在 Left_car 图层中，选择第 101 帧，也就是汽车停止运动的关键帧的下一帧，如图 3.68 所示。

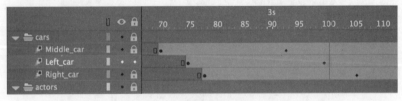

图3.68

2. 右键单击第 101 帧并选择 Split Motion（拆分运动），如图 3.69 所示。

运动补间被拆分成两个独立的补间范围。第一个运动补间的末尾与第二个运动补间的开始位置相同，如图 3.70 所示。

3. 在 Middle_car 图层中选择第 94 帧，右键单击并选择 Split Motion（拆分动画），将运动补间拆分为两个独立的补间范围。

图3.69

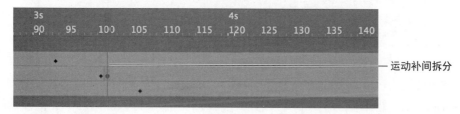

运动补间拆分

图3.70

4. 在 Right_car 图层中选择第 107 帧，右键单击并选择 Split Motion（拆分动画），将运动补间拆分为两个独立的补间范围。

现在 3 辆车的运动补间全都被拆分了，如图 3.71 所示。

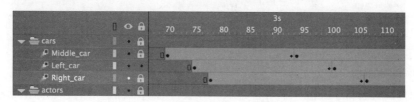

图3.71

3.12.2　为运动补间应用缓动

接下来你将对行驶来的汽车的运动补间应用缓出（ease-out）效果，给汽车一种重量感并使其减速，如同真实的汽车那样。

1. 在 Middle_car 图层中，选择第一个运动补间的第一个关键帧和第二个关键帧之间（第 70 帧～第 93 帧）的任意一帧，如图 3.72 所示。

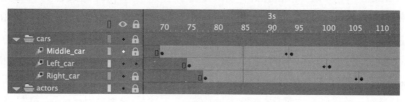

图3.72

2. 在"属性"面板中的 Ease（缓动）区域，为 Ease（缓动）值输入 100，如图 3.73 所示。

这将对运动补间应用缓出效果。

3. 在 Left_car 图层中，选择第一个运动补间的第一个关键帧和第二个关键帧之间（第 75 帧 ~ 第 100 帧）的任意一帧，如图 3.74 所示。

图3.73

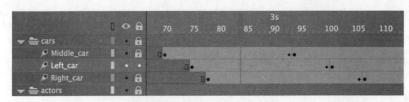

图3.74

4. 在"属性"面板中，为 Ease（缓动）值输入 100，对运动补间应用缓出效果。

5. 在 Right_car 图层中，选择第一个运动补间的第一个关键帧和第二个关键帧之间（第 78 帧 ~ 第 106 帧）的任意一帧，如图 3.75 所示。

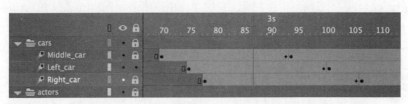

图3.75

6. 在"属性"面板中，为 Ease（缓动）值输入 100，对运动补间应用缓出效果。

7. 选中时间轴底部的 Loop（循环）选项，并且将时间轴标题中的开始标记移动到第 60 帧，将结束标记移动到第 115 帧。

8. 单击 Play（播放）（Return/ Enter 键）。

Animate 将在时间轴的第 60 帧 ~ 第 115 帧循环播放动画，以便观察 3 辆车的缓出效果。这 3 辆车在接近它们最后的关键帧时减速，给观众一种重量感和现实感。

3.13 逐帧动画

逐帧动画（frame-by-frame animation）指的是这样一种技术，即通过在每个关键帧之间进行增量变化，来创建移动的效果。在 Animate 中逐帧动画类似于传统的手绘动画，在传统的手绘动画中，每一个绘图都是在一张单独的纸上完成的，这相当枯燥乏味。

逐帧动画会显著增加文件占用的内容，因为 Animate 不得不为每个关键帧存储各自的内容。在使用逐帧动画时请尽量保守一些。

在下一小节，你将在 carLeft 影片剪辑元件内部插入逐帧动画，让它摇摇晃晃地上下移动。当影片剪辑元件循环播放时，汽车会轻微的颤动来模仿发动机的怠速。

3.13.1 插入一个新关键帧

carMiddle 和 carRight 影片剪辑元件中的逐帧动画已经制作完毕。现在需要修饰一下 carLeft 元件的动画。

1. 在"库"面板中，双击 carRight 影片剪辑元件，查看已经完成的逐帧动画，如图 3.76 所示。

图3.76

在 carRight 影片剪辑内部，3 个关键帧创建了汽车和头灯的 3 个不同的位置。3 个关键帧的分布并不均匀，这样可以提供汽车不可预知的上下运动。

2. 在"库"面板中，双击 carLeft 影片剪辑元件。

这将进入 carLeft 元件的元件编辑模式，如图 3.77 所示。

3. 选择 lights 图层和 smallRumble 图层中的第 2 帧。

4. 右键单击并选择 Insert Keyframe（插入关键帧）（F6 键），如图 3.78 所示。

Animate 将在 lights 图层和 smallRumble 图层的第 2 帧处插入关键帧。之前关键帧的内容将会被复制到新关键帧中。

 提示： 如果汽车图像不可见，可在舞台右上角的Zoom（缩放）菜单中选择Fit in Window（符合窗口大小）。

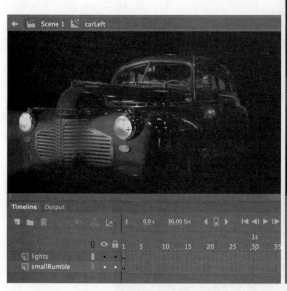

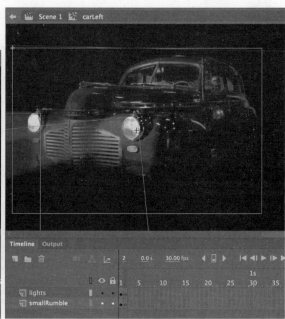

图3.77　　　　　　　　　　　　　　　图3.78

3.13.2　改变图形

在新关键帧中，你通过改变内容的外观来创建动画。

1. 在第 2 帧中，选择舞台上的 3 个图形（汽车和两个头灯）。可通过选择 Edit（编辑）>Select All（全选），或按住 Command + A/ Ctrl + A 组合键来实现上述操作。然后将它们向舞台下方移动 1 个像素。通过"属性"面板来将 Y 位置的值减小 1 个像素或按 Down Arrow（向下箭头键）将图形向下微调 1 个像素。

汽车和头灯将稍微向下移动。

2. 接下来，重复插入关键帧和改变图形的步骤。为了模仿汽车怠速时的随机运动，至少需要 3 个关键帧。

在 lights 图层和 smallRumble 图层中选择第 4 帧。

3. 右键单击并选择 Insert Keyframe（插入关键帧）（F6 键）。

关键帧将插入到 lights 图层和 smallRumble 图层的第 4 帧处。之前关键帧的内容将会被复制到新关键帧中。

4. 选择舞台上的 3 个图形，可通过选择 Edit（编辑）>Select All（全选），或按住 Command + A/ Ctrl + A 组合键来实现上述操作。然后将它们向舞台上方移动 2 个像素。可以使用"属性"面板或 Up Arrow（向上箭头键）将图形向上微调 2 个像素。

汽车和头灯将稍微向上移动。

5. 现在，影片剪辑中的两个图层都有 3 个关键帧了，如图 3.79 所示。

图3.79

启用"时间轴"面板顶部的 Loop Play（循环播放）选项并单击 Play（播放）按钮（Return/ Enter 键）来测试汽车怠速的动画。选择 Control（控制）>Test（测试）来预览整个动画。

注意： 在本节中，你通过逐帧手动移动汽车的位置创建了汽车的怠速运动。除此之外，还可以使用Refine Tween（美化补间）面板（可自动修改运动补间）来模拟自然的移动，比如汽车在怠速时的颠簸和随机抖动。

3.14 制作 3D 运动的动画

最后，你将为该动画添加一个标题，并在 3D 空间中制作动画。在 3D 空间中制作动画需要引入第 3 根轴（Z 轴），这位动画制作增加了额外的复杂性。在选择 3D Rotation（3D 旋转）或 3D Translation（3D 平移）工具时，需要知道"工具"面板底部的 Global Transform（全局变形）选项（接下来将介绍）。"全局变形"选项将在全局选项（按钮被选中）与局部选项（按钮未选中）之间切换。在选择了全局选项的情况下移动一个对象，将使变形相对于全局坐标系统进行；而在选择了局部选项的情况下移动一个对象，将使变形相对于对象自身进行。

全局变形与局部变形的对比

在选择3D旋转或3D平移工具时，在选择了其中一个3D工具后，"工具"面板的底部将会出现一个Global toggle（全局开关）按钮。当按钮打开时，全局模式被启用，3D对象是相对于全局（或舞台）坐标系统进行旋转或定位的。无论如何旋转或移动对象，所移动对象上的3D视图将会在恒定位置显示3个轴，如图3.80所示。

但是，在关闭Global选项后（按钮处于凸起状态），对象的旋转和定位是相对于对象自身的。3D视图将显示出相对于对象（而非舞台）的3个轴。例如，在图3.81中，3D平移工具显示的z轴是相对于对象的，而不是相对于舞台。

图3.80

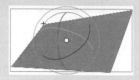

图3.81

图3.82

1. 单击 Edit（编辑）栏中的 Scene 1，返回主时间轴。在图层堆栈的顶部插入一个新图层，并把它重命名为 title，如图 3.82 所示。

2. 锁定所有其他的图层。

3. 在第 120 帧处插入一个新的关键帧，如图 3.83 所示。

4. 把名为 movietitle 的影片剪辑元件从"库"面板拖到舞台上。

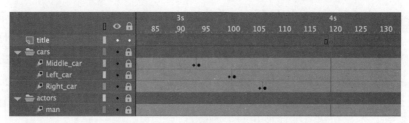

图3.83

该 movietitle 实例将出现在新图层中，它位于第 120 帧处的关键帧中。

5. 把标题定位于在空中，其 X 值为 180，Y 值为 90，结果如图 3.84 所示。

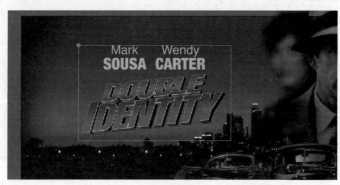

图3.84

6. 右键单击影片标题，然后选择 Create Motion Tween（创建运动补间）。Animate 将把当前图层转换为补间图层，以便制作实例的动画。

7. 将红色播放头移到第 140 帧，如图 3.85 所示。

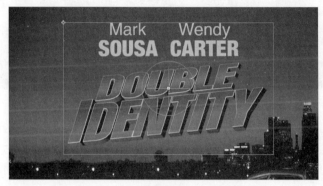

图3.85

8. 选择 3D Rotation（旋转）工具。

3D 旋转控件将出现在所选的影片剪辑中，如图 3.86 所示。

图3.86

9. 在"工具"面板底部取消选择 Global Transform（全局变形）选项，让 3D"旋转"工具进入局部模式。

10. 向上拖动绿色 Y 控件的左侧，让标题围绕 Y 轴旋转一定角度，让标题看起来像是在较远的地方，如图 3.87 所示。这个角度大约为 –50°。可以在 Transform（变形）面板 [Window（窗口）>Transform（变形）] 中检查旋转值。

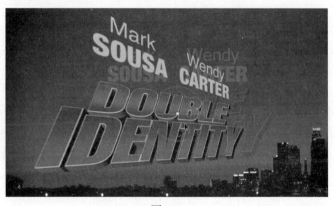

图3.87

11. 把红色播放头移到第 120 帧的第一个关键帧上。

12. 向上拖动 Y 控件的右侧，让标题围绕 Y 轴以相反的方向旋转，使得实例看上去就像是一根银条，如图 3.88 所示。

图3.88

3D 旋转中的变化将成为一个运动补间，标题看起来像是在 3D 空间中摇摆。

> **An** | **注意**：HTML5 Canvas文档当前不支持针对元件的3D旋转或变形制作动画。

3.15 导出最终的影片

你可以通过在时间轴上来回拖动红色播放头来快速预览动画；也可以选择 Control（控制）>
Play（播放），或者使用"工具"面板中的 Time Scrub（时间拖动）工具来预览动画；还可以通
过时间轴底部的集成控制器来预览动画。但是，要将最终的项目创建为影片，你必须将该项目导
出来。

首先创建一个 MP4 影片文件，方法是在 Adobe Media Encoder 中导出项目，然后再对其进
行转换。Adobe Media Encoder 是打包在 Animate 中的一款独立应用程序（在第 9 课将学习 Media
Encoder）。

1. 选择 File（文件）>Export（导出）>Export Video（导出视频）。

Export Video（导出视频）对话框将出现。

2. 保持 Render size（渲染尺寸）不变，即其数值为原始大小。选择 Convert video in Adobe
Media Encoder（在 Adobe Media Encoder 中转换视频）。单击 Browse（浏览），选择目标文件名和
存放位置。然后单击 Save（保存）按钮和 Export（导出）按钮，如图 3.89 所示。

Animate 将生成一个 SWF（.swf）文件，然后将其存储为 MOV（.mov）文件。Adobe Media
Encoder 将自动启动。

3. 在 Adobe Media Encoder 中，MOV 文件已经被自动添加到 Queue（队列）面板中，如图 3.90
所示。如果没有，请单击 Plus（添加）按钮来选择并添加该文件。

图3.89

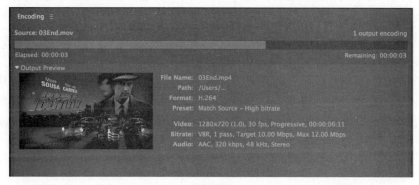

图3.90

4. 在"队列"面板的 Preset（预设）菜单中，选择 Match Source – Medium bitrate（匹配源 -
中等比特率）。

Match Source – Medium bitrate（匹配源 - 中等比特率）设置会保持源文件的大小，并在文件大
小和质量之间达成平衡。

5. 单击 Start Queue（开始队列）按钮（绿色三角形），或按 Return/Enter 键，从而开始编码
过程。

Media Encoder 将 MOV 文件转换为 H.264 格式的视频，该视频具有一个标准的 .mp4 扩展名，
如图 3.91 所示。

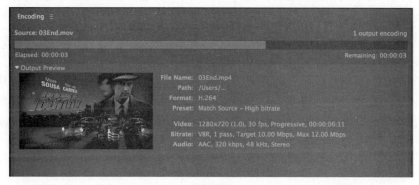

图3.91

祝贺你！现在大功告成，最终的结果如图 3.92 所示！最终的文件可以上传到 Facebook、
YouTube 或其他视频分享网站，或者将它放到一个宣传网站上，为即将上映的虚构电影造势。

图3.92

3.16 复习题

1. 运动补间的两种要求是什么？

2. 在一个 ActionScript 3.0 文档中，运动补间可以改变哪些属性？

3. 什么是属性关键帧，它们为什么很重要？

4. 怎样编辑对象的运动路径？

5. 缓动在运动补间中的作用是什么？

3.17 复习题答案

1. 运动补间的两个要求是舞台上的元件实例和它自己的图层，它自己的图层被称为补间图层。补间图层上不能存在其他的补间或绘制对象。

2. 运动补间在对象的位置、缩放、旋转、透明度、亮度、色调、滤镜值以及 3D 旋转或平移的不同关键帧之间创建平滑过渡。

3. 关键帧标记对象的一种或多种属性的变化。关键帧特定于每种属性，因此运动补间所具有的针对位置的关键帧可以不同于针对透明度的关键帧。

4. 要编辑对象的运动路径，可以选择"选取"工具，然后直接在路径上拖动使其弯曲。也可以选择"转换锚点"工具和"部分选取"工具以在锚点处拖出手柄，手柄控制着路径的曲度。

5. 缓动改变了运动补间变化的速度。不使用缓动的运动补间是线性播放的，也就是说变化是均匀发生的。缓入效果可以让动画缓慢地开始，而缓出效果可以让动画缓慢地结束。

第4课　人物动画

课程概述

本课将介绍如下内容：

- 理解运动补间和传统补间之间的区别；
- 利用传统补间来制作人物动画；
- 使用父子图层创建和编辑对象层次结构；
- 交换元件实例；
- 使用Asset Warp（资源变形）工具来创建变形，并将变形动画化；
- 理解如何通过Bone（骨骼）工具创建"骨架"；
- 使用图形元件同步对话。

本课大约要用90分钟完成。启动 Adobe Animate 之前，请先访问异步社区，将本书的课程资源下载到本地硬盘中，并进行解压。在学习本课时，请打开相应的课程文件。建议先做好原始课程文件的备份工作，以免后期用到这些原始文件时，还需要重新下载。

　　有时，动画可以从更简单的方法中受益。传统的补间是一种在角色动画师中颇受欢迎的古老方法。当不需要对补间动画进行精妙或高级的控制时，可以使用传统补间对元件实例进行动画处理。将传统补间与父子图层结合起来，同时应用自动对嘴技术，可以让你的角色更有生命感。

4.1 开始

我们先通过观看完成的项目来看一下本课将要创建的简短动画。

1. 双击 Lesson04\04End 文件夹中的 04End.mp4 文件来观看最终动画，如图 4.1 所示。

图4.1

> **An** **注意：** 如果还没有将本课的项目文件下载到计算机上，请现在就这样做。具体可见本书的"前言"部分。

这个项目是这样的一个动画：一只猴子向你招手，然后背诵哈姆雷特的著名的独白"生存还是毁灭"，同时还有一只讨厌的苍蝇嗡嗡地飞来飞去。

> **An** **注意：** 由Chris Georgenes设计的猴子角色，经允许使用。

2. 关闭 04End.mp4 文件。

当你完成这个项目后，你将学习如何使用传统补间来创建动画，使用父子图层来构建对象层次结构，并同步角色动画的对话。

4.2 父子图层

动画角色在很大程度上依赖于对象层次结构，对象层次结构主要描述一个对象如何连接到另一个对象。例如，你的手与前臂相连，前臂与上臂相连，上臂又与躯干相连。当你移动上臂时，你的前臂和手必须跟着移动。当你移动你的躯干时，所有与你的躯干相连的部分也在移动。

对对象之间如何链接进行定义引入了层次结构的概念，层次结构通常也叫作关系：躯干是上臂的父层次，上臂是躯干的子层次。

在 Adobe Animate CC 中，可以使用时间轴中的 Parenting View（父子视图）选项来创建层次结构。在"父子视图"中，子层被连接到父层。层之间的彩色线显示了这种关系。当父层中的对象移动时，子层中的对象也会移动。

已完成项目的时间轴中的"父子视图"选项如图4.2所示。连接这些层的彩色线展示了这些层中各个对象之间的关系。

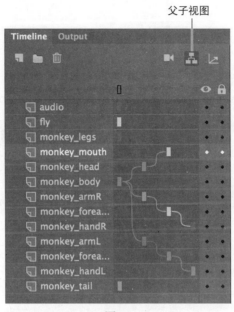

图4.2

4.2.1　在父子视图中连接猴子部分

在开始为猴子角色创建动画之前，首先需要建立猴子身体各部分之间的关系，如图4.3所示。

1. 打开 04Start.fla 文件，然后将其保存为 04_workingcopy.fla。

该文件包含库中保存的所有已完成的图形和元件。元件实例已被安排在舞台上。每个实例在它自己的层上处于分开状态，如图4.4所示。

图4.3

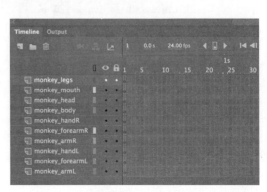

图4.4

2. 单击主时间轴上的 Parenting View（父子视图）按钮，如图 4.5 所示。

该按钮仍然处于按下状态，表示父子视图已经启用。层名称后面的空隙被扩展。

3. 将 monkey_mouth 图层中的彩色矩形拖曳到 monkey_head 图层中的彩色矩形上，如图 4.6 所示。

图4.5　　　　　　　　　　　　　　　　　图4.6

此时，一条曲线将 monkey_mouth 图层连接到了 monkey_head 图层上。monkey_mouth 图层现在是 monkey_head 图层的子图层，如图 4.7 所示。

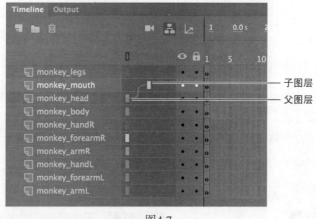

图4.7

4. 将 monkey_head 图层中的彩色矩形拖曳到 monkey_body 图层中的彩色矩形上，如图 4.8 所示。

此时，一条曲线将 monkey_head 图层连接到了 monkey_body 图层上。现在，有 3 个图层是相连的：身体和头部相连，头部和嘴巴相连，如图 4.9 所示。重要的是，图层名称必须要精准地反映图层的内容，这样用户才能够轻松理解舞台上的对象的关系。

5. 现在开始连接猴子的右臂部分。先将 monkey_handR 图层连接到 monkey_forearmR 图层上，然后将 monkey_forearmR 连接到 monkey_armR 图层上，最后把 monkey_armR 图层连接到 monkey_body 图层上。

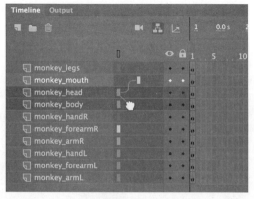

图4.8

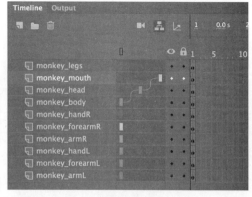

图4.9

现在，我们已经把子图层连接到了相应的父图层上（而不是反过来），如图 4.10 所示。

猴子的右臂现在已经与身体连起来了。注意，一个图层（在本例中为 monkey_body）可以有多个子图层。然而，一个子图层不能有多个父图层。

6. 现在开始连接猴子的左臂部分。先将 monkey_handL 图层连接到 monkey_forearmL 图层上，然后将 monkey_forearmL 连接到 monkey_armL 图层上，最后把 monkey_armL 图层连接到 monkey_body 图层上，如图 4.11 所示。

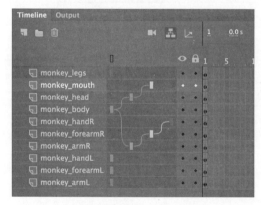

图4.10

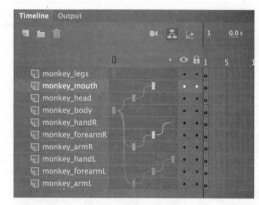

图4.11

现在，你的父子视图应该与图 4.11 显示的差不多一样。除了 monkey_legs 图层外，所有的其他图层已经连接到 monkey_body 图层上，

4.2.2 编辑图层的父子关系

如果连接过程中出现了错误，不用担心，你可以方便地改变某个图层的父子关系或者删除父子关系。

- 要想删除图层的父子关系，可以单击图层视图中图层名字右边的灰色区域，在弹出的菜单中选择Remove parent（删除父子关系）选项，如图4.12所示。

- 要想改变图层的父子关系，可以单击时间轴中的父子视图中的想要改变的图层，在弹出的菜单中选择Change parent（改变父子关系）选项，然后选择一个不同的图层，如图4.13所示。

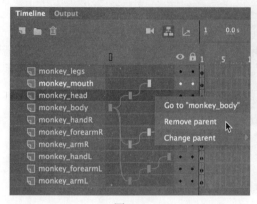

图4.12

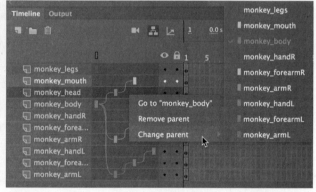

图4.13

 注意：父子视图中各图层之间的连接是基于关键帧的，这意味着它们可以在新的关键帧中被打破和更改。

- 改变图层父子关系还有另外一个方法，可以直接将想要改变的图层的彩色矩形拖曳到新的图层上。

 注意：在改变图层的父子关系时，改变的子图层仍然保持原来的图层关系。

4.2.3　编辑图层的堆叠关系

请记住，父子视图中图层的连接关系与图层的堆叠关系是相互独立的。图层在时间轴中出现的顺序决定了图层中的对象在舞台上是如何相互重叠的。

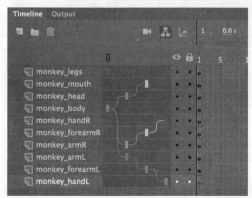

图4.14

你可以对图层重新进行排序，以更改对象重叠的方式，但图层的父子关系保持不变。

1. 将 monkey_forearmL 图层拖到 monkey_armL 图层下面，将 monkey_handL 图层拖到 monkey_forearmL 图层下面，如图 4.14 所示。

猴子左臂的堆叠顺序发生了变化，猴子手腕上的毛发更自然地堆叠在猴子的手臂上，如图 4.15 所示。然而，图层的父子关系不会改变。

2. 重新排列猴子的右臂部分，让它的手（hand）在前臂（forearm）下方，它的前臂在手臂（arm）下方，如图 4.16 所示。

图4.15

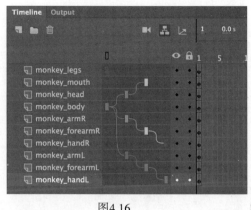

图4.16

4.3 使用传统补间

现在，你已经准备好制作猴子动画了，首先来实现它向我们摆手的动画。

第 3 课讲解了如何使用运动补间来制作元件实例的动画。在本课中，你将为复合运动应用复杂的补间。在本课中，你将学习如何使用传统补间来制作对象的动画。尽管传统补间比较古老，但仍然是一种很受欢迎的动画创建方式。传统补间与运动补间很相似，但是比运动补间简单。这两种方法都使用了元件实例，而且都是对两个关键帧之间的元件实例属性的变化进行动画处理。例如，传统补间可以为元件实例的位置、旋转、变形、色彩效果或滤镜制作动作，这与运动补间一样。那为什么要选择一种而放弃另外一种呢？

传统补间得到了很多动画师的认可，尤其是角色动画师，主要原因就是传统补间的过程很简单。传统补间只对关键帧之间的实例属性进行动画处理，因此不需要关心属性关键帧和Motion Editor（运动编辑器）。传统补间没有在舞台上显示的运动路径（在传统补间中编辑路径时，需要一个单独的图层，详细操作参见 4.3.6 节）。

传统补间和运动补间之间的关键区别如下所示。

- 传统补间需要一个单独的运动引导图层，来让动画师沿着路径制作动画。
- Motion Editor（运动编辑）不支持传统补间。
- 传统补间不支持3D旋转和平移。
- 传统补间不能分离到它们自己单独的补间图层上。但是，传统补间和运动补间具有同样的一个限制，即其他物体不能与补间处于同一个图层上。
- 传统补间基于时间轴，而不是基于对象，这意味着是在时间轴（而不是舞台）上添加、删除和交换补间或实例。

学习使用传统补间来创建动画，有助于用户对动画师所用工具包的范围有一个全面的了解，也可以让用户为自己的项目选择合适的方法。

4.3.1 创建开始和结束关键帧

传统补间需要有开始和结束关键帧。

1. 在所有的图层中选择第 72 帧，然后添加帧（F5 键），这样，在时间轴中你就有了 3 秒的时间来处理动画了，如图 4.17 所示。

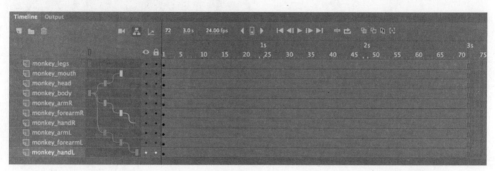

图4.17

2. 选择 monkey_forearmR 图层中的第 8 帧。

3. 选择 Insert（插入）>TimeLine（时间轴）>Keyframe（关键帧）（F6 键）。

第 8 帧中将出现一个关键帧。它将建立猴子的胳膊举起这一动作的起点，如图 4.18 所示。

4. 选择 monkey_forearmR 图层中的第 15 帧，然后再插入一个关键帧，如图 4.19 所示。

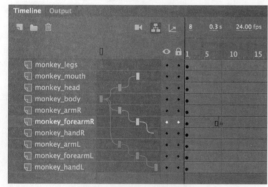

图4.18

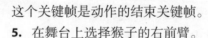

图4.19

这个关键帧是动作的结束关键帧。

5. 在舞台上选择猴子的右前臂。

6. 选择 Free Transform（自由变形）工具，拖动一个角点，使猴子的前臂向上旋转，就像要挥动一样，如图 4.20 所示。

当旋转前臂时，与前臂相连的手会自动跟随。现在，在开始的关键帧中，前臂位于猴子的臀部；在结束的关键帧中，前臂处于抬起状态。

图4.20

4.3.2　应用传统补间

传统补间向两个关键帧之间的元件实例插入变化。

1. 选择开始关键帧（第 8 帧）和最后一个关键帧之前的帧之间的任意帧。

2. 右键单击并选择 Create Classic Tween（创建传统补间），如图 4.21 所示。

图4.21

Animate 将在两个关键帧之间创建一个传统补间，该补间会导致猴子抬起它的手臂和手臂的"孩子"（手）。即使只有 forearm（前臂）图层包含关键帧和补间，子图层也会移动，如图 4.22 所示。

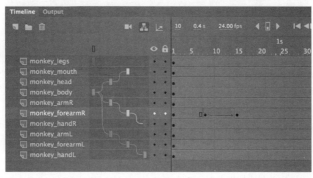

图4.22

4.3.3　完成手臂挥动操作

接下来插入额外的补间来完成此次动画制作。

1. 在 monkey_handR 图层中，在第 15 帧、第 18 帧、第 22 帧、第 25 帧和第 29 帧处插入关键帧（F6 键），如图 4.23 所示。

这些关键帧代表了挥手运动中手的不同的向上和向下的位置。

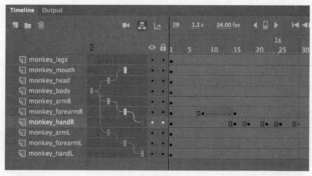

图4.23

2. 在第18帧中，选择舞台上的手，然后选择"自由变形"工具来让猴子的手向下旋转，如图4.24所示。

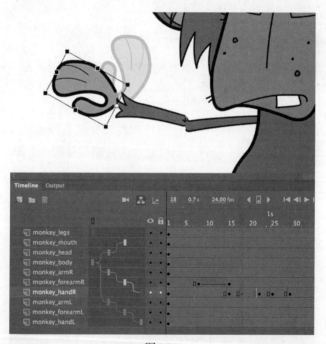

图4.24

3. 在第25帧中，做同样的操作来让猴子的手向下移动一点。

最终得到的关键帧将展示手在上下交替地摆动。

4. 选中第一个关键帧和最后一个关键帧之前的一个关键帧之间的所有帧。

5. 右键单击并选择Create Classic Tween（创建传统补间）。

补间被应用于所有的关键帧上，如图4.25所示。猴子举起并挥舞它的手臂。注意，移动子图层不会对父图层产生影响。

6. 在monkey_forearmR图层中的第29帧中和第35帧中插入关键帧（F6键），如图4.26所示。

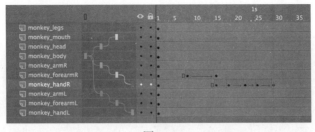

图4.25

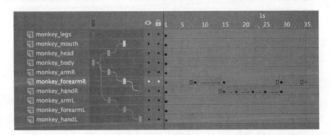

图4.26

7. 在第 35 帧中，选择前臂，然后选择"自由变形"工具。向下旋转猴子的前臂，使关联前臂的手回到猴子的臀部附近，如图 4.27 所示。

图4.27

8. 选择第一个关键帧（或两个帧之间的任意帧），右键单击并选择"创建传统补间"选项，如图 4.28 所示。

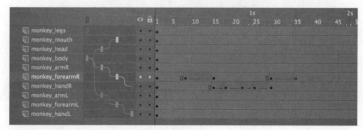

图4.28

猴子挥舞完手臂后，它的胳膊会回到原始位置。

 注意：虽然改变实例在父图层中的位置或旋转角度会影响子图层中的所有对象，但颜色效果或滤镜却不受父图层变化的影响。因为颜色效果或滤镜的变化不会被子图层中的对象继承，所以即使你改变了猴子前臂（父图层）的透明度，但它的手（子图层）仍然是不透明的。

4.3.4 对父图层进行补间

当对父图层进行补间时，父图层所有的子图层都会受到影响。接下来，需要稍微弯曲一点猴子的身体，所有与身体相连的部分——甚至是那些已经做成动画的部分，都会跟着身体弯曲。

1. 在 monkey_body 图层的第 20 帧和第 35 帧中插入关键帧，如图 4.29 所示。

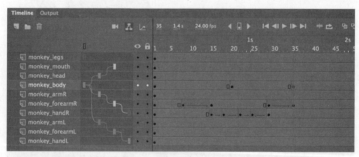

图4.29

2. 在第 20 帧中，在舞台上选择猴子身体并选择"自由变形"工具。

3. 稍微地逆时针旋转身体，来让猴子身体整体摇摆，如图 4.30 所示。

4. 选择第 1 帧与第 34 帧之间的帧空间，如图 4.31 所示。

5. 右键单击帧空间，并选择 Create Classic Tween（创建传统补间）。

当猴子在第 1 帧和第 35 帧之间缓慢地来回摇摆时，所有与身体连接的部分，包括它挥动的右臂，都随着身体的旋转而移动。这保持了整个角色的完整性。

图4.30

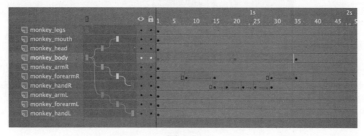

图4.31

4.3.5 交换实例

为了让动画完整,猴子需要把手伸到背后,然后拿出一个头骨,开始念"生存还是毁灭"的独白。接下来,让猴子的左臂动起来,然后将它的左手实例与包含头骨的右手实例交换。

1. 在 monkey_armL 图层的第 35 帧、第 45 帧和第 55 帧中插入关键帧,如图 4.32 所示。

2. 在第 45 帧(中间关键帧)中,在舞台上选择猴子的左上臂。

3. 使用"自由变形"工具,然后顺时针旋转猴子的左上臂,此时它的左手就消失在它的背后了,如图 4.33 所示。

4. 选取第 35 帧和第 54 帧之间的帧宽度,右键单击并选择"创建传统补间"工具。

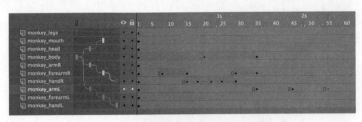

图4.32　　　　　　　　　　　　　　　　　　　图4.33

5. 在 monkey_forearmL 图层的第 55 帧和第 59 帧插入关键帧，如图 4.34 所示。

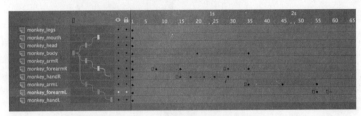

图4.34

6. 在第 59 帧中，在舞台上选取猴子的左前臂。

7. 使用"自由变形"工具来逆时针旋转猴子的左前臂，以让它的左臂完全地水平伸展，如图 4.35 所示。

图4.35

8. 选取第 55 帧和第 58 帧之间的帧宽度，右键单击并选择"创建传统补间"工具，如图 4.36 所示。

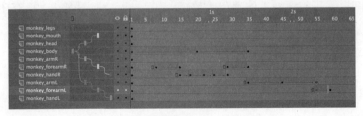

图4.36

现在需要交换手的实例，这样当猴子把它的手放在背后时，一个头骨就会出现；当猴子完全伸展它的手臂时，他的手就会翻转来保持头骨直立。

9. 在 monkey_handL 图层的第 45 帧（手在背后所处的帧）处插入一个关键帧，如图 4.37 所示。

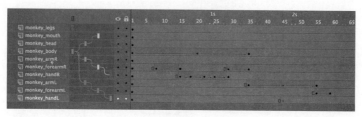

图4.37

10. 现在需要交换手的实例，这样当猴子将手放在背后时，就会出现一个头骨。在第 45 帧中，选择舞台上的手。你必须隐藏或锁定 monkey_handL 图层上面的所有图层才能选择它。

11. 在 Properties（属性）面板中单击 Swap（交换）按钮，如图 4.38 所示。

此时，Swap Symbol（交换元件）对话框将会出现，它显示了库中的所有元件。当前元件的前面有一个点当作标记。

12. 选择 monkey_hand skull down 元件然后单击 OK 按钮，如图 4.39 所示。

图4.38

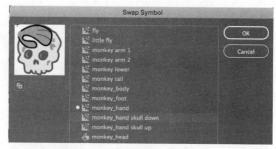

图4.39

将普通手的实例与手握骷髅的实例交换。

13. 解锁或展现所有的图层。

14. 在 monkey_handL 图层的第 55 帧和第 59 帧处插入关键帧，然后在最后一个关键帧中旋转猴子的手使其与手臂平齐，如图 4.40 所示。

15. 对第 55 帧和第 59 帧之间的关键帧应用传统补间。

这样，当猴子从它的背后拿出头骨时，它的手会旋转，从而它的手臂、前臂和手位于同一水平线上。

16. 在 monkey_handL 图层的第 60 帧处插入一个关键帧。

17. 选择舞台上 monkey_hand 实例，将其与 monkey_hand skull up 元件互换，如图 4.41 所示。

图4.40

图4.41

交换的实例与补间一起作用从而创建一个平滑的、集成的动画。

4.3.6 在传统补间中应用运动引导

在接下来的步骤中，你将创建围绕着猴子嗡嗡乱叫的恼人的苍蝇的动画。苍蝇会沿着一条非常弯曲的路径飞行。要沿着特定的路径移动对象,传统补间要求用户在单独的图层（称为运动引导）上绘制路径。

运动引导（motion guide）用于告诉传统补间中的对象如何从第一个关键帧中的位置，移动到最后一个关键帧中的位置。如果没有运动引导，传统补间只能让对象采用直线方式，从第一个关键帧移动到最后一个关键帧。运动引导包含了用户绘制的路径，路径可以是曲线、之字形，或者其他各种弯曲的路径（前提是路径不与自己交叉）。

在没有运动指南的情况下，一个经典的补间将使一个对象的位置在从第一个关键帧到最后一个关键帧的直线上产生动画。在运动指南中绘制路径。只要这条路不交叉，它就可以弯曲、曲折，或者走各种各样的弯路。路径本身应该是一个描边（而不是填充）。

1. 选择 Insert（插入）>New Symbol（新元件）（Command+F8/Ctrl+F8 组合键）。

2. 在随之出现的 Create New Symbol（创建新元件）对话框中，在 Name（名字）输入框中输入 fly，并在 Type（样式）菜单中选择 Movie Clip，然后单击 OK 按钮，如图 4.42 所示。

因为新的影片剪辑元件的出现，Animate 将进入元件编辑模式。

3. 将 fly（苍蝇）元件实例从库面板中拖曳到舞台上，如图 4.43 所示。

图4.42

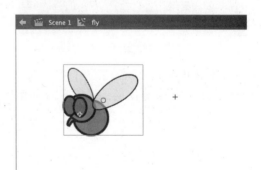

图4.43

现在，影片剪辑元件包含了一个实例，你将在该实例中对路径进行动画处理。

4. 在包含苍蝇实例的图层中，在第 5 秒（第 120 帧）处插入一个关键帧（F6 键），如图 4.44 所示。

图4.44

5. 选择第一个关键帧或者最后一个关键帧之前的任意一个帧，然后右键单击并选择"创建传统补间"。

第一个关键帧和最后一个关键帧之间将应用传统补间，但是由于苍蝇在两个关键帧中都处于相同的位置，所有苍蝇没有运动，如图 4.45 所示。

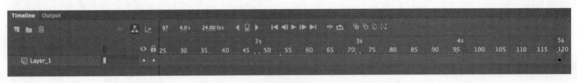

图4.45

6. 右键单击时间轴中的图层然后选择 Add Classic Motion Guide（添加传统运动引导），如图 4.46 所示。

在包含传统补间的图层上面添加一个新的图层，该图层叫作运动引导。传统补间图层位于运动引导下，表示它将遵循在运动引导图层中绘制的任何路径，如图 4.47 所示。

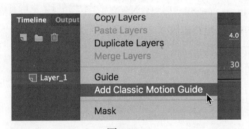

图4.46

图4.47

7. 选取 Pencil（钢笔）工具，然后在"工具"面板底部选择 Smooth（平滑）选项。

8. 选择运动引导图层，然后开始在舞台上绘制。为苍蝇绘制一条有很多曲线但不交叉的路径。路径的开始点和结束点比较靠近，如图 4.48 所示。

图4.48

9. 切换到 Selection（选择）工具，并确保选中"工具"面板底部的 Snap to Objects（贴齐对象）选项，即磁铁图标处于按下状态，如图 4.49 所示。

图4.49

"贴齐对象"选项确保对象彼此对齐，它用于定位苍蝇在路径上的定位点。

10. 将播放头移到第一个关键帧（帧 1）处，然后选择 Layer_1。将苍蝇拖到路径的起点，如图 4.50 所示。

11. 移动最后一个关键帧中的苍蝇，让其位于路径的终点，如图 4.51 所示。

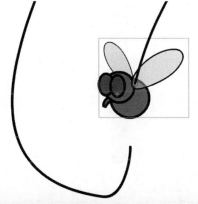

图 4.50

图 4.51

12. 按 Return 或 Enter 键来测试传统补间中运动引导的效果。

苍蝇在舞台上嗡嗡作响，沿着在运动引导中绘制的路径飞行。

13. 退出元件编辑模式，并在主时间轴上图层的顶部添加一个名为 fly 的新图层。

14. 从库面板中将 fly 影片剪辑元件实例拖到舞台上，如图 4.52 所示。

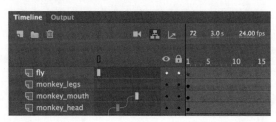

图 4.52

该影片剪辑实例包含了苍蝇嗡嗡叫的动画。当你测试影片时，它将循环播放（Control > test）。

双击舞台上的苍蝇动画实例，以使用元件的 Edit In Place（就地编辑）功能。该功能允许你查看苍蝇的路径相对于舞台上的其他对象是如何被定位的。退出符号编辑模式，进入主时间轴，并重新定位苍蝇动画，使其路径覆盖整个舞台。重新定位实例之后，你可能需要多次使用"就地编辑"功能来查看苍蝇的路径，如图 4.53 所示。

图4.53

4.4 制作和设置外形动画

我们的猴子好像缺了点东西，现在它需要一条尾巴，但它需要的不是静态的尾巴。你需要创建这样一条尾巴——它像一条真正的尾巴一样可以卷曲和展开。为灵活的对象（如卷曲的尾巴）制作动画需要一些特殊的技术，这超出了常见的运动补间或传统补间的能力范围。你可以使用逆运动学，它依赖于骨骼工具（见本课的边栏）或者补间形状（见第 6 课）；你也可以使用 Asset Warp（资源变形）工具，它可以对矢量形状或位图图像进行变形。在本节中，你将学习如何使用"资源变形"工具来制作猴子尾巴的动画。

4.4.1 Asset Warp 工具

"资源变形"工具是 Animate CC 新增的一个强大的绘图工具。该工具类似于 Adobe Photoshop CC 的 Puppet Warp（操控变形）工具，它可以在图像上方形成一个可见的网格，通过该网格你可以在变形部分图像的同时让其他部分保持原样。"资源变形"工具既可以用于在动画中绘制的矢量图像，也可以用于导入的位图图像。

1. 双击"库"面板中名为 monkey tail 的影片剪辑元件。

Animate 将进入元件编辑模式。舞台上会出现一个后端茂密的直尾巴的简单图像，如图 4.54 所示。

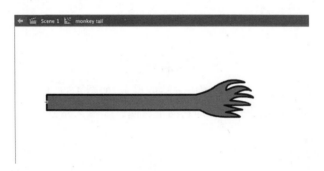

图4.54

> **An** | **注意**：对于位图图像而言，"资源变形"工具特别强大，因为没有其他工具或技术可以对导入的图像进行动画变形。

2. 选择元件中的所有图形（Edit>Select All），然后选择"资源变形"工具（ ）。

3. 在猴子尾巴起点附近处单击。

用一个简单的固定点（pin point）即可在整个尾巴上创建网格。该固定点可将图像的一部分固定在适当的位置上，如图 4.55 所示。

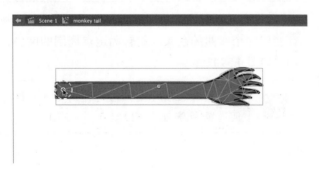

图4.55

4. 在尾巴的中部单击以创建第二个固定点，第三个固定点位于尾巴的末端，即比较茂密的地方，如图 4.56 所示。

现在整条尾巴上有 3 个固定点。

> **An** | **注意**：如果出现了差错，可通过选中固定点然后按Delete/Backspace键将其删除。

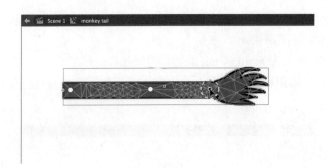

图4.56

5. 向上拖曳第三个固定点（最靠近尾巴末端的点），如图 4.57 所示。
在网格的作用下，尾巴出现了变形，即它向上弯曲，如图 4.58 所示。

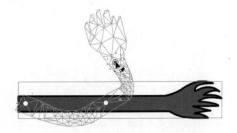

图4.57

图4.58

 注意：如果图像上的网格会让你分散注意力，那么可以在属性面板中取消选择 Show Mesh（显示网格）选项来隐藏网格。

图4.59

6. 将鼠标指针移动到最后一个固定点周围的圆圈附近，直到鼠标指针变成一个弯曲的箭头。旋转固定点周围的网格，以旋转尾巴浓密的一端，如图 4.59 所示。

 注意：按住Shift键然后选择固定点，这样可以在同一时间选择和移动多个固定点。

4.4.2　动画变形

你已经在关键帧中创建了一个变形的图片。现在，可以在另一个关键帧中创建一个新的变形的图片并创建其改变的动画。

 注意：要使变形的网格具有动画效果，那么第一个关键帧中的网格和最后一个关键帧中的网格必须具有相同数量和位置的固定点。例如，第一个关键帧中的网格有3个固定点，最后一个关键帧的网格有4个固定点，这种情况是不允许的。

1. 在第 16 帧中插入一个关键帧。

2. 在第 40 帧中插入另一个关键帧。

现在，猴子的尾巴上有 3 个关键帧，它们的网格相同，如图 4.60 所示。

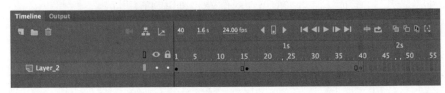

图4.60

3. 选择中间关键帧（在第 16 帧处）。

4. 选择"资源变形"工具，拖动固定点让猴子尾巴稍微伸直一点，如图 4.61 所示。

5. 选择第一个和第二个关键帧之间的任何帧，然后右键单击并选择 Create Classic Tween（创建传统补间）选项。

传统补间将被应用于第一个网格和第二个网格之间，并且猴子尾巴顺利展开。

图4.61

6. 选择第二个和第三个关键帧之间的任何帧，然后右键单击并选择 Create Classic Tween（创建传统补间）选项。

传统补间将被应用于第二个网格和第三个网格之间，并且猴子尾巴再次顺利展开，如图 4.62 所示。

图4.62

7. 在第 72 帧插入新的帧（F5 键），让尾巴保持弯曲状态 3 秒，如图 4.63 所示。

图4.63

An **注意：** 可以调整固定点的强度。当对象的网格被应用且"资源变形"工具被选中时，属性面板中会出现Wrap（变形）选项区域。选择Handle Mode（处理模式）中的一个选项：如果你想以一种死板的方式来固定图像，请选择Fixed（固定）选项；如果你想以一种灵活的方式来固定图像，请选择Open（开放）选项。使用"开放"选项可以获得更多比较自然的变形结果。

图4.64

退出元件编辑模式。

在所有的图层的底部新建一个图层，并将其命名为 monkey_tail。将猴子尾巴影片剪辑的实例从"库"面板移到新图层中。将尾巴放在猴子后面（它本来应该在的位置），如图 4.64 所示。

8. 对影片进行测试（Control>Test）。

剩余的动画将变形尾巴的卷曲和展开，如图 4.65 所示。

> **提示**：双击变形的形状来编辑原始图形。例如，可以双击影片剪辑元件中的弯曲的猴子尾巴来改变填充的颜色，并将变形应用到新的、编辑过的形状上，如图 4.66所示。

图4.65

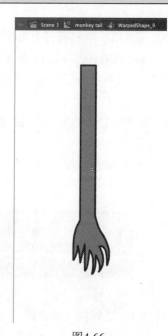

图4.66

4.4.3 传统补间缓动

传统补间也可以有缓动的效果，缓动可以让动作看起来更自然。在之前的课程中，你已经学习了如何将缓动应用到运动补间中。对于传统补间，可以在"属性"面板中应用缓动效果。

1. 双击库面板中的猴子尾巴电影剪辑元件，进入元件编辑模式，将播放头移到第一个关键帧和第二个关键帧之间，如图 4.67 所示。

2. 在"属性"面板中，在 Classic Ease（传统缓动）框中输入 –100，如图 4.68 所示。

负值表示缓入，即对象逐渐从其初始关键帧开始。

3. 选择猴子尾巴影片剪辑元件中的第二个关键帧和第三个关键帧之间的任意帧。

图4.67

4. 在"属性"面板中，在 Classic Ease（传统缓动）框中输入 100，如图 4.69 所示。

图4.68

图4.69

正值表示缓出，即对象开始时很快，但当它移动到下一个关键帧时就会慢下来。

5. 按 Return/Enter 键来预览尾巴动画的缓入和缓出效果。退出元件编辑模式进入主时间轴。猴子的尾巴慢慢地展开，然后迅速地弹回来。缓动使得动画更有趣。

传统补间的高级缓动效果

想要使用传统补间的高级缓动控制，单击"属性"面板中的Edit Easing（编辑缓动）按钮。将出现一个Custom Ease（自定义缓动）对话框，如图4.70所示。该对话框展示了动画的缓动效果。

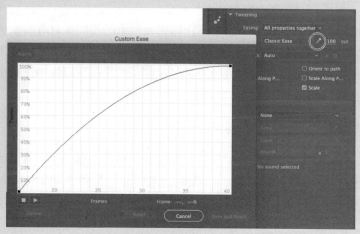

图4.70

图4.70展示了如何从第一个关键帧到最后一个关键帧的属性值的变化。在该例中，开始处的曲线意味着值的变化较快，结束处的曲线意味着值的变化慢下来了。通过单击图表来添加锚点可以在任何的帧中编辑缓动效果。移动手柄可以改变图表中的曲线从而改变缓动效果，如图4.71所示。

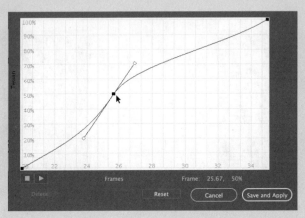

图4.71

4.5 用于嘴型同步的图形元件

到目前为止，你在动画中已经使用了影片剪辑元件，并且已经知道它们允许独立的嵌套动画。例如，当在主时间轴中为猴子的四肢创建动画时时，猴子的尾巴会以自己的速度弯曲，苍蝇在自己的时间轴上独立地嗡嗡叫着，其他的一切同时也在发生。尽管动画和图形的工作方式略有不同，但是也可以在图形元件中同时嵌套动画和图形。

图形元件中的动画不能独立播放，这与影片剪辑元件中的相同。只有当实例所在的主时间轴上有多个帧时，它才会播放。换句话说，这两个时间线是同步的。虽然可以使用代码控制影片剪辑时间轴的播放头，但是图形元件播放头的控制是直接在"属性"面板中进行的。由于可以轻松地选择图形元件中出现的帧，所以它们非常适合于嘴型同步或其他的角色变化。

4.5.1 使用帧选择器和嘴型同步功能

当动画人物在讲话时，它们的嘴型应该与所说的单词同步。每一个声音（或音素）都是由不同的嘴型产生的。例如，爆破音"p"或"b"是通过紧闭嘴唇发出的，而"o"的读音则是通过张开的嘴型发出的。动画师绘制了许多这样的嘴型位置（也叫作视素），以与声道同步。

在图形元件中，可以将每一个嘴型位置存储为一个关键帧。Frame Picker（帧选择器）面板（从"属性"面板中进入）可以让用户在时间轴上选择与音素匹配的帧。

Animate 还有一个功能强大的特性，它可以分析任何导入的音轨来检测单个音素，然后自动应用图形元件的正确视素来创建嘴型同步动画。

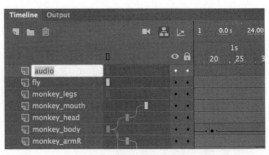

在下面这个任务中，将使用"帧选择器"面板和嘴型同步特性来为猴子的嘴巴进行动画处理以匹配导入的对话。

1. 在所有的图层上面创建一个新图层，将其命名为 audio，如图 4.72 所示。

图4.72

2. 在第 72 帧、动画的第 3 秒和猴子拿着头骨的动画后结束的时间各插入一个新的关键帧（F6 键）。

3. 将名为 To_Be_or_Not.wav 的声音文件从库面板中拖到舞台上。录音文件是哈姆雷特著名的思考生与死的独白，如图 4.73 所示。

该音频文件被添加到 audio 图层的第 72 帧的关键帧中。关键帧中将出现一个表示音频文件的小波浪线，如图 4.74 所示。

图4.73

图4.74

4. 选中第 72 帧，在"属性"面板的 Sound（声音）区域中，选择 Sync（同步）菜单下的 Stream（流），如图 4.75 所示。

"流"选项将音频绑定到时间轴上，以便可以将动画和音频同步。

5. 将所有图层的帧数量扩展到 938，这样就有了足够的帧，可以保证音频文件能全部播放。

当添加了帧之后，会看到音频文件的末尾出现在 audio 图层中，如图 4.76 所示。

图4.75

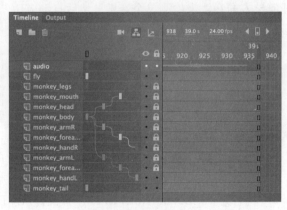

图4.76

6. 在"库"面板中双击图形元件 mouth_positions 来检测它，如图 4.77 所示。

Animate 将进入 mouth_positions 元件的元件编辑模式。请注意，底层有 12 个单独的关键帧，每个关键帧包含对应于特定声音的嘴型位置的不同图形，如图 4.78 所示。

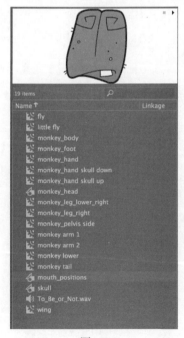

图4.77

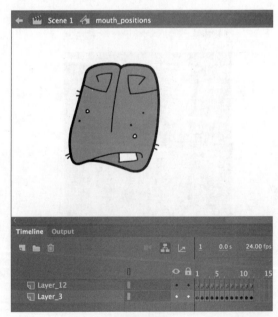

图4.78

在最上面的图层中，单独的关键帧都已被标记（用红旗表示）。在"属性"面板中，每个标记都有对应于音素的不同名称，如图 4.79 所示。

第一个关键帧被标记为"neutral"，因为嘴巴在静止状态下处于闭合状态。第二个关键帧被标记为"Ah"，因为嘴巴是打开的，它可以产生特定的声音。

当创建自己的嘴型同步动画时，将需要设置一个图形元件，该图形元件的 12 个不同的关键帧中分别包含了 12 个不同的基本发音嘴型。

7. 返回主时间轴。

8. 选择 monkey_mouth 图层中舞台上的 mouth_positions 元件实例，结果如图 4.80 所示。

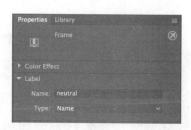

图4.79

图4.80

9. 在"属性"面板中，单击 Lip Syncing（嘴型同步）按钮，如图 4.81 所示。

"嘴型同步"对话框将被打开。第一步是设置视素（visemes）。屏幕上会显示一个由 12 个视素组成的网格，如图 4.82 所示。每个视素与一个特定的音素相关联。先将所有视素设置为相同的图形。稍后你会进行修改。

图4.81

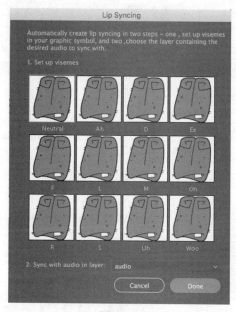

图4.82

10. 单击被标记为"neutral"的视素。

菜单将被打开，你可以从 mouth_positions 图形元件中选择一个帧。图形元件中标记的关键帧与所需的视素相对应，这使匹配过程变得很简单。选择"neutral"关键帧，如图 4.83 所示。

11. 单击标记为"Ah"的第二个视素，然后在打开的菜单中，在被标记为"Ah"的图形元件中选择第二个关键帧。

Animate 将对图形元件中的第二个关键帧与"Ah"视素进行匹配。

12. 继续设置剩余的 10 个视素，方法同之前的一样，即将视素与图形元件中对应的关键帧进行匹配，如图 4.84 所示。

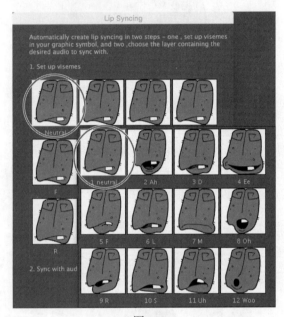

图4.83   图4.84

13. 现在进行"嘴型同步"对话框的第二步。如果 audio 图层还没有被选中，那么请从菜单中选择它，如图 4.85 所示。该图层是 Animate 将用于匹配视素的音频文件。

14. 单击 Done（完成）。

现在可以坐下好好欣赏"魔术"了，如图 4.86 所示。

Animate 将开始处理选中的音频文件，然后在 monkey_mouth 图层中自动创建带标签的关键帧来同步对话，如图 4.87 所示。这些关键帧通过图形元件中正确的关键帧来创建。

图4.85   图4.86   图4.87

15. 按 Return/Enter 键来播放动画，如图 4.88 所示。

随着音频文件的播放，图形元件从一个关键帧切换到另一个关键帧，从而将声音与正确的嘴型匹配。

16. 如果想在任何关键帧中对特定的嘴型进行调整，请选择舞台上的实例并在"属性"面板中选择 Use Frame Picker（使用帧选择器），如图 4.89 所示。

在出现的"帧选择器"面板中，用户可以手动地从图形元件中选择不同的关键帧。

图4.88

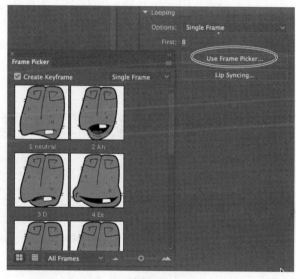

图4.89

4.5.2　添加头的运动

当角色说话时，除了嘴巴的开合外，通常还有其他动作。有时，头可能会倾斜或摇晃，鼻子可能会皱起，眉毛可能会翘起来。这些都是有助于增强动画整体自然性的重要动作。monkey_head 影片剪辑元件已经包含了一些用于偶尔眨眼和眼球运动的关键帧，但是还需要添加轻微的头部倾斜。

1. 在 monkey_head 图层的第 89 帧、第 94 帧、第 102 帧和第 109 帧中插入关键帧，如图 4.90 所示。

图4.90

图4.91

2. 在第 94 帧的关键帧中，选中猴子头部实例并选择 Free Transform（自由变形）工具。

3. 轻微地顺时针旋转头部 9 度，使得猴子在刚开始说话时头部处于倾斜状态，如图 4.91 所示。对第 102 帧中的实例进行同样的旋转。

由于 monkey_head 图层是 monkey_mouth 图层的父图层，所有 monkey_head 图层的旋转会影响到 monkey_mouth 图层。

4. 右键单击第 89 帧和第 94 帧之间的任意帧，然后选择 Create Classic Tween（创建传统补间）。

轻微的头部倾斜已被制作成动画。

5. 右键单击第 102 帧和第 109 帧之间的任意帧，然后选择 Create Classic Tween（创建传统补间）。

猴子的头部会回到它原来的位置，如图 4.92 所示。

图4.92

6. 试着沿着时间轴添加一些轻微的头部摆动和倾斜来强调对话，并让动画在视觉上有一些变化。添加微表情让你的角色表现出一些态度，让它变得生动有趣吧！

正如在第 3 课中所讲的，使用 Adobe Media Encoder 将已完成的项目导出为一个视频 [File（文件）>Export（导出）>Export Video（导出视频）]，以生成一个 MP4 视频文件。

使用骨骼工具进行反向运动

为角色创建动画的另一个方法是使用 Bone（骨骼）工具创建一个骨架。骨架与木偶很像，它的每个部分之间是以分层的方式相连的。如果你移动其中的一个部分，与它连接的部分就会跟着移动。为使骨架的所有部分自然运动而进行的计算称为逆运动学。

构建骨架

可以使用 Bone（骨骼）工具创建骨架。骨骼工具告诉 Animate 如何连接一系列影片剪辑实例，或者在形状内提供连接结构。两根或多根骨头之间的连接称为骨节点。在角色动画中使用"骨骼"工具是父子图层的一个替代选择。

使用"骨骼"工具有两种方法。首先，将一系列影片剪辑实例放在舞台上，并通过从父影片剪辑向子影片剪辑拖动来连接这些实例。本节课所讲的猴子可以用"骨骼"工具装配成骨架，如图4.93所示。

图4.93

显示所有图层的轮廓可帮助用户对整体的骨架有个大概了解。拉动猴子的手，所有相连的骨头都会随之移动，如图4.94所示。

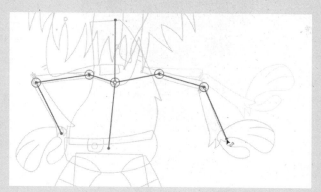

图4.94

使用"骨骼"工具的第二种方法在形状内定义骨架。图4.95所示的就是在猴子尾巴的内部创建骨架。拉动骨架的末端以一种连接的方式来移动形状。

可以编辑每根骨头的相对位置。按住Option/Alt键可以移动骨架中的任意骨头的位置。

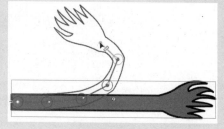

图4.95

如果要更改两根骨头的连接点（骨节点），那么可使用Free Transform（自由变换）工具来移动其变形点。这也会移动骨头的旋转点。

对带有姿势的骨架创建动画

当创建了一个骨架后，Animate会自动把它放在一个叫作骨架图层（armature layer）的特殊图层中。这一特殊类型的图层可以把骨架与其他对象（如图形或运动渐变）在时间轴上分开，如图4.96所示。

图4.96

要创建骨骼的动画，需要在骨骼图层中定义关键帧，该帧叫作姿势（pose）。在时间轴中，可以像插入运动补间的关键帧一样插入姿势。如果在时间轴的不同帧上移动骨架，Animate会自动插入一个新的姿势。Animate会通过计算不同姿势的骨头（从一个姿势到下一个姿势）之间的角度来创建平滑、自然的运动，如图4.97所示。

图4.97

继续改进

有许多功能可用于完善动画，使骨架更容易摆出各种姿势。当在骨架中选中一根骨头时，"属性"面板上会出现很多功能选项，如图4.98所示。

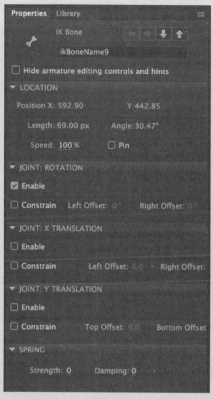

图4.98

- 在移动单根骨头时按住Shift键，可隔离它的旋转。
- 使用LOCATION（定位）区域中的Pin（固定）选项来将各根骨头固定在适当的位置，让子骨头以不同的姿势自由移动。
- 使用JOINT: ROTATION（联接：旋转）和JOINT: TRANSLATION（联接：平移）工具来限制骨节点的旋转和平移，从而让骨架的位置更符合现实。例如，我们的前臂可以朝着二头肌的方向向上旋转，但它不能朝着二头肌向下旋转。
- SPRING（弹簧）选项用于在骨架中添加一些物理属性。"弹簧"特性使得骨架能对不同的姿势做出相应。柔软的物体通常都具有一些"弹性"，这将导致其在移动时自行摆动，甚至在整个身体的运动停止之后依然继续抖动。弹力的大小取决于物体。例如，悬挂的绳索会摇晃得很厉害，与之相比跳水板会更加坚硬，而且也不怎么摇晃。可以根据对象设置弹簧的强度，甚至可以为骨架中的每根骨头设置不同的弹性，以便在动画中获得精确的刚性或灵活性。

> **"骨骼"工具还是父子图层**
>
> 许多角色动画师喜欢父子图层，因为它使用了经过时间考验的经典动画技术（传统补间）。在后面的关键帧，父子图层还允许用户打破并重新连接层次结构。在动画中，骨架不能以相同的方式进行重组。但是，在某些情况下，使用"骨骼"工具创建的骨架可以帮助解决一个独特的动画问题，该问题无法时候用父子图层解决。这两种技术各有优缺点，只有用户才能决定哪种方法最适合自己的项目。

4.6 复习题

1. 传统补间和运动补间很相似的两个地方。

2. 在图层之间编辑父子关系的 3 种方法。

3. 在为传统补间添加运动引导时，为什么"工具"面板中的 Snap to Objects（贴紧至对象）选项这么重要？

4. 如何编辑对象的运动路径？

5. 图形元件与影片剪辑元件之间的差别是什么？

6. 12 个视素是什么？使用嘴型同步功能来同步对话需要什么？

4.7 复习题答案

1. 两者相似的一个地方是运动补间和传统补间在舞台上都需要元件实例。两者相似的另外一个地方是，它们都需要自己的图层；其他补间或者绘制的对象不能存在于补间图层上。

2. 可以通过将子图层拖到一个新图层中来编辑父子图层关系；也可以单击子图层并选择 Remove Parent（移除父图层）来删除父图层；还可以单击子图层并选择 Change Parent（更改父图层）来为父图层选择一个新图层。

3. Snap to Objects（贴紧至对象）选项迫使对象贴紧到它周围的其他对象上。对于沿着运动引导中的路径运动的对象，对象必须贴紧到第一个和最后一个关键帧的路径上。

4. 要编辑对象的运动路径，可选择"选取"工具，然后直接在路径上拖动以将它弯曲。也可以选择 Convert Anchor Point（转换锚点）工具和"部分选取"工具，在锚点处向外拉动手柄。手柄可以控制路径的曲率。

5. 只有当实例所在的主时间轴上有足够的帧时，图形元件才能播放动画。而影片剪辑元件包含了独立的时间轴，因此无论主时间轴持续多长时间，只要实例还在舞台上，它就播放动画。

6. 这 12 个视素是嘴巴的 12 个形状的图形表示，每个视素对应于单个的声音，该声音叫作音素。要在动画中进行嘴型同步，需要在图形元件的单个关键帧中创建 12 个视素。单击"属性"面板中的"嘴型同步"按钮来自动地让 Animate 分析时间轴上的音频，并创建同步关键帧，该关键帧包含了沿着主时间轴的图形元件的正确帧。

第5课　控制摄像机

课程概述

本课将介绍如下内容：

- 理解最适合使用Camera工具制作动画的运动类型；
- 激活摄像机；
- 隐藏或显示摄像机；
- 平移、旋转或缩放摄像机；
- 使用Layer Depth面板创建景深；
- 将图层附在摄像机上，使其与摄像机的运动相互独立；
- 为摄像头应用颜色效果。

本课大约要用60分钟完成。启动Adobe Animate之前，请先访问异步社区，将本书的课程资源下载到本地硬盘中，并进行解压。在学习本课时，请打开相应的课程文件。建议先做好原始课程文件的备份工作，以免后期用到这些原始文件时，还需要重新下载。

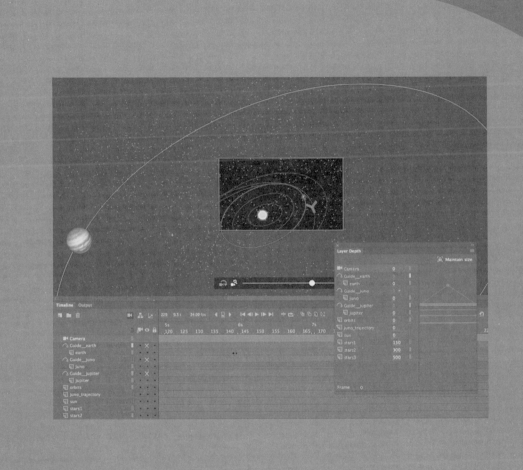

　　使用摄像机可将观众的注意力集中到动画中。使用电影制作技术（比如平移、缩放甚至旋转），可以更好地利用电影方法。结合 Layer Depth 面板，实现真实的深度感。

5.1 对摄像机的移动进行动画处理

目前为止，我们学习了如何对舞台上元件实例的不同属性（位置、缩放、旋转、透明度、滤镜和 3D 位置）制作动画，也学习了如何使用缓动效果创建复杂的运动，还学习了如何使用图层结构创建角色动画。

但是，作为一名动画师，你不只是指挥舞台上角色和对象的运动（像排练一出戏一样），你还需要控制摄像机（如同影片的导演）。也就是说，你要控制摄像机指向的方向来拍摄动作，还要对摄像机进行缩放、平移，甚至是旋转，以获得特殊效果。摄像机所有的这些运动都可以在 Adobe Animate CC 中使用 Camera（摄像机）工具来实现。

5.2 开始

在开始之前，先通过查看最终的影片文件，来看一下本课将要创建的范例视频。

1. 双击 Lesson05\05End 文件夹中的 05End.mp4 文件，播放视频文件，如图 5.1 所示。

Juno uses Earth's gravity as a slingshot

图5.1

这个项目是一个显示 Juno 航天器的运动轨道的动画，Juno 航天器在 2001 年从地球发射，在 2016 年到达木星。大家可能在教育网站或者博物馆中看到过这个动画。请注意从观众的视角看，物体是如何缩放的，以及在 Juno 航天器穿越太阳系时，摄像机是如何跟踪它的。在动画的不同时间，将出现小标题来解释发生的事情。

 注意：如果还没有将本课的项目文件下载到计算机上，请现在就这样做。具体可见本书的"前言"部分。

2. 关闭 05End.mp4 文件。

3. 双击 Lesson05\05Start 文件夹中的 05Start.fla 文件，在 Animate 中打开初始的项目文件，如图 5.2 所示。

这个文件是一个 ActionScript 3.0 文档，包含了 Juno 航天器运动轨道、轨道木星和地球的完整动画。但这个项目中没有摄像机的运动，本课将添加上这些内容。当前这个文件还包含了已经导入到库中供我们使用的其他图形元件。

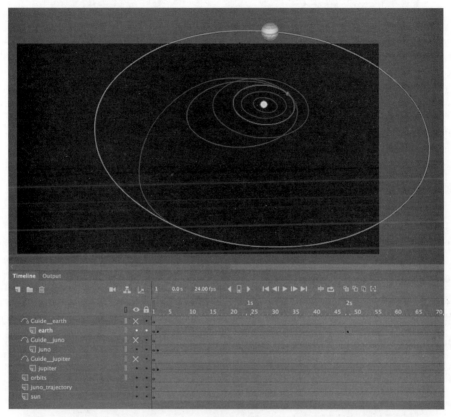

图5.2

4. 选择 File（文件）>Save As（另存为）。将文件命名为 05_workingcopy.fla，然后保存在 05Start 文件夹中。

保存工作副本，以确保如果要重新开始，可以使用原始的开始文件。

5. 选择 Control（控制）>Test（测试），结果如图 5.3 所示。

Animate 生成了一个 SWF 文件，用来预览动画。我们可以看到太阳系的部分视图，太阳处于中间位置，地球和木星沿着轨道运转。一个航天器从地球发射出去，然后沿着灰色的轨道运行。观察航天器在靠近地球时如何飞出去，以拦截木星。

这个动画不错，舞台显示了所有的动作：轨道行星和 Juno 航天器的运动。但是，它缺乏观赏性，一些细节可能会因为我们观看时缩放级别的不同而丢失。当 Juno 航天器靠近地球飞行时，将使用地球的引力作为弹弓效应，从而推动自己飞向木星。如果我们能够看到它靠近地球，然后被弹出去，那么该动画的观赏性将大大提高。而 Camera（摄像机）工具可以实现此功能。下面将对摄像机进行动画处理，以将注意力集中在动作上。当需要时，就靠近；当想看到更宏观的图像时，就缩小。使用摄像机跟踪航天器，就和跟踪舞台上的角色一样。

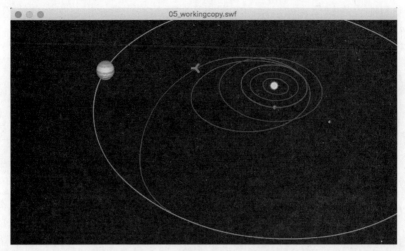

图5.3

理解项目文件

05_workingcopy.fla 文件包含 3 个图层：earth、juno 和 jupiter，如图 5.4 所示。每个图层都包含了带有运动引导的传统补间。运动引导让动画保持在运动路径上。前面讲到，在发布动画时，传统补间的运动引导是不可见的，因此要想显示行星的轨道和 Juno 的轨迹，需要将运动引导复制到名为 orbits 和 juno_trajectory 的图层上。名为 sun 的底部图层包含了位于太阳系中间的太阳。

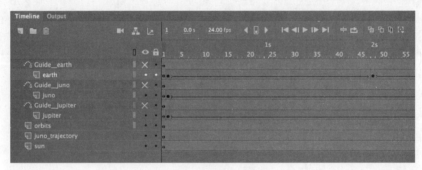

图5.4

5.3 使用摄像机

可以将摄像机当作这样一个对象——你可以通过运动或传统补间来对它的形状、旋转或缩放制作动画。如果对关键帧和补间的管理十分熟练，则能很快上手 Camera（摄像机）工具。

5.3.1 启用摄像机

使用"工具"面板中的 Camera（摄像机）工具（▣），或者使用时间轴顶部的 Add/Remove

Camera（添加 / 删除摄像机）按钮，如图 5.5 所示，可以启用摄像机。

时间轴的顶部将添加一个 Camera 图层，并且它处于活动状态，如图 5.6 所示。

图5.5

图5.6

舞台上将出现摄像机控制件，如图 5.7 所示。

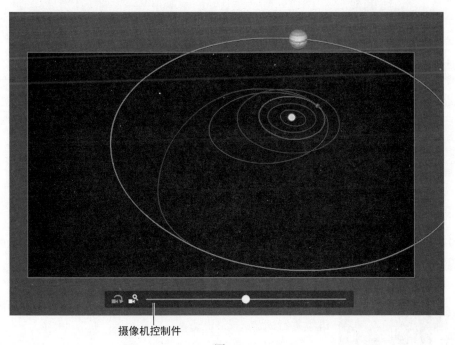

摄像机控制件

图5.7

> **An** 注意："摄像机"工具不适用于所有类型的Animate文档。

> **An** 注意：单击时间轴顶部的Remove Camera（删除摄像机）按钮并不会真正地删除Camera图层，只是将它隐藏了。可以再次单击该按钮恢复Camera图层。要彻底删除Camera图层，可将其选中然后单击Delete（删除）按钮（垃圾桶图标）。

5.3.2　摄像机的特点

Camera 图层的操作和用来添加图形的正常图层的操作略有不同。

- 舞台的大小将成为摄像机视图的取景框架（frame）。
- 只能有一个Camera图层，而且总是位于其他所有图层的顶部。
- 不能重命名Camera图层。
- 无法在Camera图层中添加对象或绘图，但是可以在Camera图层中添加传统或运动补间，从而可以对摄像机的运动和滤镜进行动画处理。
- 在选择了"摄像机"工具时，无法移动或编辑其他图层中的对象。可选择"选取"工具或者单击时间轴底部的Remove Camera（删除摄像机）按钮，以禁用摄像机。

5.3.3　设置摄像机框架

首先，使用摄像机来构建（frame）太阳系的一小部分，并关注动作的开始位置：从地球上发射 Juno。

1. 确保"摄像机"工具是活动的，而且舞台上的控件都存在。控件有两种模式，一种用于 Rotate（旋转），另一种用于 Pan And Zoom（平移和缩放）。"平移和缩放"模式应该高亮显示，如图 5.8 所示。

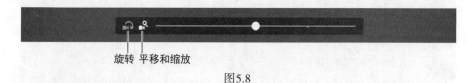

旋转　平移和缩放

图5.8

2. 将滑块向右拖动。

"摄像机"视图将缩放到舞台附近。

3. 当滑块移到"摄像机"控件的边缘时，松开鼠标按钮。

图5.9

滑块会快速回到中心位置，从而允许用户继续向右拖动滑块，继续进行缩放。

也可以在"属性"面板的 Camera properties（摄像机属性）区域输入一个缩放数值，如图 5.9 所示。

4. 继续缩放摄像机，直到缩放比例大约为 260%，如图 5.10 所示。

5. 现在拖动摄像机，让位于太阳系中心位置的太阳居中显示，并让轨道也都在视野中，如图 5.11 所示。"属性"面板显示，X 值约为 –309，Y 值约为 221。

An　**注意：** 在使用摄像机缩放模式时，要注意图像的分辨率。对于位图来说，如果显著倍数太高，则会暴露出原始嵌入图像的局限性。

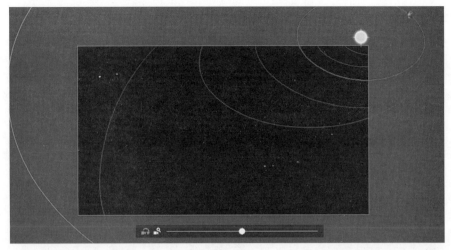

图5.10

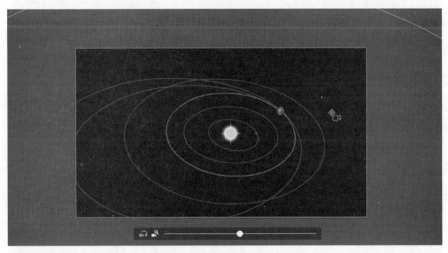

图5.11

　　舞台上对象的移动方向与拖动的方向貌似相反，这让人诧异，但是我们应该知道，因为移动的是摄像机，而不是舞台上的对象。

　　在拖动时间轴查看动画时，可以注意到视点距离动作更近了。

5.3.4　对缩小进行动画处理

　　因为摄像机是对地球进行放大处理，所以可以轻松看到 Juno 航天器的发射。但是，在大约第60 帧处，Juno 离开了舞台的边界。接下来需要缩小摄像机，让航天器出现在视图中。

1. 选择 Camera 图层上的第 24 帧，如图 5.12 所示。

2. 在第 24 帧插入一个新关键帧（F6 键），如图 5.13 所示。

让摄像机从第 1 帧到第 24 帧保持在放大位置,然后从第 24 帧开始对摄像机运动进行动画处理。

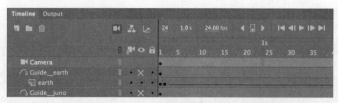

图5.12

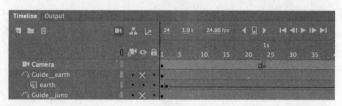

图5.13

3. 选择刚才在 Camera 图层的第 24 帧处创建的关键帧，右键单击并选择 Create Motion Tween（创建运动补间），如图 5.14 所示。

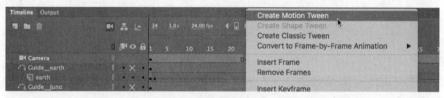

图5.14

这个运动补间将应用到第 24 帧的开始位置，由 Camera 图层上的蓝色补间范围指示，如图 5.15 所示。

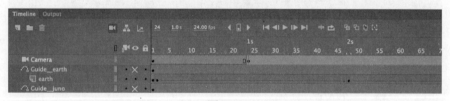

图5.15

4. 将播放头移动到第 72 帧。

5. 将舞台上的 Camera（摄像机）缩放滑块向左拖动，对视图进行缩小，以查看太阳系的更多内容，如图 5.16 所示。"属性"面板中的缩放百分比大约为 170%。

移动摄像机，让 Juno 航天器仍然大约处于视图的中心位置，如图 5.17 所示。摄像机的位置大约为 $X=20$、$Y=90$。

第 72 帧会自动创建一个关键帧，并且摄像机具有新的 Zoom（缩放）值和位置，如图 5.18 所示。

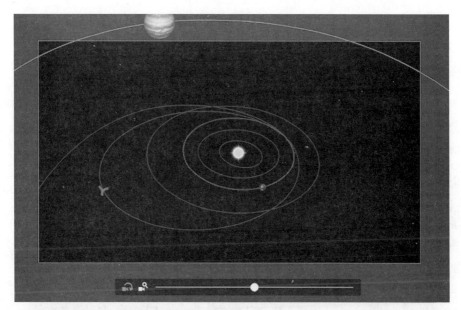

图5.16

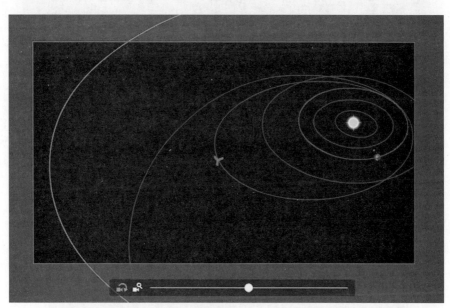

图5.17

图5.18

6. 在第 24 帧和第 72 帧之间拖动时间轴，动态地观看缩放。

当 Juno 远离地球移动时，摄像机进行了缩小，让 Juno 仍然显示在框架中。

5.3.5 对平移进行动画处理

平移是指摄像机的左右运动或上下运动。在下面的步骤中，我们将对摄像机进行平移处理，使其从左侧慢慢移到右侧，以跟踪 Juno 航天器的运动。

1. 将时间轴上的播放头移动到第 160 帧。

图5.19

在这个时间点上，创建另外一个关键帧，并建立摄像机的新位置。

2. 将舞台上的摄像机移动到右侧。在移动时按住 Shift 键，让摄像机只进行水平方向上的移动。也可以在"属性"面板中移动 X 的值来将水平位置设置为 –250，如图 5.19 所示。

航天器应该依然处于框架的中心位置，如图 5.20 所示。

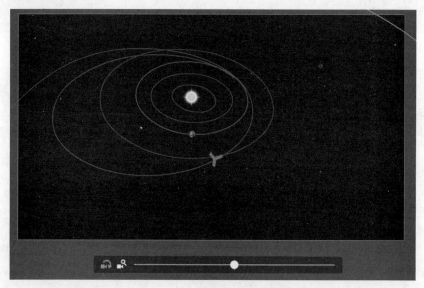

图5.20

3. 在第 160 帧处将自动创建一个关键帧，如图 5.21 所示。

图5.21

4. 按 Return/Enter 键预览运动补间，摄像机在第 24 帧到第 72 帧之间缩小，在第 72 帧到第 160 帧之间向右平移，用于跟踪航天器的运动。

5.3.6 对放大进行动画处理

该动画的一个关键部分是，当 Juno 飞过地球的时候，它将地球引力当作弹射力，从而被发送到了木星上。下面将对动画进行放大处理，以显示航天器是如何接近地球的。

1. 右键单击第 160 帧，然后选择 Insert Keyframe（插入关键帧）>All（所有），如图 5.22 所示。

图5.22

为第 160 帧处的所有摄像机属性插入一个关键帧，可以确保缩放、位置或旋转等后续的改变都是从第 160 帧处开始的，而不是从时间轴上某个更早的帧开始。

2. 将时间轴上的播放头移动到第 190 帧。

在这个时间点，Juno 距离地球最近。

3. 放大并移动舞台上的摄像头，给地球和 Juno 一个特写，此时地球和 Juno 位于中心位置，如图 5.23 所示。Zoom（缩放）值应该约为 760%，Position（位置）值应该是：X=−1309，Y=767。

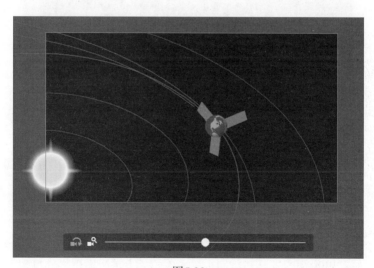

图5.23

4. 在第 190 帧处自动创建一个关键帧。

5. 将播放头移动到第一帧中时间轴的起点，然后按 Enter/Return 键预览运动补间。

从第 160 帧到第 190 帧，在 Juno 朝着地球飞去时，摄像机进行了显著地放大处理。

5.3.7 对旋转进行动画处理

摄像机的旋转并不常见，但是在某些情况下，旋转运动相当具有可观赏性，而且相当有效。在这个项目中，旋转摄像机会增强航天器靠近地球飞行时的真实感。

1. 确保时间轴上的播放头依然停留在第 190 帧。

2. 选择 Camera（摄像机）滑块的 Rotation（旋转）选项，如图 5.24 所示。

图5.24

3. 向右拖动 Camera（摄像机）滑块，让摄像机顺时针旋转（视图中的对象逆时针旋转）。Rotation（旋转）值大约为 –39°。

4. 将摄像机选项切换回"平移和缩放"选项，然后移动摄像机，让地球后面的航天器大约处在中央位置，如图 5.25 所示。

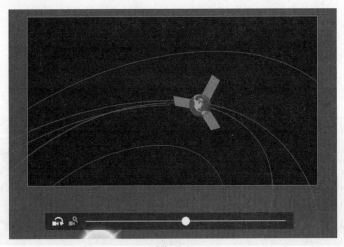

图5.25

5. 按 Return/ Enter 键或者拖动时间轴来预览动画。

通过放大、旋转并逐渐靠近的摄像机，Juno 极具观赏性的飞越地球的画面被捕捉到了。

5.3.8 优化摄像机的运动

在飞跃地球之后，Juno 沿着运动轨迹向木星飞去。接下来对摄像机进行动画处理，使用缩放、旋转和平移功能来构建 Juno 运动轨迹的剩余部分。

1. 将播放头移动到第 215 帧，然后在舞台上单击 Camera（摄像机）帧。

2. 将 Camera 的 Rotation（旋转）值重置为 0°。在"属性"面板中，在 Rotate（旋转）值中输入 0，或者单击 Rotate（旋转）标签前面的 Reset Camera Rotation（重置摄像机旋转）按钮，如图 5.26 所示。

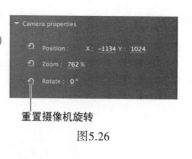

重置摄像机旋转

图5.26

Camera（摄像机）视图会回退到默认的角度。

3. 移动 Camera（摄像机），让地球和 Juno 大约处在中心位置，如图 5.27 所示。

4. 现在将播放头移动到第 228 帧。

Juno 现在正在远离太阳系，所以需要继续调整摄像机。

5. 将 Zoom（缩放）值更改为 90%，然后移动 Camera（摄像机），使得太阳系的大部分（包括木星轨道）在视图中显示，如图 5.28 所示。

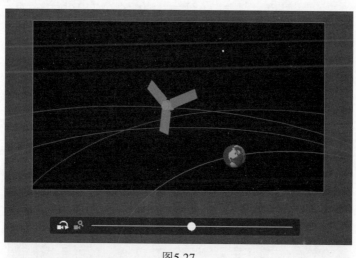

图5.27

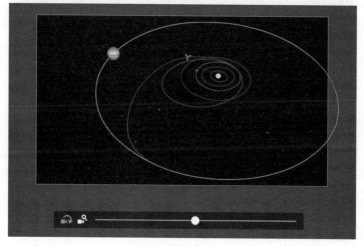

图5.28

6. 选择第 480 帧，右键单击并选择 Insert Keyframe（插入关键帧）>All（所有）来创建一个新的关键帧。

摄像机的最终操作是在 Juno 靠近木星时，将 Juno 放大，为此你需要创建一个起始关键帧，从而为摄像机的缩放、位置和旋转创建起始值，如图 5.29 所示。

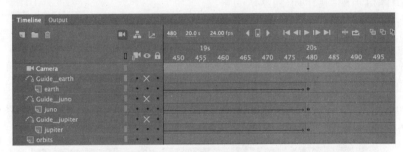

图5.29

7. 放大木星，并给它一个特写镜头。Camera（摄像机）的 Zoom（缩放）值大约为 1400%。

8. 移动摄像机让木星和 Juno 近乎填满整个取景框架，如图 5.30 所示。

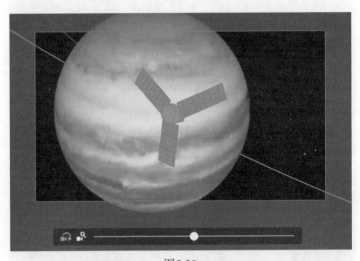

图5.30

An **注意：** 如果一次性放大得太多，则可能无法看到图形，因此在将图形放回到摄像机的框架中时可能会有麻烦。最好一次放大一点点，然后移动摄像机，让想要放大的图形始终位于摄像机的框架内。

9. 选择 Control（控制）>Test（测试），预览整个动画。

Animate 在一个新窗口中将动画导出为 SWF。这个动画通过摄像机的平移、缩放和旋转，播放了紧跟 Juno 从地球飞向木星的整个旅程，如图 5.31 所示。

图5.31

摄像机缓动、运动编辑和运动路径

对摄像机进行动画处理与对舞台上的任何其他对象进行动画处理一样，使用的均是运动补间或传统补间。与运动补间和传统补间一样，你也可以将缓动应用到相机的运动上，从而让图像的平移、缩放或旋转变得更自然。如果你正在使用运动补间，你甚至可以通过双击相机图层中的渐变间距［或右键单击该间距并选择Refine tween（自定义补间）］来访问运动编辑器，以应用复杂的缓动或自定义属性曲线。你刚刚完成的用于相机移动的运动编辑器如图5.32所示。

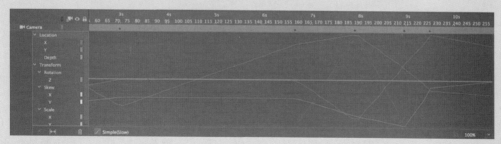

图5.32

但是，并非所有的传统渐变或运动渐变的特性都可用于摄像机。你不能对应用于路径的相机进行动画处理。如果你使用传统补间，那么你不能在摄像机图层中添加运动引导来让摄像机跟随。如果你使用运动补间，那么在舞台上就没有路径可编辑。

5.4 创建景深

在真实生活中移动摄像机来拍摄景色时，会有一种深度感，这是因为前景元素在镜头中的移动速度要比背景元素快一些。这称为视差（parallax）效应。我们很熟悉这种效应，比如我们透过行驶汽车的车窗向外看时，就存在视差效应。近处的树木和街道标志从车窗中一闪而过，而遥远的山脉则缓慢移动。

Animate 提供了创建这种深度感的能力，用户可以使用 Layer Depth（图层深度）面板对摄像机的运动进行动画处理。"图层深度"面板允许用户设置图层的 z 深度（z-depth），它表示到 Camera 图层的距离。

默认情况下，"图层深度"面板是关闭的，所有图层的 z 深度值都是 0。在"图层深度"面板为关闭状态时，摄像机的平移和缩放不会显示深度感，整体效果如同摄像机在一个平面图片上平移或者缩放。尽管图片会移动或变大、变小，但是单独的图层之间没有差异运动。

5.4.1 添加星星图层

在接下来的任务中，你将通过创建深度感来加强 Juno 飞往木星的动画效果。下面你将添加几个星星图层并将其放置到不同的 z 深度位置，这将增加太空的浩渺感。

1. 在时间轴中添加一个新图层，并将其移动到图层堆栈的底部。

2. 将图层重命名为 stars1，如图 5.33 所示。

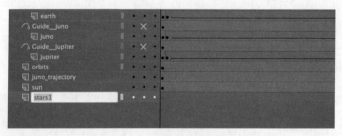

图5.33

stars1 图层将包含星星的第一个图层。

3. 在"库"面板中，将名为 stars1 的图形元件从库拖放到舞台上，如图 5.34 所示。

这个图形由随机散落在一个巨大区域中的灰点和白点构成。现在无须考虑精确的放置位置，选择"选取"工具，让该实例覆盖大部分太阳系和左边的一小部分空间即可，左边的这一小部分空间是摄像机将要移动到的地方。

更改舞台的视图缩放级别可能会有相助，这能让用户看到位于舞台外面（也位于摄像机视图外面）的更多图形。

4. 在 stars1 图层下面添加名为 stars2 的另外一个图层，并在 stars2 图层上添加图形元件 stars1。在此确保星星覆盖了大部分的太阳系。

5. 使用"自由变换"工具将实例旋转 180 度，使 stars2 图层中的星星与 stars1 图层中的星星不完全对齐。同样，要确保实例覆盖了大部分太阳系，如图 5.35 所示。

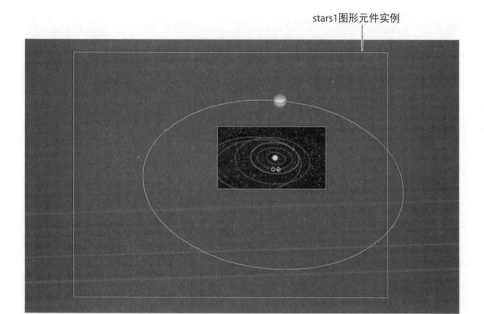

图5.34

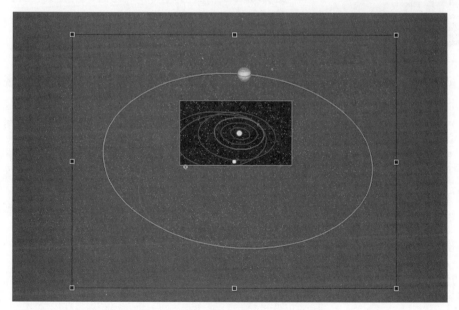

图5.35

6. 在其他所有图层下面添加名为 stars3 的第三个星星图层，在 stars3 图层上添加第三个图形元件 stars1。

7. 使用"自由变换"工具将实例旋转 55 度，使最下面图层的星星与上面图层的星星并不完全重合，如图 5.36 所示。

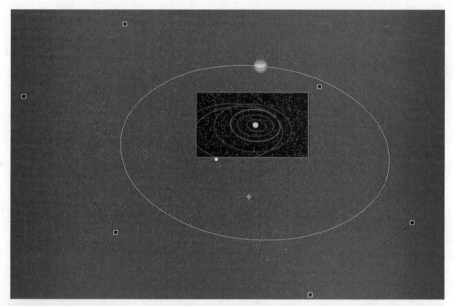

图5.36

图5.37

8. 选择 stars3 图层的第一个关键帧，然后在"属性"面板改变 Color Effect（颜色效果），将 Bight 值调整为 –60%，如图 5.37 所示。

9. 按 Enter/Return 键预览动画。

虽然星星为太阳系添加了一丝现实感，但是星星仍然位于平面上，不会随着任何视差效应而移动。接下来使用 Layer Depth（图层深度）面板进行更改。

> **注意：** 你可以独立于Camera（摄像机）工具来使用Layer Depth（图层）深度面板。也就是说，在无须激活Camera（摄像机）工具的情况下，你可以在图层中放置不同深度级别的对象，并对对象进行动画处理。但是，观众看到的三维场景，是摄像机与处于不同z深度的图层共同作用的结果。

5.4.2 在图层深度面板中设置 z 深度

Layer Depth（图层深度）面板管理着每一个图层到 Camera 图层的距离。

1. 在时间轴顶部，单击 Advanced Layers（高级图层）按钮，或选择 Window（窗口）>Layer Depth（图层深度），如图 5.38 所示。

Layer Depth（图层深度）面板将出现，它显示了所有的图层，其图层顺序与在时间轴中的顺序相同。在每一个图层旁边有一个 0，用来表示它当前的 z 深度值。z 深度值旁边是一个颜色矩形，它在面板右侧的深度图中被编码，如图 5.39 所示。

图5.38

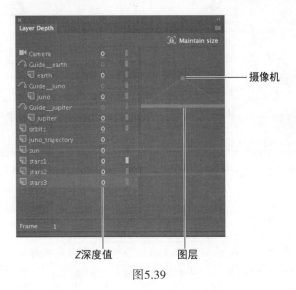

图5.39

由于当前所有图层的 z 深度都是 0，即它们具有相同的深度级别，因此它们与摄像机框架位于同一个平面中。

使用一个带有辐射虚线的球体来表示摄像机。与辐射虚线相连接的扁平蓝线显示了摄像机的视野（field of view）。

2. 确保舞台视图是 100%［View（查看）>Magnification（放大）> 100%］。在"图层深度"面板中，向右拖动 stars3 图层的 z 深度值，将其增加到 500。你还可以单击该值以输入数值，或者拖动相应的彩色线条，如图 5.40 所示。

请注意更改 z 深度值时 stars1 图形在舞台上的效果。随着 z 深度的增加，图层与摄像机的距离逐渐增加，星星在舞台上逐渐后退。如果你以相反的方式拖动，你可以将 z 深度值减到负值，就可以让图层出现在摄像机的后面（试试吧）。

3. 改变 stars3 图层距离的问题是：该图层中的图形会变小——对于动画来说有时太小了。你可以使用 Maintain Size（固定大小）选项来防止在更改图层距离时更改了图形大小。将 stars3 图层的 z 深度值置 0。

4. 单击"图层深度"面板中的"固定大小"选项以选中它。

5. 将 stars3 图层中的 z 深度值增加到 500，如图 5.41 所示。

注意星星的大小是如何保持不变的。在每次更改 z 深度值之前都必须单击"固定大小"选项，因此，如果你拖曳了 3 次 stars3 图层中的 z 深度值才达到 500，那么请确保单击了 3 次"固定大小"选项。

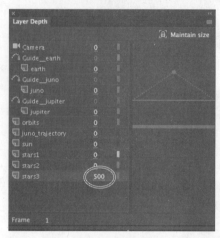

图5.40

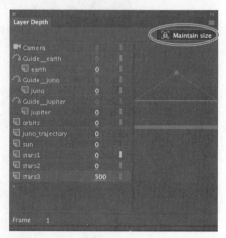

图5.41

注意："图层深度"面板模仿了现实生活中的多平面摄像机。多平面摄像机由沃特迪士尼工作室发明，并用于它们的传统动画，如白雪公主和七个小矮人。多平面摄像机是一个庞大的设置，它可以拍摄多个图层的艺术作品，以获得更真实的深度感。然而，与Animate不同，迪士尼的多平面摄像机在各个图层以不同速度移动时仍保持静止。

6. 单击"固定大小"选项，然后将 stars2 图层的 z 深度值设置为 300，star1 图层的 z 深度值设置为 150，如图 5.42 所示。

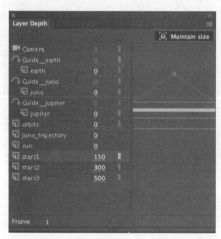

图5.42

面板右边的图表显示了这 3 个图层相对于摄像机和其他图层（z 深度值为 0）的位置，图表中用粗体高亮显示的图层是当前选中的图层。

7. 这就是我们要做的所有内容。关闭"图层深度"面板。预览上述步骤的操作带来的效果。

如果在第 72 帧到第 160 帧之间的时间轴上拖动，可以看到显著的视差效应，这正是摄像机在不同的深度级别上运动时所产生的。第 72 帧到第 160 帧也是摄像机从左向右平移、跟踪 Juno 运动的范围。用户可以看到，Juno 的轨道要比一些星星滑动得快，而这些星星与更远处的星星相比，滑动得更快。这样一来，整体效果就呈现出了一种真实的空间感，如图 5.43 所示。

图5.43

提示： 为了方便操作，最好保持图层顺序和它们的z深度值顺序相同。正如你可能已经注意到的，可以更改最上面图层的z深度值，使它实际上离摄像机最远，因此其他图层中的图形不会重叠。这可能会让人感到困惑。在"时间轴"面板和"图层深度"面板中保持相同的图层重叠顺序很重要。更改z深度值可以更改图层之间的距离。

有关"深度图层"面板的更多知识：对z深度进行动画处理

需要注意的是，z深度属性是与每个图层的单个关键帧相关联的。也就是说，同样的图层在一个关键帧处可以具有特定的z深度，然后在时间轴后面的另外一个关键帧处有一个完全不同的z深度。对象可以在图层之间"跳来跳去"，以更改到摄像机的距离。对于本课的项目来说，不必担心不同的关键帧具有不同的z深度，因为stars1、stars2和stars3图层只有一个关键帧，即第1帧处的关键帧。

然而，既然z深度与单独的关键帧相关联，那么就可以在两个关键帧之间应用补间，以对靠近摄像机或者远离摄像机的运动进行动画处理。对z深度进行动画处理可以在3个维度上打开一个全新的创意世界，而且这是继3D Translation（平移）和3D Rotation（旋转）工具之后的另外一个可以在3个维度上进行动画处理的工具。

5.5 将图层附在摄像机上以固定图形

还需要为 Juno 航天器动画添加最后一点东西，即用来解释轨道不同部分的弹出式信息性标题。然而，添加到舞台上的任何图形都将受到摄像机所有运动（平移、旋转和缩放）的影响。也就是说，我们需要使用一种不会受到摄像机运动的影响的方式，来固定或附接一个包含图形的图层。

当用户将图层附加到 Camera 图层时，可以使用 Animate 对一个或多个图层进行上述操作。

5.5.1 将附加图层添加到 Camera 图层

附加图层（attached layer）是 Layer Properties（图层属性）对话框中的一个选项。你也可以在时间轴中选择 Attach Layer to Camera（将图层附加到摄像机）选项来附加一个图层。

1. 创建一个新图层并将其重命名为 information。

这个新图层包含在动画多个位置上出现的标题，如图 5.44 所示。

2. 在时间轴的 Attach Layer to Camera（将图层附加到摄像机）图标下面，单击图层名称旁边的黑点。

链接图标表示图层当前被锁定到 Camera 图层，如图 5.45 所示。

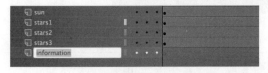

图5.44

图5.45

3. 双击图层名称前面的图层图标，或选择 Modify（修改）>Timeline（时间轴）>Layer Properties（图层属性）。

Layer Properties（图层属性）对话框将出现。确保选中了 Attach to Camera（附加到摄像机）选项，如图 5.46 所示。

5.5.2 添加标题

现在，在时间轴的关键帧动画中添加信息。

1. 在动画开始之前，在第 1 帧处添加大约 2 秒（48 帧）的时间，如图 5.47 所示。

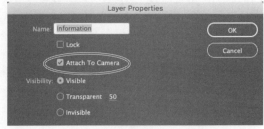

图5.46

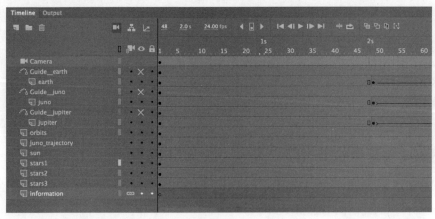

图5.47

动画开始之前的短暂停顿可以让观众有机会看到第一个标题。

2. 选择 information 栏的第 1 帧。

3. 选择"矩形"工具，选择 No Stroke（无描边），为 Fill（填充）选择 50% 透明度的白色。

4. 在左上角创建一个长矩形，宽为 700 像素、高为 50 像素。矩形所在的位置应该是 X=0、Y=0。

半透明的矩形将成为文本框，如图 5.48 所示。

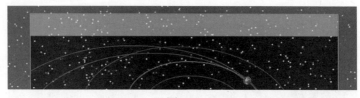

图5.48

5. 选择 Text（文本）工具，并在"属性"面板中选择 Static Text（静态文本）。

6. 在"属性"面板的 Character（字符）区域，从 Family（字体）和 Style（样式）菜单中选择一种你喜欢的字体。将 Size（大小）设置为 28 磅（取决于当前字体的大小，可能需要进行增大或减小），Color（颜色）为黑色，如图 5.49 所示。在 Paragraph（段落）区域的 Format（格式）中，选择 Align Center（居中对齐）。

7. 在 information 图层的半透明白色矩形框上方拖出一个文本框。

8. 输入 Juno's journey to Jupiter begins，然后使用 Align（对齐）面板，让文字在水平方向和垂直方向上居中对齐（如果不记得怎么使用"对齐"面板，请见第 2 课）。

第一个标题制作完毕，结果如图 5.50 所示。

图5.49

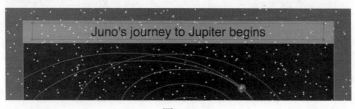

图5.50

9. 在下一个标题出现之前，需要先让第一个标题消失。因此在第 90 帧中，右键单击鼠标然后选择 Insert Blank Keyframe（插入空白关键帧）（F7 键）。

一个空白关键帧出现在第 90 帧，标题就从舞台上消失了。

10. 第二个标题要在 Juno 再次返回地球时出现，因此需要在第 118 帧创建另外一个关键帧，如图 5.51 所示。

11. 从第 1 帧中复制文本和半透明矩形框，并将其粘贴到第 118 帧的这个新关键帧中。

12. 文本的内容更改为 Juno heads back to Earth，如图 5.52 所示。

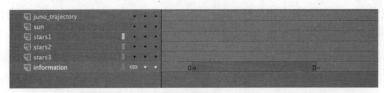

图5.51

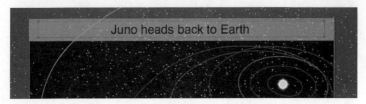

图5.52

13. 采用类似方式继续添加第三个标题。第二个标题应该在大约第 192 帧处消失不见，而第三个标题在第 236 帧出现。第三个标题是 Juno uses Earth's gravity as a slingshot，如图 5.53 所示。第三个标题应该在第 336 帧处消失不见。大家可以随意调整标题的时序和位置。

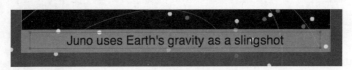

图5.53

14. 最后一个标题应该出现在大约 454 帧处（摄像机放大木星时），其文字为 Juno arrives at Jupiter 5 years later，如图 5.54 所示。

图5.54

15. 在图层栈中，将 information 图层向上移动，移到 Camera 图层的下面，此时标题与其他所有图层都重叠。

16. 测试影片。

> **An** | **注意**：即使图层附加到Camera图层上，也依然可以调整该图层的z深度值。

> **An** | **注意**：可以将多个图层附加到Camera图层上。

在动画播放时，标题将依次出现。由于information图层附加到Camera图层上，因此摄像机的旋转、平移和缩放并不会影响图层中的内容。

摄像机颜色效果

你也可以应用摄像机颜色效果或对色彩效果进行动画处理，从而创建一种颜色色调（tint），或更改舞台上整个视图的对比度、饱和度、亮度或色相（hue）。颜色效果模拟了一种摄影师可能会应用到镜头上的滤镜，以增强某种情绪的颜色，它也创建黑白电影的效果。

要应用颜色效果，可在"属性"面板的Camera Color Effects（摄像机颜色效果）区域中，单击Tint（色调）或Adjust Color（调整颜色）选项前面的Apply（应用）按钮（眼睛图标）。Camera（摄像机）工具必须是活动的，才能应用摄像机颜色效果。单击"色调"值旁边的颜色框，选择色调的颜色，或分别更改Red（红）、Green（绿）、Blue（蓝）的值，然后更改Tint（色调）的值，来设置颜色的量，如图5.55所示。100是最大值。

图5.55

例如，你可以对摄像机应用图5.56所示的深褐色来模拟老式胶卷的电影效果。

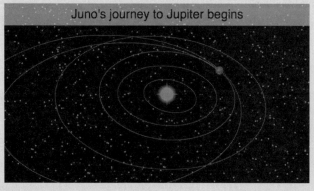

图5.56

更改Brightness（亮度）、Contrast（对比度）、Saturation（饱和度）和Hue（色相）的值，可以修改摄像机颜色的这些属性。例如，将Saturation（饱和度）设置为−100，则会对通过摄像机显示的所有图层进行去饱和处理。

颜色效果被应用到了Camera图层的每个关键帧中。在本课这个项目中，你已经对摄像机进行了动画处理（Camera图层包含多个关键帧），如果你想整部影片的效果是一致的，那么你必须将颜色效果应用到每一个新的关键帧中。

5.6 导出最终的影片

要创建 MP4 影片文件，可以将动画从 Animate 中导出，然后在 Media Encoder 中进行转换。Media Encoder 是一款与 Animate 打包在一起的独立应用程序（第 9 课将详细讲解 Media Encoder）。

1. 选择 File（文件）>Export（导出）>Export Video（导出视频）。

Export Video（导出视频）对话框将打开。

2. 将 Render（渲染）大小保持为原始的 700 像素 ×400 像素。选择 Convert video in Adobe Media Encoder（在 Adobe Media Encoder 中转换视频）。选择 Browse（浏览）按钮，选择目标文件名和位置。然后单击 Save（保存）按钮和 Export（导出）按钮，如图 5.57 所示。

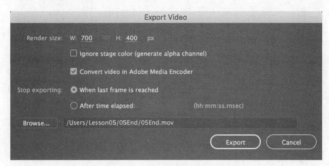

图5.57

Animate 生成一个 SWF 文件，并利用它导出一个 MOV 文件。Adobe Media Encoder 自动启动。

3. 在 Adobe Media Encoder 中，如果 MOV 文件不在 Queue（队列）面板中，那么选择 File（文件）>Add Source（添加源），或单击 Queue（队列）面板中的 Add Source（添加源）按钮（加号图标）。选择 Animate 导出的 MOV 文件。

Adobe Media Encoder 将文件添加到队列中，如图 5.58 所示。

图5.58

4. 在 Preset（预设）菜单中，选择 Match Source – Medium bitrate（匹配源 - 中等比特率）。

Match Source – Medium bitrate（匹配源 - 中等比特率）设置会保持源文件的大小（700 像素 ×400 像素），并保持一个中等的质量。

5. 单击 Start Queue（开始队列）按钮（绿色三角形），或按回车键开始编码过程。

6. Adobe Media Encoder 将 MOV 文件转换为 H.264 格式的视频，而且带有标准的 .mp4 扩展名，如图 5.59 所示。

图5.59

可以将最终生成的文件上传到 Facebook、YouTube 或其他视频共享站点，也可以放到自己的站点上。

5.7 复习题

1. 可以使用 Camera（摄像机）工具进行动画处理的 3 种摄像机的运动是什么？

2. 如何激活 Camera 图层？

3. 将图层附加到 Camera 图层的两种方法是什么？

4. 什么是 z 深度，如何更改 z 深度？

5. Layer Depth（图层深度）面板中的 Maintain Size（固定大小）选项的作用是什么？

5.8 复习题答案

1. 可以使用 Camera（摄像机）工具对平移（左右移动或上下移动）、缩放或旋转进行动画处理。

2. 从"工具"面板中选择 Camera（摄像机）工具，或者单击时间轴底部的 Add Camera（添加摄像机）按钮，均可以激活 Camera 图层。

3. 在时间轴 Attach Layer to Camera（将图层附加到摄像机）图标的下面，单击图层名称旁边的黑点，图层将显示一个链接图标，表示图层被附加到 Camera 图层。也可以打开 Layer Properties（图层属性）窗口，然后选择 Attach to Camera（附加到摄像机）。

4. z 深度是一个表示图层到摄像机的距离的数值。打开 Layer Depth（图层深度）面板 ［Window（窗口）>Layer Depth（图层深度）］。你可能需要激活 Document Settings（文档设置）中的 Advances（高级）图层 ［Modify（修改）>Document（文档）］。要更改图层的 z 深度值，可单击图层名字右边的数值，然后输入一个新的值；也可拖动相对应的彩色线条（彩色线条表示图层相对于黑点的距离，其中黑点表示摄像机）。

5. 在图层的 z 深度值改变时，Layer Depth（图层深度）面板中的 Maintain Size（固定大小）选项会固定图像在图层中的大小。一般情况下，当图层的 z 深度值增加，并且它离摄像机更远时，图层中的图像会变小，因为它们在距离上后退了。Maintain Size（固定大小）选项会保持图像的大小不变。

第6课　制作形状的动画和使用遮罩

课程概述

本课将介绍如下内容：

- 利用形状补间制作形状的动画；
- 使用形状提示美化形状补间；
- 对渐变填充进行动画处理；
- 查看绘图纸的轮廓；
- 对形状补间应用缓动效果；
- 创建和使用遮罩；
- 理解遮罩的限制；
- 制作遮罩图层和被遮罩图层的动画。

本课大约要用 60 分钟完成。启动 Adobe Animate 之前，请先访问异步社区，将本书的课程资源下载到本地硬盘中，并进行解压。在学习本课时，请打开相应的课程文件。建议先做好原始课程文件的备份工作，以免后期用到这些原始文件时，还需要重新下载。

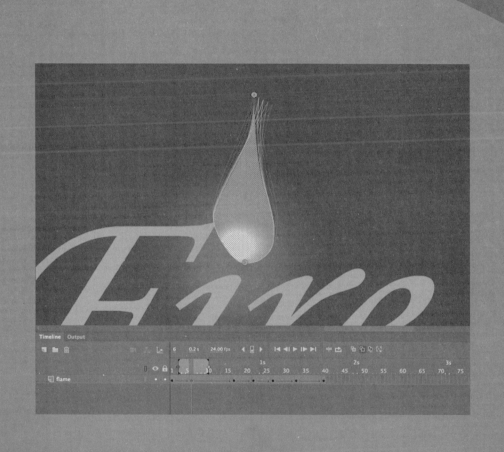

　　使用形状补间可以轻松地在形状中
创建有机变化。遮罩提供了一种选择性
地显示部分图层的方式。两者结合可以
给动画添加更复杂的效果。

6.1 开始

在开始本章内容之前，先来看一个动画徽标。在本章中，你将创建这个动画徽标。

1. 打开 Web 浏览器，选择 File(文件)>Open File(打开文件)，双击 Lesson06 文件夹，再打开 06End 文件夹中的 06End.gif 文件。在浏览器中播放已完成 GIF 文件，如图 6.1 所示。GIF 动画是一个单独的文件，它将多个图像组合成一个循环动画，在网络上非常流行。

图6.1

> **An** 注意：如果还没有将本课的项目文件下载到计算机上，请现在就这样做。具体可见本书的"前言"。

该项目是一家虚拟公司的动画徽标，该徽标将作为该公司在各个社交媒体平台上的头像。

这个项目的动画效果是火焰在公司的名字上闪烁。火焰的形状在不停地变换，同时火焰中的径向渐变填充也在不停地改变。对公司名称应用线性渐变效果，使其从左到右闪烁。在本课中，你将为火焰和字母中移动的颜色制作动画。

2. 关闭浏览器。双击 Lesson06\06Start 文件夹中的 06Start.fla 文件，在 Animate 中打开初始项目文件。

3. 选择 File（文件）>Save As（另存为）。把文件命名 06_workingcopy.fla，并把它保存在 06Start 文件夹中。保存一份工作副本，以确保如果要重新开始，可以使用原始文件。

6.2 制作形状动画

在前面的课程中，你了解了如何使用元件实例来创建动画。你可以对应用到元件实例中的动作、缩放、旋转、颜色效果或滤镜制作动画；你还可以使用 Asset Warp（资源变形）工具来对形状和位图进行变形处理，并在形状中创建内部骨架，以便使用 Bone（骨骼）工具移动它们。但你不能为真正的图像轮廓制作动画。例如，使用 Asset Warp 或 Bone 工具创建一个天空中的云的形状缓慢变化的动画，或者水滴下落时发生的变形是非常困难的，几乎不可能通过运动或元件实例的传统补间完成（你也可以挑战一下）。要实现更形象的效果，你需要形状补间的帮助。

形状补间是一种在不同关键帧之间为描边和填充进行插值的技术。形状补间可以使一个形状平滑地变成另外一个形状。任何要求形状的描边或填充需要发生变化的动画，例如云、水和火焰的动画，都可以使用形状补间。

由于形状补间仅能应用在形状上，所以不能使用组、元件实例或位图。

6.3 理解项目文件

06Start.fla 文件是一个 ActionScript 3.0 文档，包含已经完成并放置在不同图层中的大部分图形。

但是，这个文件是静态的，需要给它添加动画。

text 图层在最顶部，包含公司名称 Firestarter。flame 图层包含火焰，最下面的 glow 图层包含了一个提供柔和光线的径向渐变，如图 6.2 所示。

图6.2

库中没有资源。

6.4 创建形状补间

要创建闪烁的火焰效果，你需要为火焰的典型泪珠形状中的起伏变化制作动画。我们将使用形状补间来处理一个形状到另外一个形状的平滑变化，还将处理颜色的逐渐变化。一个形状补间在同一个图层上至少需要两个关键帧。起始的关键帧包含用 Animate 中的画图工具所画的形状或从 Adobe Illustrator 导入的形状。结束关键帧也包含了一个形状。形状补间会在起始和结束关键帧之间插入平滑的变化。

6.4.1 建立包含不同形状的关键帧

在接下来的步骤中，你将为公司名称上方的火焰创建动画。

1. 选择所有 3 个图层的第 40 帧，如图 6.3 所示。

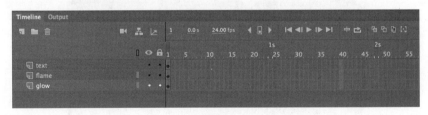

图6.3

2. 选择 Insert（插入）>Timeline（时间轴）>Frame（帧）（F5 键）。

   向 3 个图层添加帧，一直添加到第 40 帧处，这定义了动画的总长度，如图 6.4 所示。

3. 锁定 text 图层和 glow 图层，以防意外选中它们或移动了这些图层中的图形。

4. 在确保没有选中任何帧后，右键单击 flame 图层的第 40 帧并选择 Insert Keyframe（插入关键帧），或选择 Insert（插入）>Timeline（时间轴）>Keyframe（关键帧）（F6 键），如图 6.5 所示。前一个关键帧（在第 1 帧）中的内容被复制到新的关键帧中。

   现在 flame 图层的时间轴中有两个关键帧，分别位于第 1 帧处和第 40 帧处。下面将更改结束关键帧中的火焰形状。

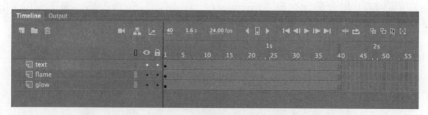

图6.4

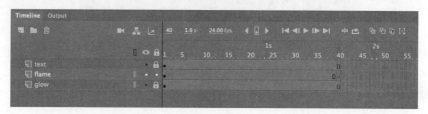

图6.5

5. 选择"选取"工具。

6. 在形状外面单击，以取消选择形状。将鼠标指针靠近火焰形状的轮廓，拖动火焰形状的轮廓使火焰窄一些，如图 6.6 所示。

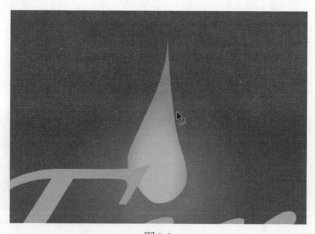

图6.6

现在起始关键帧和结束关键帧均包含了不同的形状——起始关键帧中的胖火焰和结束关键帧中的瘦火焰（在第 40 帧处）。

6.4.2 应用形状补间

接下来，在关键帧之间应用形状补间来创建平滑的过渡。

1. 单击 flame 图层中起始关键帧和结束关键帧之间的任意一帧。

2. 右键单击并选择 Create Shape Tween（创建形状补间）。或者从 Insert（插入）菜单选择 Shape Tween（形状补间），如图 6.7 所示。

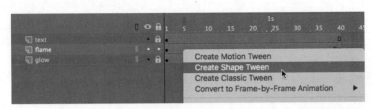

图6.7

Animate 将在两个关键帧之间应用形状补间，形状补间用一个黑色的向前箭头来表示，且补间范围之间用橘色填充，如图 6.8 所示。

图6.8

3. 选择 Control（控制）>Play（播放）（Enter/Return 键），或单击时间轴底部的 Play（播放）按钮来观看动画，结果如图 6.9 所示。

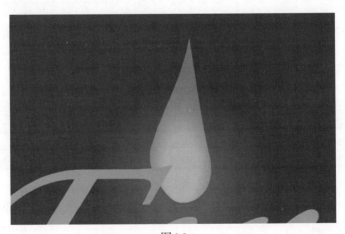

图6.9

这将在 flame 图层的关键帧之间创建平滑的动画，将第一个火焰的形状变形为第二个火焰的。

注意：如果火焰没有按照预期的那样变形，不要担心，关键帧之间小的改变将会产生最好的效果。火焰在从第一个形状变到第二个形状时，可能会发生旋转。本课后面将使用形状提示来改善形状补间。

6.5 改变节奏

你可以很容易地在时间轴上移动形状补间的关键帧，从而改变动画的时序或节奏。

移动关键帧

在 40 帧的动画过程中，火焰缓慢地从一个形状变换成另外一个形状。如果希望火焰更快速地改变形状，需要让关键帧靠得更近一些。

1. 选择 flame 图层中形状补间的最后一个关键帧，如图 6.11 所示。

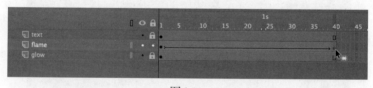

图6.11

2. 确保在鼠标指针附近出现了一个方框图标。将最后一个关键帧拖动到第 6 帧。形状补间将变短，如图 6.12 所示。

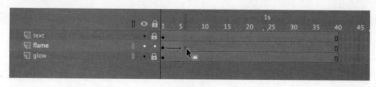

图6.12

3. 按 Enter/Return 键播放动画。

火焰将快速变化，然后保持静止，一直到第 40 帧。

6.6 增加更多的形状补间

可以通过创建更多的关键帧来添加形状补间,每个形状补间只需要两个关键帧来定义起始状态和结束状态。

6.6.1 插入额外的关键帧

要使火焰图像像真正的火焰那样不停地改变形状,需要在动画中增加更多的关键帧,并在所有关键帧之间应用形状补间。

1. 右键单击 flame 图层的第 17 帧,并选择 Insert Keyframe(插入关键帧),或选择 Insert(插入)>Timeline(时间轴)>Keyframe(关键帧)(F6 键)。

前一个关键帧中的内容将复制到第二个关键帧中,如图 6.13 所示。

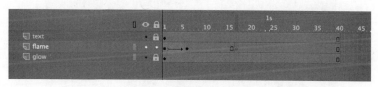

图6.13

2. 右键单击 flame 图层的第 22 帧,并选择 Insert Keyframe(插入关键帧)(F6 键)。

前一个关键帧中的内容将被复制到新关键帧中,如图 6.14 所示。

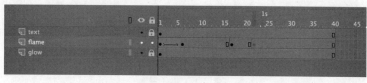

图6.14

3. 继续在第 27 帧、第 33 帧和第 40 帧插入关键帧。

flame 图层的时间轴上现在有 7 个关键帧,第一个和第二个关键帧之间有形状补间,如图 6.15 所示。

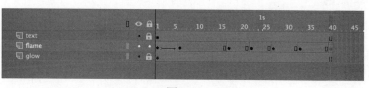

图6.15

4. 将红色播放头移动到第 17 帧,如图 6.16 所示。

5. 选择"选取"工具。

6. 在形状外部单击以取消选中。拖动火焰的轮廓来创建另一个形状变化。可以使火焰的底部更瘦一些,或改变火焰尖部的轮廓来使它向右或向左倾斜,如图 6.17 所示。

图6.16

图6.17

7. 修改每个新关键帧中的火焰形状，以创建微小的变化，如图 6.18 所示。

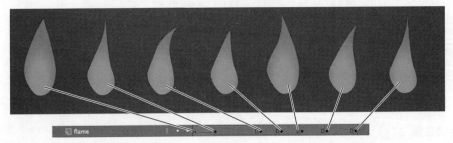

图6.18

6.6.2 延长形状补间

接下来延长形状补间，使火焰从一个形状变形到下一个形状。

1. 右键单击第二个关键帧和第三个关键帧之间的任意一帧，然后选择 Create Shape Tween（创建形状补间），或选择 Insert（插入）>Shape Tween（形状补间），如图 6.19 所示。

图6.19

橙色背景上的黑色向前箭头出现在两个关键帧之间，表示已经应用了形状补间，如图 6.20 所示。

图6.20

2. 继续在所有关键帧之间插入形状补间。

在 flame 图层中应该有 6 个形状补间，如图 6.21 所示。

图6.21

3. 选择 Enter/Return 键，播放动画，如图 6.22 所示。

在动画播放期间，火焰会来回闪烁。取决于对火焰的修改程度，火焰可能在关键帧之间出现一些奇怪的变形，例如毫无征兆地蹦跳或旋转。不过别担心，在本课后面，你将会用形状提示来改善动画。

图6.22

 注意： 试一下这个快捷方式——选择覆盖了多个关键帧的一个帧范围，右键单击并选择 Create Shape Tween（创建形状补间），这可以在所有的关键帧上应用形状补间。

残缺的补间

  每个形状补间都需要一个起始关键帧和一个结束关键帧，而且起始关键帧和结束关键帧中都有一个形状。如果形状补间的最后一个关键帧丢失了，Animate 将会把残缺的补间表示为黑色虚线（而不是实箭头），如图6.23所示。

图6.23

在本例中，在第40帧插入一个关键帧来修复补间。

6.7 创建循环动画

只要徽标在屏幕上，火焰就应该持续地来回晃动。可以通过将第一个关键帧和最后一个关键帧设置为相同，并将火焰动画放入图像或影片剪辑元件中来创建无缝循环播放。影片剪辑的时间轴将不断循环播放，并且独立于主时间轴。而且，只要主时间轴上有足够的帧，影片元件就会一直发挥作用。

6.7.1 复制关键帧

通过复制内容来使第一个关键帧和最后一个关键帧相同。

1. 右键单击 flame 图层的第一个关键帧，选择 Copy Frames（复制帧），或选择 Edit（编辑）>Timeline（时间轴）>Copy Frames（复制帧），如图 6.24 所示。

图6.24

第一个关键帧的内容被复制到剪贴板中。

2. 右键单击 flame 图层的最后一个关键帧，选择 Paste Frames（粘贴帧），或选择 Edit（编辑）>Timeline（时间轴）>Paste Frames（粘贴帧），如图 6.25 所示。

图6.25

现在第一个关键帧和最后一个关键帧含有相同的火焰形状。

 提示： 可以通过先选中一个关键帧，然后按住Alt/Option键将这个关键帧拖曳到一个新位置来快速复制关键帧。

6.7.2 预览循环

可以使用时间轴面板底部的 Loop（循环）按钮来预览动画。

1. 单击时间轴面板底部的 Loop（循环）按钮（见图 6.26），或选择 Control（控制）>Loop Playback（循环播放）（Alt + Shift +L/Option + Shift + L 组合键），可在播放影片时启用连续播放。

图6.26

时间轴标题上出现的标记，可以表示播放期间循环播放的帧范围。接下来，通过调整该标记来延长循环，以便将整个影片包含进来。

2. 拖曳标记，以便将时间轴上的所有帧（第1帧~第40帧）包含进来，或单击 Modify Markers（更改标记）按钮并选择 Marker Range All（标记所有范围），如图6.27所示。

修改标记

图6.27

3. 按 Enter/Return 键来测试动画。

火焰动画将不断循环播放。单击 Pause（暂停）按钮，或再次按 Enter/Return 键停止播放。取消选中时间轴面板底部的 Loop（循环）按钮，来隐藏标记并终止循环播放模式。

 注意： Loop Playback（循环播放）按钮只能在Animate CC创作环境中循环播放影片，在发布后无法使用。

6.7.3　将动画插入影片元件

当动画在影片剪辑元件中播放时，只要主时间轴中有足够的帧，这个动画就会自动循环播放。

1. 选中 flame 图层中的所有帧，右键单击并选择 Cut Frames（剪切帧），也可以选择 Edit（编辑）>Timeline（时间轴）>Cut Frames（剪切帧），如图6.28所示。

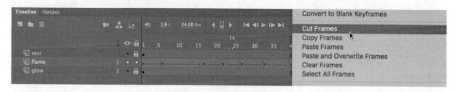

图6.28

关键帧和形状补间将从时间轴中删除，并放到剪贴板中。

2. 选择 Insert（插入）>New Symbol（新建元件）（Ctrl + F8/Command + F8 组合键）。Create New Symbol（创建新元件）对话框将出现。

图6.29

3. 输入 flame 作为元件的名称，从 Type（类型）中选择 Graphic（影片），单击 OK 按钮，如图 6.29 所示。

这将创建一个新的影片元件，它在元件编辑模式中打开。

4. 右键单击影片元件时间轴的第一帧并选择 Paste Frames（粘贴帧），也可以选择 Edit（编辑）> Timeline（时间轴）>Paste Frames（粘贴帧），如图 6.30 所示。

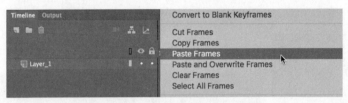

图6.30

主时间轴中的火焰动画将被粘贴到影片元件的时间轴中，如图 6.31 所示。

图6.31

5. 单击舞台顶部 Edit（编辑）栏中的 Scene 1 按钮，或选择 Edit（编辑）>Edit Document（编辑文档）（Ctrl + E/Command + E 组合键）。

退出元件编辑模式并回到主时间轴。

6. 选择当前为空的 flame 图层，将新创建的 flame 影片元件从"库"面板中拖到舞台上。

一个 flame 影片剪辑元件的实例出现在舞台上，如图 6.32 所示。

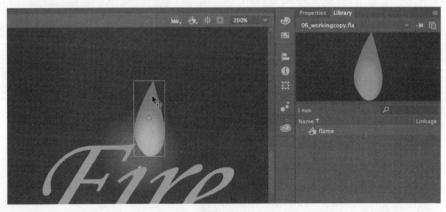

图6.32

7. 按 Return/Enter 键。

Animate 在时间轴上播放动画。因为影片元件包含 40 帧，而主时间轴也包含 40 帧，所以火焰闪烁的整个动画与主时间轴匹配。

 注意：本节使用影片元件而不是影片剪辑元件来创建循环火焰动画的原因是影片剪辑时间轴没有包含在导出的动画GIF中，本课的最后一个练习将把这个文件作为动画GIF发布。

具有可变宽度的描边的形状补间

形状的任何方面都可以进行补间处理，其中包括形状描边的可变宽度。第2课介绍了使用Width（宽度）工具来创建粗细变化的线条，从而让图形更具有表现力。你也可以在不同的关键帧中更改描边的宽度，当在这些关键帧之间应用形状补间时，Animate将在这些描边宽度之间创建平滑的插值变化。

考虑到可以对形状描边的粗细、描边的轮廓以及形状的内部填充制作动画，由此可见形状补间的创意几乎是无限的。

6.8　使用形状提示

Animate CC 会在形状补间的关键帧之间创建平滑的过渡，但有时候结果是不可预料的。形状在从一个关键帧变化到另一个关键帧时，有可能发生奇怪的弯曲、翻转或旋转。大部分情况下我们不会喜欢这种变化，我们希望能控制过渡过程，形状提示可以帮助改善形状的变化过程。

形状提示强制 Animate CC 将起始形状上的点映射到结束形状上的对应点。通过放置多个形状提示，你可对形状补间的出现方式进行更加精确的控制。

6.8.1　添加形状提示

现在可为火焰的形状添加形状提示，以更改它从一个形状变化成另外一个形状的方式。

提示：应该将形状提示放置在形状的边缘。

1. 双击库中的 flame 影片元件，进入元件编辑模式。在 flame 图层中将播放头移动到形状补间的第一个关键帧上，如图 6.33 所示。

2. 选择 Modify（修改）>Shape（形状）>Add Shape Hint（添加形状提示）（Ctrl + Shift + H/Command + Shift + H 组合键）。

一个内含字母 a 的红圈出现在舞台上。红圈字母代表第一个形状提示，如图 6.34 所示。

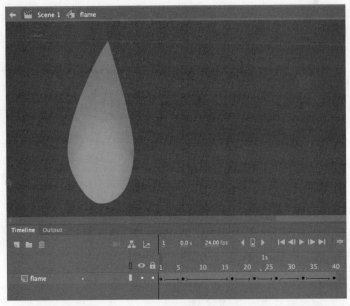

图6.33

3. 选择"选取"工具，并确保选中了 Tools（工具）面板底部的 Snap To Objects（贴紧至对象）选项。

Snap To Objects（贴紧至对象）选项确保对象在移动或修改时会互相紧贴。

4. 将红圈字母拖到火焰的顶端，如图 6.35 所示。

图6.34

图6.35

5. 再次选择 Modify（修改）>Shape（形状）>Add Shape Hint（添加形状提示），创建第二个形状提示。

一个红圈字母 b 出现在舞台上，如图 6.36 所示。

6. 将红圈字母 b 拖至火焰的底部，如图 6.37 所示。

现在有两个形状提示映射到了第一个关键帧中形状上的不同点。

7. 选择 flame 图层的下一个关键帧（第 6 帧）。

图6.36

图6.37

相应的红圈 b 出现在舞台上,而形状提示 a 则被挡在下面,如图 6.38 所示。

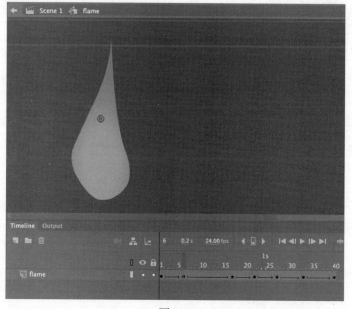

图6.38

8. 将第二个关键帧中的红圈字母拖动到形状中的相应点上。形状提示 a 放置在火焰的顶端,b 放置在火焰的底部。

形状提示变为绿色表示已正确地放置了形状提示,它们的位置与在第一个关键帧中所处的位置相同,如图 6.39 所示。

9. 选择第一个关键帧。

注意: 初始关键帧中的形状提示变成了黄色,表示它们已经被正确放置,如图 6.40所示。当放置正确时,起始关键帧中的形状提示变为黄色,结束关键帧中的形状提示变为绿色。

图6.39 　　　　　　　　　　　　　　　　　图6.40

10. 在时间轴的第一个形状补间上来回拖动播放头，以观察形状提示对形状补间的影响。

形状提示强制把第一个关键帧的火焰顶部映射到第二个关键帧的火焰顶部，对于底部也是如此。这将对形状的过渡进行限制，如图 6.41 所示。

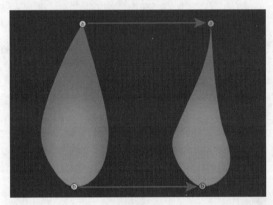

图6.41

为证明形状提示的价值，你可以故意创造一些形状补间。在结束关键帧中，将形状提示 b 放置在顶部而将形状提示 a 放置在底部。

Animate CC 强制把火焰的顶端变形为火焰的底部，并把火焰的底部变形为火焰的顶端。Animate CC 在进行变形时，带来的结果是火焰进行了翻转。做完实验之后记得将形状提示 a 和形状提示 b 分别放回火焰的顶端和底部。

 注意：最多可以为一个形状补间添加26个形状提示。为了获得最好的效果，要将它们统一按顺时针或逆时针顺序添加。

6.8.2　删除形状提示

如果添加了过多的形状提示，也可以轻松删掉那些不需要的提示。在一个关键帧中删除形状提示将会导致另一个关键帧中的相应形状提示也被删除。

- 如果想删除一个形状提示，可将一个独立的形状提示从舞台和粘贴板上完全移出。
- 如果你想删除所有的形状提示，可选择Modify（修改）>Shape（形状）>Remove All Hints（删除所有提示）。

6.9 使用绘图纸预览动画

有时候，同时看到形状在舞台上从一个关键帧到另一个关键帧的变化是很有用的。了解形状如何逐渐变化，可让用户对动画进行更合适的调整。可以使用时间轴底部的绘图纸（onion skinning）选项来达到此目的。

绘图纸显示当前选择帧之前和之后的帧的内容。

术语"绘图纸"来自于传统手绘动画。动画师在半透明的薄描图纸上画画，这些纸叫作绘图纸。图画后面的灯箱发出光线，动画师可以透过几张纸看到图像。当创建动作序列时，动画师快速地来回翻转他们手指夹着的图画。这可以让他们看到图画之间如何平滑地彼此连接。

6.9.1　开启绘图纸功能

绘图纸有两种模式：Onion Skin（绘图纸）和Onion Skin Outlines（绘图纸轮廓）。虽然两者显示帧的范围都一样，但是绘图纸显示的是完整渲染的图形，而绘图纸轮廓只显示图形的轮廓。在本节的任务中，我们将使用绘图纸轮廓。

1. 单击 Timeline（时间轴）面板底部的 Onion Skin Outlines（绘图纸轮廓线）按钮，如图 6.42 所示。

图6.42

Animate CC 显示了火焰的几个轮廓，其中当前选择的帧显示为红色。前两个帧以蓝色显示，后面两个帧以绿色显示。离当前帧越远，火焰的轮廓越浅，如图 6.43 所示。

在时间轴上，Animate CC 采用括号的形式对当前选定的帧进行标记，如图 6.44 所示。蓝色标记的括号（位于播放头左侧）表示前面有多少帧在舞台上显示，绿色标记的括号（位于播放头右侧）表示后面有多少帧在舞台上显示。

前面的帧 —— 当前帧 —— 后面的帧

图6.43

图6.44

2. 将播放头移动到一个不同的帧中。

无论将播放头移动到哪里，Animate CC 始终让标记围绕播放头，并总是显示前后相同数量的帧。

3. 单击 Timeline（时间轴）面板底部的 Onion Skin（绘图纸）按钮，如图 6.45 所示。

图6.45

绘图纸从 Outlines（轮廓）模式切换到标准的 Onion Skin（绘图纸）模式，显示了完整渲染的火焰的绘图纸效果。前面帧的火焰被着色为蓝色，后面帧的火焰被着色为绿色，如图 6.46 所示。

 提示：沿着时间轴来回移动播放头时，你将会看到与动画一起移动的绘图纸图像。但是在正常播放时，无法看到绘图纸。

6.9.2 调整标记

可以移动任一标记以显示更多或更少的绘图纸帧。

图6.46

- 拖动蓝色标记，调整之前的绘图纸帧的显示数量。
- 拖动绿色标记，调整之后的绘图纸帧的显示数量。
- 按住Ctrl/Command键的同时拖动任一标记，对以前和以后的标记调整相同的量。
- 拖动标记的同时按住Shift键，将会把绘图纸范围移动到时间轴上的不同点上（只要它仍包含播放头）。
- 单击Modify Markers（修改标记）菜单按钮选择预设标记选项。例如，可以选择Marker Range 2（标记范围2）或Marker Range 5（标记范围5），使标记在当前帧的前面和后面显示2个帧或5个帧。

6.9.3 定制绘图纸的颜色

如果不喜欢以前帧和以后帧的绿色和蓝色颜色编码，你可以在首选项中更改它们。

1. 选择 Animate CC>Preferences（首选项）（macOS）或 Edit（编辑）>Preferences（首选项）（Windows）。

Preferences（首选项）对话框将出现。

2. 在 Onion Skin Color（绘图纸外观颜色）区域中，单击 Past（以前）、Present（目前）或 Future（以后）颜色框以选择新颜色，如图 6.47 所示。

3. 单击 OK 按钮。取消选中 Onion Skin（绘图纸）或 Onion Skin Outlines（绘图纸轮廓）按钮，返回到默认视图。

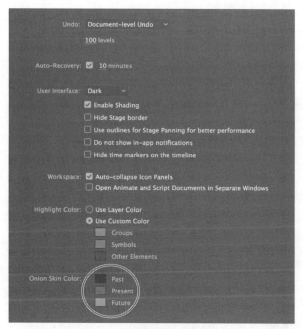

图6.47

6.10 制作颜色动画

形状补间会为形状的所有方面插值，这表示形状的描边和填充也可以进行补间处理。目前为止，我们已经修改了描边，也就是火焰的轮廓。接下来我们将修改填充，使颜色可以逐渐改变——在动画的某个时间点让火焰变得更亮、更强烈。

调整渐变填充

使用 Gradient Transform（渐变变形）工具可以改变颜色渐变应用到形状中的方式，使用 Color（颜色）面板可以更改渐变中使用的颜色。

1. 如果不在 flame 元件的元件编辑模式中，那么可双击库中的 flame 影片元件来编辑它。

2. 选择 flame 图层的第二个关键帧（第 6 帧）。

3. 选择 Gradient Transform（渐变变形）工具，在 Tools（工具）面板中它和 Free Transform（自由变形）工具在一个分组中。

Gradient Transform 工具的控制点出现在火焰的渐变填充上，如图 6.48 所示。各种各样的控制点允许你对填充中渐变的焦点进行延伸、旋转并移动（舞台颜色为白色，以便你可以更好地看到"渐变变形"工具控制点）。

4. 使用控制点将颜色渐变缩小至火焰的底部。降低渐变的大小，让渐变更宽一些，并在火焰中将其放置得更低一些，然后将渐变的焦点（由一个小三角形表示）移至另一边，如图 6.49 所示。

因为颜色分布在一个更小的区域内，所以火焰的橙色焰心显得更低而且更强烈了。

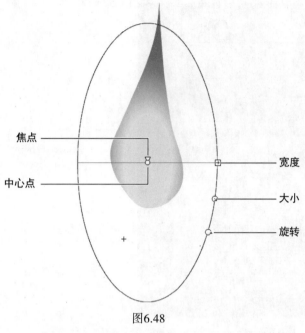

焦点 ———————

中心点 ———————

——— 宽度

——— 大小

——— 旋转

图6.48

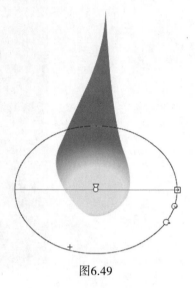

图6.49

5. 在第一个和第二个关键帧之间的时间轴上移动播放头。

形状补间将会和轮廓一样自动生成火焰颜色的动画。

6. 选择 flame 图层的第三个关键帧（第 17 帧）。在这一帧中，你可调整渐变的颜色。

7. 选择"选取"工具，并单击舞台上火焰的填充物。

8. 打开 Color（颜色）面板（Window>Color）。

"颜色"面板将出现，并显示你选择的用于填充的渐变颜色，如图 6.50 所示。

9. 单击内部的颜色标记，当前显示为黄色。

10. 将颜色更改为亮粉色（#FF33CC），如图 6.51 所示。

渐变的中心颜色将变为粉色。

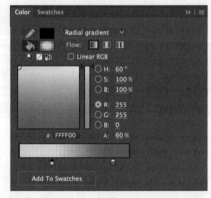

图6.50

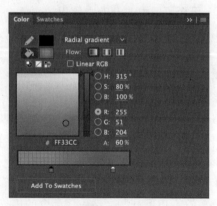

图6.51

11. 在第二个和第三个关键帧之间的时间轴上移动播放头，结果如图 6.52 所示。

注意：形状补间可以平滑地为纯色和颜色渐变制作动画，但它不能在不同的渐变类型之间制作补间动画。例如，你不能通过形状补间将线性渐变转化为径向渐变。

形状补间自动为渐变的中心颜色制作由黄变粉的动画。你可通过更改渐变填充来试验其他关键帧，并观看可以为火焰应用的各种有趣的效果。

图6.52

6.11 创建和使用遮罩

遮罩是一种选择性地隐藏和显示图层内容的方法。遮罩可以对观众观看的内容进行控制。例如，你可以制作一个圆形遮罩，让观众只能看到圆形区域里的内容，以此来得到钥匙孔或聚光灯的效果。在 Animate CC 中，遮罩所在的图层要放置在需要被遮罩的内容所在图层的上面。

对本课要创建的动画徽标，你可以使用文字作为遮罩，让文字看起来更为有趣。

6.11.1 定义遮罩图层

下面从 Fire starter 文本创建遮罩，显示一个文字下面的火焰图像。

1. 返回到主时间轴。解锁 text 图层。双击 text 图层名称前面的图标，或选中 text 图层并选择 Modify（修改）>Timeline（时间轴）>Layer Properties（图层属性）。

Layer Properties（图层属性）对话框将出现，如图 6.53 所示。

图6.53

2. 选择 Mask（遮罩层），然后单击 OK 按钮，如图 6.54 所示。

 提示： 遮罩不会识别描边，所以在遮罩图层中只能使用填充。使用Text（文本）工具创建的文本也可以作为遮罩使用。

text 图层将变为"遮罩"图层，用图层前面的遮罩图标表示（见图 6.55），这个图层中的任何内容都会被当作下方"被遮罩"图层的遮罩。

图6.54

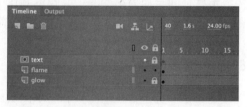

图6.55

在本课中，我们使用已有的文本作为遮罩，遮罩可以是任意的填充形状。对于 Animate CC 来说，重要的是形状的大小、位置和轮廓，填充的颜色无关紧要。这个形状相当于"窥视孔"，透过这个孔可以看到下面图层中的内容。你可以使用任意绘图工具或文本工具来创建遮罩的填充。

 注意： Animate CC不会识别在时间轴上创建的遮罩的不同Alpha值，因此遮罩图层的半透明填充和不透明填充的效果是一样的，而遮罩图层的边界将总是保持实心的。然而，在ActionScript 3.0文档中，你可以使用ActionScript代码动态地创建具有透明度的遮罩。

6.11.2 创建被遮罩图层

被遮罩图层总是在遮罩图层的下面。

1. 单击 New Layer(新建图层) 按钮，或选择 Insert(插入)>Timeline(时间轴)>Layer(图层)。一个新的图层将出现。

2. 把图层重命名为 fiery_effect，如图 6.56 所示。

3. 将 fiery_effect 图层拖至遮罩图层（名为 text）的下面，并将其放置地靠右一点，该图层将被缩进，如图 6.57 所示。

图6.56

图6.57

fiery_effect 图层变为一个被遮罩图层，它的上面是遮罩图层。被遮罩图层中的任何内容都将被它上面的图层遮住。

4. 选择 File(文件)>Import(导入)>Import To Stage(导入到舞台)，并在 06Start 文件夹中选择 fire.jpg 文件。

火焰位图出现在舞台上，文字就在图像的上面，如图 6.58 所示。

图6.58

An 提示：可以双击遮罩图层下面的正常图层，或选择Modify（修改）>Timeline（时间轴）>Layer Properties（图层属性），并选择Masked（被遮罩）将图层修改为"被遮罩"图层。

6.11.3　查看遮罩效果

要查看遮罩图层置于被遮罩图层上的效果，你需要锁定这两个图层。

1. 单击 text 图层和 fiery_effect 图层的锁定选项，如图 6.59 所示。

现在遮罩图层和被遮罩图层都被锁定了。遮罩图层中的字母形状显示了被遮罩图层的部分图像，如图 6.60 所示。

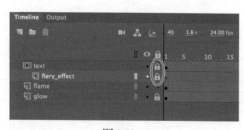

图6.59

图6.60

2. 选取 Control（控制）>Test（测试）。

当火焰在文本上方闪烁时，字母显示了其下方图层的火焰纹理。

An 注意：一个遮罩图层下面可以有多个被遮罩图层。

传统遮罩

　　遮罩图层显示而不是遮盖住被遮罩的图层，这或许与它的名字传达的意思有点儿不相符，然而，这正是传统遮罩在摄影或绘画作品中所起到的作用。当画家使用遮罩时，遮罩保护了下方的画作，避免其被油漆污染。当摄影师在暗室中使用遮罩时，遮罩可以保护感光相纸免受光照，以防止这些区域变得更暗。所以将遮罩当作保护下方被遮罩图层的物体，可以更有效地记住哪些区域被隐藏，哪些区域被显示了。

6.12　制作遮罩图层和被遮罩图层的动画

创建了让火焰图像位于后面的遮罩图层之后，你所制作的动画徽标中的字母就更具有观赏性了。然而，这个项目的客户希望徽标的视觉效果能更具冲击力。尽管客户对火焰字母的外观非常满意，但客户还是想要动画效果。

幸好，我们可以在遮罩图层或被遮罩图层中包含动画。你可以在遮罩图层中创建动画，通过让遮罩移动或扩张来显示被遮罩图层的不同部分。你也可以选择在被遮罩图层中创建动画，让内容在遮罩图层下面移动，就像景色在火车车窗外掠过那样。

在被遮罩图层中添加补间

为了让徽标对用户更具吸引力，接下来在被遮罩图层中添加形状补间。这个形状补间使光线在字母下面从左到右平滑地移动。

1. 将 text 文字图层和 fiery_effect 图层解锁。

遮罩图层和被遮罩图层的效果不再可见，但是它们的内容依然可以编辑。

2. 在 fiery_effect 图层中，删除火焰的位图图片。

3. 选择 Rectangle（矩形）工具，然后打开 Color（颜色）面板［Window（窗口）>Color（颜色）］。

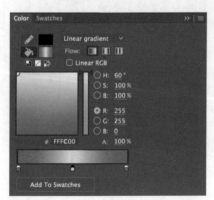

图6.61

4. 在"颜色"面板中，确保选择了 Fill Color（填充色），并从 Color Type（颜色类型）菜单中选择 Linear gradient（线性渐变）。

5. 创建一种渐变色，其左端为红色（#FF0000），中间为黄色（#FFFC00），然后最右端还是为红色（#FF0000）。确保 Alpha 的设置是 100%，使得颜色不透明，如图 6.61 所示。

6. 在 fiery_effect 图层中创建一个矩形，使其包含了 text 图层中的文字，如图 6.62 所示。

7. 选择 Gradient Transform（渐变变形）工具，并单击矩形的填充，将其选中。

"渐变变形"工具的控制手柄出现在矩形填充的周围，如图 6.63 所示。我们将使用该工具将渐变放在舞台上，创建一个戏剧性的入口。

8. 移动渐变的中心点，让黄色出现在舞台的最左侧，如图 6.64 所示。

图6.62

图6.63

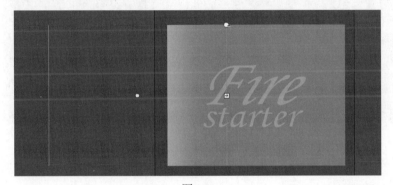
图6.64

黄色的光将从左边进入，并移动到右边。

9. 右键单击 fiery_effect 图层的第 20 帧并选择 Insert Keyframe（插入关键帧）（F6 键），如图 6.65 所示。

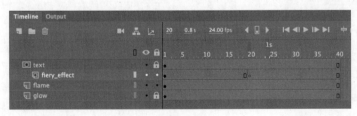
图6.65

前一个关键帧的内容被复制到新关键帧中。

10. 右键单击 fiery_effect 图层的最后一帧（第 40 帧）并选择 Insert Keyframe（插入关键帧）（F6 键），如图 6.66 所示。

第 20 帧处的关键帧的内容被复制到新关键帧中。现在 fiery_effect 图层中已经有 3 个关键帧了。

11. 确保播放头仍然处于最后一帧（第 40 帧）。

12. 将渐变的中心点拖到最右侧，如图 6.67 所示，使得舞台的右侧几乎看不到黄色。

13. 右键单击 fiery_effect 图层中时间轴上的第二个关键帧和第三个关键帧之间的任意位置，并选择 Create Shape Tween（创建形状补间），或从顶部菜单中选择 Insert（插入）>Shape Tween（形状补间）。

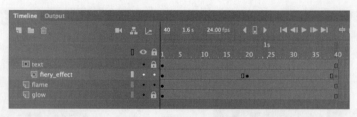

图6.66

图6.67

现在，我们对颜色渐变也进行了补间处理，这样一来，黄色光线在矩形填充的内部从左边移动到右边，如图 6.68 所示。

图6.68

14. 选择 Control（控制）>Test（测试）或按 Return/
Enter 键来观看动画。

当火焰在字母上方燃烧时，柔和的黄色光线会照过字母，
如图 6.69 所示。

图6.69

6.13 对形状补间进行缓动处理

通过为动画中的运动添加加速或减速组件，缓动（ease）
可以让动画具有重量感。

可以在"属性"面板中为形状补间添加缓动。缓动值范
围是 –100（缓入）～ 100（缓出）。缓入（ease-in）效果使动作缓慢地开始，而缓出（ease-out）效
果会在动画播放到结束帧时，减慢动作速度。

 注意： 集成到时间轴中的Motion Editor（运动编辑器）提供了不同的缓动类型，
但是无法在形状补间中使用。

6.13.1 添加缓入效果

接下来，我们将使照着徽标中字母的光线一开始比较慢，然后
加速通过。缓入效果有助于让观众在动画开始前注意到动画。

1. 单击 fiery_effect 图层中形状补间的任意位置。

2. 在"属性"面板中，为 Classic Ease（传统缓动）值输
入 –100，如图 6.70 所示。

Animate 将给形状补间应用一个缓入效果。

3. 确保锁定了遮罩图层和被遮罩图层，然后选择 Control（控
制）>Test（测试）来测试影片。

图6.70

柔和的黄色光线在字母上闪烁，刚开始时很慢，然后越来越快，为整个动画增加了更多好看
的效果。

 注意： 与传统补间一样，你可以应用更高级的缓动或自定义的缓动效果。单击
Class Ease（传统缓动）按钮可访问其他缓动选项，也可单击钢笔图标来自定义
缓动曲线。

6.13.2 导出已完成的 GIF 动画

项目已经完成，现在导出 GIF 动画以让客户将它设置为 Facebook 主页的头像。

1. 选择 File（文件）>Export（导出）>Export Animated GIF（导出 GIF 动画）。

Animate CC 打开 Export Image（导出图像）对话框。该对话框显示了图像的预览和各种优化选项。在 Preset（预设置）部分，取消选择 Transparency（透明度）选项，如图 6.71 所示。

图6.71

2. 在"欲设置"部分，在 Optimized File Format（优化文件格式）菜单中选择 GIF；在 Lossy（失真）菜单中选择 0；在 Colors（颜色）菜单中选择 256。这些选项将最大化地提升图像质量。其他两个菜单选择 Perceptual（感知）和 No Dither（无抖动），如图 6.72 所示。这两个选项决定如何选择和混合 256 种颜色来创建最终图像。

3. 在 Image Size（图像大小）部分，保持所有选项均为默认设置。宽度和高度应与原始舞台的大小相匹配。

4. 在最后一个部分——Animation（动画）中，你可以为动画 GIF 选择循环行为的类型，如图 6.73 所示。选择 Forever（永远），这将使动画 GIF 不断循环。你可以单击播放按钮来预览动画。你还可以每次向前或向后移动一帧来逐个检查这 40 帧。

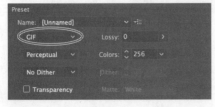

图6.72

图6.73

5. 单击 Save（保存）按钮，出现的对话框中包含了一个文件名并导航到 07End 文件夹来保存 GIF 动画。

6.14 复习题

1. 什么是形状补间，如何应用形状补间？

2. 什么是形状提示，如何使用它们？

3. 绘图纸标记的颜色编码表示什么意思？

4. 形状补间和运动补间有什么区别？

5. 什么是遮罩，如何创建遮罩？

6. 如何观察遮罩效果？

6.15 复习题答案

1. 形状补间在包含不同形状的关键帧之间创建平滑的过渡。要应用形状补间，首先在起始关键帧和结束关键帧中创建不同的形状。然后选择时间轴中两个关键帧之间的任意一帧，右键单击并选择 Create Shape Tween（创建形状补间）。

2. 形状提示是表示初始形状上的点和最终形状上的相应点之间映射关系的标签。形状提示有助于改善形状变形的方式。要使用形状提示，首先选择形状补间的起始关键帧。选择 Modify（修改）>Shape（形状）>Add Shape Hint（添加形状提示），将第一个形状提示移动到形状的边缘，然后将播放头移到结束关键帧，并将相应的形状提示移动到相应的形状边缘。

3. 默认情况下，Animate 以蓝色显示前面帧中的绘图纸，以绿色显示后面帧中的绘图纸。当前所选帧的绘图纸为红色。可以在 Preferences（首选项）面板中自定义颜色。

4. 形状补间使用形状，而运动补间使用元件实例。形状补间为两个关键帧之间形状的描边或填充的改变进行平滑的插值。运动补间为两个关键帧中元件实例的位置、缩放、旋转、颜色效果或滤镜效果进行平滑的插值。

5. 遮罩是选择性地隐藏或显示图层内容的一种方法。在 Animate CC 中，将遮罩放在顶部的遮罩图层，而将内容放在遮罩图层下方的图层（称为被遮罩图层）。遮罩图层和被遮罩图层都可以进行动画处理。

6. 要观察遮罩图层在被遮罩图层上的效果，需要锁定这两个图层，或选择 Control（控制）>Test（测试）来测试影片。

第7课　创建交互式导航

课程概述

本课将介绍如下内容：

- 创建按钮元件；
- 给按钮添加声音效果；
- 复制元件；
- 交换元件和位图；
- 命名按钮实例；
- 理解ActionScript 3.0和JavaScript在Animate文档中的使用方式；
- 使用"动作"面板中的向导快速添加JavaScript，实现交互性；
- 创建和使用帧标签；
- 创建动画式按钮。

本课大约要用120分钟完成。启动 Adobe Animate 之前，请先在异步社区将本书的课程资源下载到本地硬盘中，并进行解压。在学习本课时，请打开相应的课程文件。建议先做好原始课程文件的备份工作，以免后期用到这些原始文件时，还需重新下载。

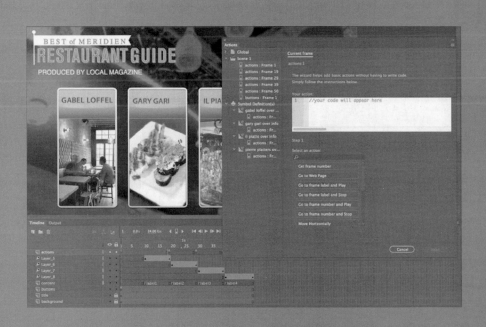

让观众探索你的项目，并成为积极的参与者。按钮元件和代码可以一起工作，创建出令人着迷的、由用户驱动的交互式体验。

7.1 开始

在开始之前，先来看一个交互式餐厅指南。在 Adobe Animate CC 中学习交互式项目时，你将要创建这个餐厅指南。

1. 双击 Lesson07\07End 文件夹中的 07End.fla 文件，在 Animate 中播放动画。选择 Control（控制）>Test（测试），查看最终的项目。

 注意： 如果还没有将本课的项目文件下载到计算机上，请现在就这样做。具体可见本书的"前言"。

这个项目在默认浏览器中打开，如图 7.1 所示。请忽略在 Output（输出）面板中出现的任何警告。

图7.1

 注意： 当尝试在本地播放HTML文件时，这个项目包含的按钮和位图可能会造成安全错误。当双击HTML文件让其在浏览器中播放时，浏览器可能会显示为空白或者显示一个静态图像。请将需要的所有文件上传到服务器上（见第10课），或者在Animate中测试影片。

本课的项目是一个虚拟城市的交互式餐厅指南，它在浏览器中运行。访客可以单击任意一个按钮来查看某个餐厅的相关信息。本课将在 HTML5 Canvas 文档中创建交互式按钮，并正确地构造时间轴。我们还将学习添加 JavaScript 代码来为每个按钮添加功能。

2. 关闭 07End.fla 文件。

3. 双击 Lesson07\07Start 文件夹中的 07Start.fla 文件，在 Animate 中打开初始的项目文件，如图 7.2 所示。该文件是一个在浏览器中播放的 HTML5 Canvas 文档。该文档包含了已经在"库"

面板中的多个资源，并且已经正确地设置了舞台的大小。

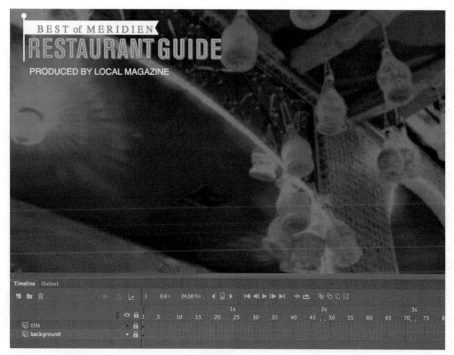

图7.2

4. 选择 File（文件）>Save As（另存为），将文件名命名为07_workingcopy.fla，并保存在07Start 文件夹中。保存一份工作副本，可以确保在重新设计时，可使用原始文件。

7.2　交互式影片简介

交互式影片基于用户的动作而改变，比如，当用户单击按钮时，屏幕上将显示一个带有更多信息的不同图形。交互可以很简单，如单击按钮；也可以很复杂，以便接受来自多个源的输入，如鼠标的移动、键盘上的按键或是移动设备的倾斜。

7.3　ActionScript 和 JavaScript

在 Animate 中，你可使用 ActionScript 3.0 或 JavaScript 添加交互性，具体使用哪种取决于你所使用的文档类型。

如果使用的是 ActionScript 3.0、AIR for Desktop、AIR for iOS 或 Android 文档，那么你可以使用 ActionScript 实现交互性。ActionScript 提供了相应的指令，可以让动画对用户做出响应。这些指令可能是播放声音、跳转到时间轴中出现新图层的关键帧或进行计算。

在 HTML5 Canvas、WebGL glTF、VR 360 或 VR 文档中，你可以使用 JavaScript，它的代码与在浏览器中为页面添加交互性的代码相同。

尽管 ActionScript 3.0 与 JavaScript 非常相似（事实上，两者都基于 ECMA 编码语言标准），但是两者在语法和用法方面还是有细微的差别。

在本课中，你将在 HTML5 Canvas 文档中使用 JavaScript 来学习如何创建非线性的导航——影片没有必要从时间轴的开始位置一直播放到末尾。我们将添加 JavaScript 代码，用来告知 Animate 播放头要基于用户单击的按钮来进行跳转并移动到时间轴的不同帧上。时间轴上的不同关键帧包含了不同的内容。用户实际上并不知道播放头在时间轴上的跳转，在单击了按钮时，用户只是在舞台上看到（或听到）了不同的内容。

如果你觉得自己不善编程，不要着急！我们没有必要一定是编码达人，Animate 在 Actions（动作）面板中提供了易于使用的菜单驱动的向导，允许你简单、快速地添加 JavaScript 代码。

7.4 创建按钮

按钮是用户可以与之交互的某种物体的基本视觉指示器。用户经常使用鼠标单击按钮，或者使用手指轻敲按钮，但是还有很多其他类型的交互。例如，当用户的鼠标指针经过按钮时，按钮可以执行某些动作。

按钮是一种有 4 种特殊状态（或关键帧）的元件，这些状态决定了按钮的出现方式。按钮可以是任何东西，例如图像、图形或文本。它们并不一定非得是在许多网站上经常见到的那些经典的药丸形状的灰色矩形。

7.4.1 创建按钮元件

在本课中，你将要使用较小的缩略图图像和餐厅名称来创建按钮。按钮元件的 4 种特殊状态在按钮的时间轴上表示为帧，如同在主时间轴上那样。这 4 个帧具体如下。

- Up（弹起）状态在鼠标指针没有与按钮交互时，用来显示按钮的外观。
- Over（悬停）状态在鼠标指针悬停在按钮上时，用来显示按钮的外观。
- Down（按下）状态在鼠标指针悬停在按钮上而且按住鼠标按键或触控板时，用来显示按钮的外观。
- Hit（点击）状态显示按钮的可点击区域。

在进行下面这个练习的过程中，你将理解这些状态与按钮外观之间的关系。

1. 选择 Insert（插入）>New Symbol（新建元件）。

2. 在 Create New Symbol（创建新元件）对话框中，从 Type（类型）菜单中选择 Button（按钮），并将元件命名为 gabel loffel button，然后单击 OK 按钮，如图 7.3 所示。

图7.3

Animate 将进入新按钮的元件编辑模式。

3. 在"库"面板中，打开 restaurant thumbnails 文件夹，并将图形元件 gabel loffel thumbnail 拖入舞台中央，如图 7.4 所示。

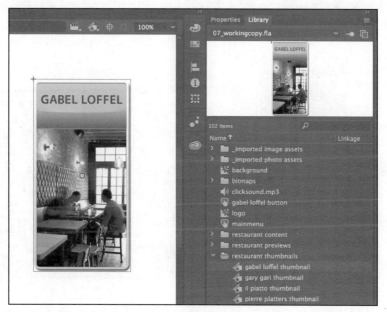

图7.4

4. 在"属性"面板中，将 X 和 Y 的值都设置为 0。

这个较小的 gabel loffel thumbnail 餐厅图片的左上角已经和元件的注册点对齐（由屏幕中心的小十字线来标记）。

5. 在时间轴中选择 Hit 帧，然后选择 Insert（插入）>Timeline（时间轴）>Frame（帧）以扩展时间轴。

现在来扩展 gabel loffel 图像，让其经历 Up、Over、Down 和 Hit 状态，如图 7.5 所示。

6. 插入一个新图层。当用户的鼠标指针悬停在按钮上时，这个新图层将容纳出现的图像。

7. 在新图层中，选择 Over 帧，然后选择 Insert（插入）>Timeline（时间轴）>Keyframe（关键帧）。

Animate 将在顶部图层的 Over 状态中插入一个新关键帧，如图 7.6 所示。

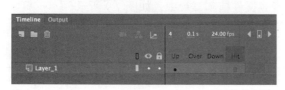

图7.5

图7.6

8. 在"库"面板中，展开 restaurant previews 文件夹，并将 gabel loffel over info 影片剪辑元件拖到舞台上，如图 7.7 所示。

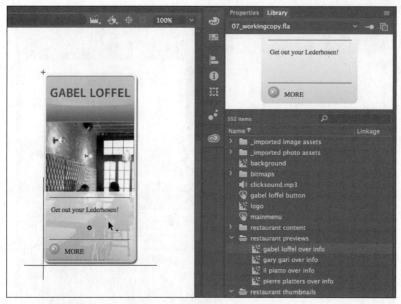

图7.7

9. 移动影片剪辑元件，让它位于按钮的下部。当对象的底部和边缘出现参考线时，元件将自动吸附过去。在"属性"面板中的 Position and Size（位置和大小）区域，其 X 和 Y 的值应该大致分别为 0 和 217。

当鼠标指针移动到按钮上时，餐厅图像上面会显示一个灰色信息框。

10. 在前两个图层上面插入第三个图层。

该图层用来将声音文件绑定到 Down 状态上，这样当按钮被按下时，会发出点击的声音。

图7.8

11. 在新图层上选择 Down 帧，然后选择 Insert（插入）>Timeline（时间轴）>Keyframe（关键帧）。

这将在新图层的 Down 状态中插入一个新关键帧，如图 7.8 所示。

12. 从"库"面板中将名为 clicksound.mp3 的音频文件拖到舞台中，如图 7.9 所示。

该声音波形的开始位置（表现为一条橘色的直线）将出现在按钮元件顶部图层的 Down 关键帧中，如图 7.10 所示。

An | **注意**：第9课将讲解有关声音的更多知识。

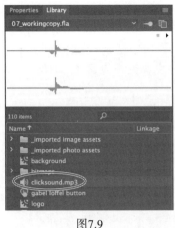

图7.9

图7.10

13. 选择波形出现处的 Down 关键帧，然后在"属性"面板的 Sound（声音）区域，确保在 Sync（同步）菜单中选择了 Event（事件），如图 7.11 所示。

只有当用户按下按钮时，才播放点击的声音。

14. 单击舞台上方 Edit（编辑）栏中的 Scene 1，来退出元件编辑模式并返回主时间轴。这样你就完成了第一个按钮元件。查看"库"面板，可以看到新按钮元件已经保存在其中，如图 7.12 所示。

图7.11

图7.12

不可见按钮和Hit关键帧

按钮元件的Hit（点击）关键帧表明这个区域是"热区"，即用户可以单击的地方。通常情况下，Hit关键帧中包含了一个形状，该形状的大小和位置与Up关键帧中的形状完全相同。在大多数情况下，设计者都会希望用户看到的图形与用户单击的区域具有相同的大小。然而，在某些高级应用程序中，设计者需要让Hit关键帧和Up关键帧有所不同。如果Up关键帧为空，那么它生成的按钮就是一个不可见的按钮。

用户无法看到不可见按钮，但是由于Hit关键帧仍定义了一个可单击的区域，所以不可见按钮仍处于活动状态。我们可将不可见按钮置于舞台的任意位置，并使用ActionScript对其编程，使其响应用户的动作。

不可见按钮还可用于创建通用的热点（hotspot）。例如，将不可见按钮置于不同的照片上，使每张照片对鼠标的单击都可以做出反应，而不必将每一张照片做成不同的按钮元件。

7.4.2 直接复制按钮

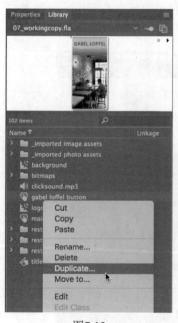

图7.13

现在已经创建了一个按钮，那么创建其他按钮就更容易了。可以直接复制一个按钮，并修改其图像，然后继续直接复制这些按钮，并为对应餐厅修改图像。

1. 在"库"面板中，右键单击 gabel loffel button 元件，并选择 Duplicate（直接复制）。你也可从"库"面板中选择 Duplicate（直接复制），如图 7.13 所示。

2. 在 Duplicate Symbol（直接复制元件）对话框中，从 Type（类型）菜单中选择 Button（按钮），并把它命名为 gary gari button。然后单击 OK 按钮，如图 7.14 所示。

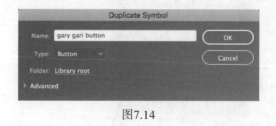

图7.14

7.4.3 交换位图

位图和元件可以很容易地在舞台上进行交换，从而显著地加速工作流程。

1. 在"库"面板中，双击直接复制的新元件（gary gari button）并对其进行编辑。

2. 在舞台上选中餐厅图像。

3. 在"属性"面板中，单击 Swap（交换）按钮，如图 7.15 所示。

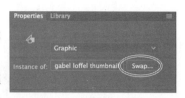

图7.15

4. 在 Swap Symbol（交换元件）对话框中，选择名为 gary gari thumbnail 的缩略图图像（位于 restaurant thumbnails 文件夹中），然后单击 OK 按钮，如图 7.16 所示。

原始的缩略图（其元件名称旁边有一个黑点）被所选的缩略图替换掉了。因为缩略图的大小完全相同，所以这种替换是无缝的。

5. 选择 Layer_2 图层上的 Over 关键帧，然后单击舞台上的灰色信息框，如图 7.17 所示。

图7.16

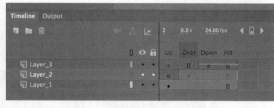

图7.17

6. 在"属性"面板中，单击 Swap（交换）按钮，并将所选元件与 gary gari over info 元件交换。

这样，Over 关键帧中的按钮实例将被替换为适合第二家餐厅的实例。由于元件是直接复制的，所以所有其他元素（如顶层图层的声音）都将保持一致，如图 7.18 所示。

7. 继续复制按钮并交换按钮中的两个实例，直到"库"面板中存在 4 个不同的按钮元件为止（gabel loffel button、gary gari button、il piatto button、pierre platters button），而且每一个按钮元件都表示一家不同的餐厅。操作完成后，将这些餐厅的按钮组织到"库"面板中的一个名为 restaurant buttons 的文件夹中，如图 7.19 所示。

图7.18

图7.19

7.4.4 放置按钮实例

下面需要把按钮放置在舞台上，并在"属性"面板中为其命名，以便可以对其进行区分。

1. 在主时间轴上插入一个新图层，并将其命名为 buttons，如图 7.20 所示。

图7.20

2. 将每个按钮从"库"面板拖到舞台的中央，将它们放置成水平一排，如图 7.21 所示。位置无须十分精确，后续步骤还会将它们精确对齐。

图7.21

3. 选中第一个按钮，在"属性"面板中，将 X 值设置为 100。

4. 选中最后一个按钮，在"属性"面板中，将 X 值设置为 680。

5. 选中所有 4 个按钮，在 Align（对齐）面板［Window（窗口）>Align（对齐）］中，取消选中 Align To Stage（与舞台对齐）选项，然后选择 Space Evenly Horizontally（水平平均间隔）按钮，最后单击 Align Top Edge（顶对齐）按钮，如图 7.22 所示。

图7.22

这样所有 4 个按钮全部都是均匀分布的，并且在水平方向上对齐。

6. 在选中所有按钮的情况下，在"属性"面板中，将 Y 值设置为 170。

现在所有 4 个按钮都正确地放置到舞台中，如图 7.23 所示。

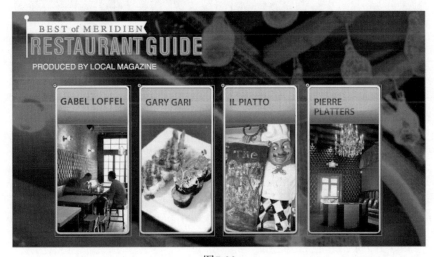

图7.23

7. 现在可以测试影片来查看按钮的行为了。选择 Control（控制）>Test（测试），结果如图 7.24 所示。

请忽略 Output（输出）面板中出现的任何警告消息。

> **注意**：当鼠标指针悬停在每个按钮上时，Over 关键帧中将出现灰色信息框。按下鼠标按键或触控板按钮将触发按钮播放单击的声音。然而，现在我们还没有为按钮提供指令，告知它要做的事情。在命名按钮并学习了一些编码相关的知识之后，我们再进行下一步操作。

> **注意**：在测试影片时［Control（控制）> Test（测试）］，如果浏览器显示一个空白屏幕，请确保已连接到网络中。如果没有，则打开 Publish（发布）设置，方法是选择 File（文件）>Publish Settings（发布设置）。选中 HTML/JS 标签，并取消选中 Hosted Libraries（托管库）。将 Hosted Libraries 选项链接到外部 JavaScript 代码，以便发布的文件中没有包含代码，但是要想让项目运行，则必须将其连接到网络中。

图7.24

7.4.5 命名按钮实例

接下来，我们来命名每个按钮实例，以便可以通过代码引用它们。初学者通常会忘记这个重要的步骤。

1. 单击"舞台"的空白处，取消选中所有按钮，然后只选择第一个按钮，如图 7.25 所示。

2. 在"属性"面板的实例名称字段中输入 gabelloffel_btn，如图 7.26 所示。

图7.25

图7.26

3. 把其他按钮分别命名为 garygari_btn、ilpiatto_btn 和 pierreplatters_btn。

Animate 很"挑剔"，只要有一个输入错误，都会导致整个项目无法正确运行。有关实例名称的信息，请见下文的"命名规则"。

命名规则

在Animate中创建交互式项目时，对实例进行命名是至关重要的一步。初学者最常犯的错误是，没有为按钮实例命名，或者没有正确地命名。

实例名称非常重要，因为ActionScript和JavaScript使用名称来引用这些对象。实例名称不同于"库"面板中的元件名称，"库"面板中的元件名称仅仅是为了组织方便而使用的。

在对实例进行命名时，可以遵循下面这些简单的规则和最佳做法。

- 不能使用空格或特殊的标点符号，但可以使用下画线。
- 名称不能以数字开头。
- 注意大小写字母，因为ActionScript和JavaScript区分大小写。
- 按钮名称以_btn结尾，尽管这并不是必需的，但这样做有助于将对象标识为按钮。
- 不能使用Animate中ActionScript或JavaScript命令的预留单词。

7.5 准备时间轴

Animate 的每个新项目都是从单个帧开始的。要在时间轴上创建空间以添加更多的内容，就需要向多个图层（至少一个图层）中添加更多的帧。

1. 在所有的 3 个图层中，选择后面的一个帧，本例选择的是第 50 帧，如图 7.27 所示。

图7.27

2. 选择 Insert（插入）>Timeline（时间轴）>Frame（帧）（F5 键）。也可以右键单击然后选择 Insert Frame（插入帧）。

Animate 将在所有的已选图层中添加帧，一直添加到第 50 帧处。

7.6 创建目标关键帧

当用户单击每个按钮时，Animate 都会根据插入的代码，将播放头移动到时间轴上的一个新位置。在添加代码之前，我们将在时间轴上创建所有不同的选项，以提供可选项。

7.6.1　向关键帧插入不同的内容

接下来，我们将在一个新图层中创建 4 个关键帧，并在新关键帧中置入每家餐厅的相关信息。

1. 在图层堆栈的顶部插入一个新图层，并将其命名为 content，如图 7.28 所示。

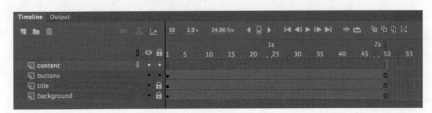

图7.28

2. 选择 content 图层的第 10 帧。

3. 在第 10 帧插入一个新关键帧，如图 7.29 所示。方法为选择 Insert（插入）>Timeline（时间轴）>Keyframes（关键帧），或直接按 F6 键。

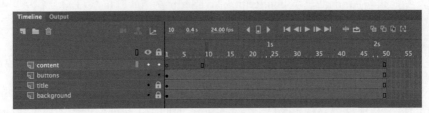

图7.29

4. 在第 20 帧、第 30 帧以及第 40 帧插入新关键帧，如图 7.30 所示。

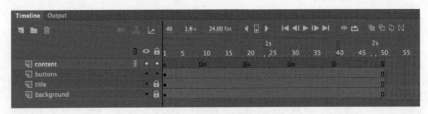

图7.30

这样，content 图层的时间轴上就有了 4 个空白的关键帧。

5. 选择第 10 帧的关键帧。

6. 在"库"面板中，展开 restaurant content 文件夹。将 gabel and loffel 元件从"库"面板拖至舞台。该元件是一个影片剪辑元件，包含了关于该餐厅的照片、图形和文本，如图 7.31 所示。

7. 将元件放置到舞台的中央，但不要放到标题上。"属性"面板中的 Position and Size（位置和大小）区域应该显示 $X=60$，$Y=150$。

gabel and loffel 餐厅的相关信息将显示在舞台中央，并覆盖住所有按钮。

8. 选择第 20 帧的关键帧。

图7.31

9. 将 gary gari 元件从"库"面板拖到舞台上，使其覆盖所有按钮。这是另外一个影片剪辑元件，它包含了关于该家餐厅的照片、图形和文本，如图 7.32 所示。

10. 在"属性"面板中，确保 X 的值为 60，Y 的值为 150。

11. 在"库"面板的 restaurant content 文件夹中，将每一个影片剪辑元件放到 content 图层中相应的关键帧处。

每个关键帧应该包含一个与餐厅相关的不同的影片剪辑元件。

7.6.2 使用关键帧上的标签

帧标签是关键帧的名称。有了帧标签，我们就不需要通过帧编号来引用关键帧，而是通过帧标签来引用。帧标签也可以让代码更容易阅读、编写和编辑。

1. 在 content 图层上选择第 10 帧。

2. 在"属性"面板的 Label（标签）区域，在 Name（名称）字段中输入 label1，如图 7.33 所示。

图7.32

这样，拥有标签的关键帧上就会出现一个很小的旗帜图标，如图 7.34 所示。

图7.33

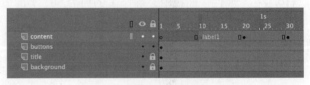

图7.34

3. 在 content 图层上选择第 20 帧。

4. 在"属性"面板的 Label（标签）区域，在 Name（名称）字段中输入 label2。

5. 选择第 30 帧和第 40 帧，然后在"属性"面板的 Name（名称）字段中输入相应的名称：label3、label4。

这样，4 个拥有标签的关键帧上都会出现一个很小的旗帜图标，如图 7.35 所示。

图7.35

7.7 导航 Actions（动作）面板

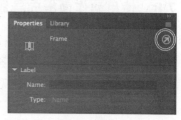

图7.36

Actions（动作）面板是编写所有代码的地方，无论是用于 HTML5 Canvas 文档的 JavaScript 代码，还是用于 Flash Player 或 AIR 的 ActionScript 代码均在 Actions（动作）面板中编写。选择 Window（窗口）>Actions（动作），可打开 Actions（动作）面板。也可以在时间轴上选择一个关键帧，然后在"属性"面板的右上角单击 Actions（动作）面板按钮，如图 7.36 所示。

你还可以右键单击任意一个关键帧，然后选择 Actions（动作）。

"动作"面板为我们提供了一个灵活的代码输入环境，还提供了不同的选项来帮助我们编写、编辑和查看代码，如图 7.37 所示。

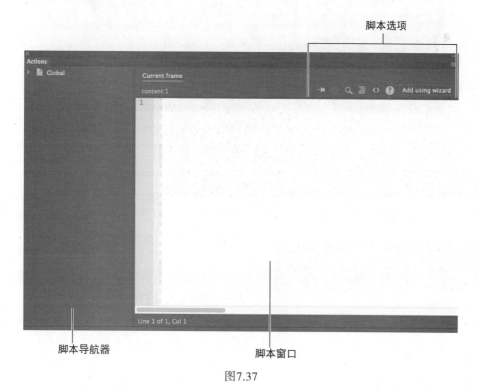

图7.37

"动作"面板被分为两部分，右侧是 Script（脚本）窗口——可以编写代码的空白区域。在脚本窗口中输入 ActionScript 或 JavaScript 代码的方式与在文本编辑应用程序中输入的方式相同。

左侧是 Script（脚本）导航器，用于查找代码所处的位置。Animate 将代码存放在时间轴的关键帧上，如果有大量代码分散在许多不同的关键帧和时间轴上，则该脚本导航器就会非常有用。

在"动作"面板的底部，Animate 显示了文本插入点当前位置的行数和列数（或一行中的字符数）。

"动作"面板的右上角有各种查找、替换和插入代码的选项，这里还有一个 Add Using Wizard（使用向导添加）按钮。

7.8 使用动作面板向导添加 JavaScript 交互性

现在，时间轴上有了很多个关键帧，影片将从第 1 帧线性播放到第 50 帧，以显示所有的餐厅选项。但是在这个交互式餐厅指南中，你可能想在第 1 帧暂停播放影片，然后等待观众从中选择餐厅。

7.8.1 停止时间轴

使用停止图标可以暂停播放 Animate 影片。停止图标是通过停顿时间轴的方式，阻止影片继续播放。

1. 在图层堆栈顶部插入一个新图层，并将其命名为 actions，如图 7.38 所示。

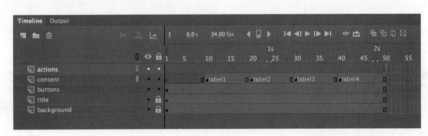

图7.38

JavaScript 和 ActionScript 代码通常放置在时间轴的关键帧上。

2. 选择 actions 图层中的第 1 个关键帧，打开 Actions（动作）面板［Window（窗口）> Actions（动作）］。

3. 单击 Add using wizard（使用向导添加）按钮，如图 7.39 所示。

图7.39

向导在"动作"面板内打开。该向导将带领用户经历代码编写过程的每一个步骤。使用向导生成的代码将出现在第一个字段中。你也可以使用该向导将 JavaScript 插入 HTML5 Canvas、WebGL gITF、VR Panorama 和 VR 360 文档中。至于 ActionScript，你可以使用 Code Snippets（代码片段）面板。

4. Step 1（步骤 1）会让用户从列表中选择想要 Animate 执行的动作或行为。滚动 Select an action（选择动作）选项下面的列表并选择 Stop（停止），如图 7.40 所示。

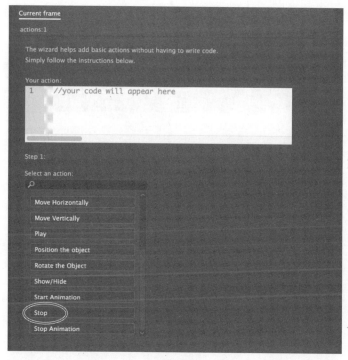

图7.40

屏幕右侧会出现另外一个菜单。

5. 在新出现的菜单中，选择 This timeline（这个时间轴），如图 7.41 所示。

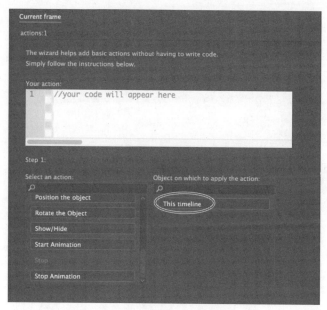

图7.41

代码将出现在动作窗口中。停止动作将被应用到当前的时间轴上，如图 7.42 所示。

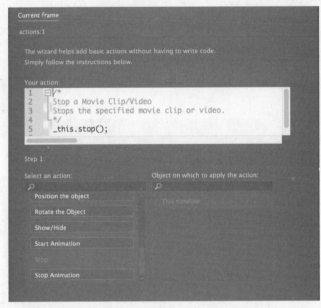

图7.42

6. 单击 Next（下一步）按钮。

向导中出现 Step 2（步骤 2）。

7. Step 2 让用户选择可以产生选定动作的触发器。选择 With this frame（在这个框架中），如图 7.43 所示。

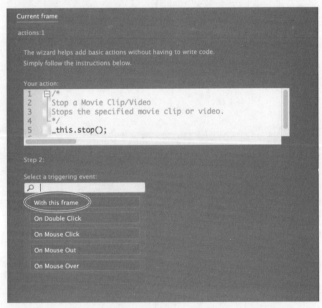

图7.43

添加其他代码以引用当前时间轴，如图 7.44 所示。

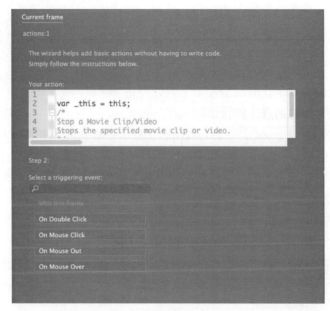

图7.44

我们想让时间轴刚开始就停止动作，因此合适的触发器应该是在播放头遇到当前帧时被触发。

8. 单击 Finish and add（结束并添加）按钮。

最终代码将被添加到"动作"面板中的 Script（脚本）窗口中，如图 7.45 所示。

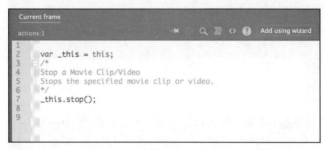

图7.45

添加的代码具体如下：

```
var _this = this;
_this.stop();
```

第一句代码创建了一个变量或占位符 _this，它指的是当前时间轴。

第二句代码指向当前时间轴并应用停止动作。语句末尾的分号充当句点，表示命令的结束。

以 /* 开始且以 */ 结束的灰色代码叫作多行注释，用来对代码的用途进行描述。多行注释可以作为代码作者和其他开发人员的参考。良好的代码注释相当重要，当返回项目解决特定问题时，注释可以节省大量的时间，因此，为代码添加注释也是开发人员应该遵守的最佳做法。

9. 在时间轴中，一个很小的字母 a 被添加到了"动作"面板的第 1 帧中，表示这里添加了代码，如图 7.46 所示。

图7.46

7.8.2 为按钮的点击操作添加动作

到目前为止，我们添加了让时间轴在第 1 帧处停止播放的代码。现在将为按钮的点击操作添加动作。按钮点击在向导中叫作触发器（trigger），在 JavaScript 和 ActionScript 中叫作事件（event）。

事件是影片中能够被 Animate 检测到并做出响应的东西。例如，鼠标点击、鼠标移动和键被按下等，都是事件。在移动设备上捏合手指和滑动屏幕等姿势也是事件。这些事件是由用户产生的，但是有些事件也可以独立于用户而发生，比如成功载入一段数据或一个音频。

1. 选择 actions 图层中的第 1 帧。

2. 打开 Actions（动作）面板（如果还没有打开的话）。

3. 将文本光标放置到 Script（脚本）窗口的最后一行，准备在停止代码中添加额外的代码。

4. 单击 Add Using Wizard（使用向导添加）按钮。

该向导在"动作"面板内打开。

5. 在 Step 1（步骤 1）中选择动作。向下滚动并选择 Go to frame label and Stop（转到帧标签并停止），如图 7.47 所示。

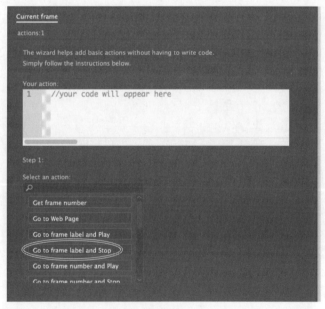

图7.47

窗口右侧将出现另外一个菜单。

6. 在新出现的菜单中，选择 This timeline（这个时间轴），如图 7.48 所示。

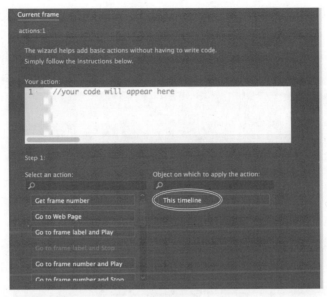

图7.48

代码出现在动作窗口中。该代码实现的动作将应用到当前的时间轴上，如图 7.49 所示。

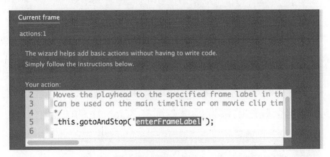

图7.49

7. 将动作窗口中高亮显示的蓝色字母用一个标签名称来替换，我们希望播放头能够跳转到这个标签上。用 label1 来替换 enterFrameLabel，如图 7.50 所示。

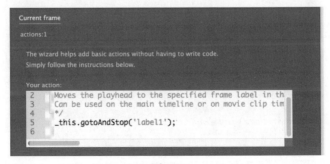

图7.50

帧标签名称呈绿色显示，应该位于一对单引号之间。

8. 单击 Next（下一步）按钮。

向导中出现 Step 2（步骤 2）。

9. Step 2 请求能够产生所选动作的触发器。选择 On Mouse Click（鼠标单击时），如图 7.51 所示。

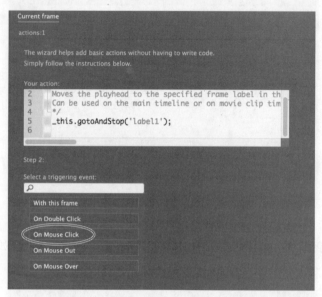

图7.51

当用户按下鼠标按键然后松开时，会发生"鼠标单击时"事件。窗口右侧出现了另外一个菜单。

10. 向导将请求对象的触发事件。选择 gabelloffel_btn 按钮，该按钮会对 Gabel and Loffel 餐厅做出响应（见图 7.52），这个餐厅的信息显示在标签为 label1 的关键帧中。

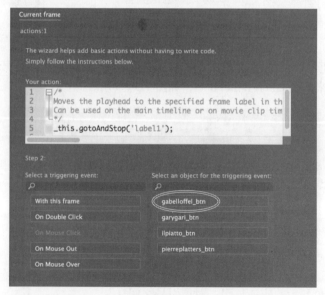

图7.52

11. 单击 Finish and add（结束并添加）按钮。

最终的代码将添加到"动作"面板的 Script（脚本）窗口之中，如图 7.53 所示。该代码包含了触发器 click 和一个函数，这个函数对触发器在触发时执行的所有代码进行了分组。我们需要重点识别的是函数的开始花括号和结束花括号。尽管这个函数只有一条语句（一个 gotoAndStop 动作，用来移动播放头），但是函数也可以包含多条语句。

```
Current frame

actions:1                                    -🔳  🔍  ☰  <>  ❶   Add using wizard

1
2    var _this = this;
3    /*
4    Stop a Movie Clip/Video
5    Stops the specified movie clip or video.
6    */
7    _this.stop();
8
9
10   var _this = this;
11   /*
12   Clicking on the specified symbol instance executes a function.
13   */
14   _this.gabelloffel_btn.on('click', function(){
15   /*
16   Moves the playhead to the specified frame label in the timeline
17   Can be used on the main timeline or on movie clip timelines.
18   */
19   _this.gotoAndStop('label1');
20   });
21
22
```

图7.53

12. 选择 Control（控制）>Test（测试）。

Animate 打开浏览器并显示了项目，如图 7.54 所示。单击 Gabel Loffel 按钮。Animate 在按钮上检测到点击触发器（click trigger），然后将播放头移动到标签为 lable1 的关键帧上，舞台在该位置处显示了 Gabel and Loffel 餐厅的信息。

图7.54

注意：如果你对自己信心十足，那么可以尝试简化为其他3个按钮复制代码的过程。复制"脚本"窗口中的代码，然后粘贴3次。每次都只更改按钮的名称和框架标签的名称。该操作要比通过向导进行操作更加快速，而且这也将成为你识别和学习不同JavaScript代码的第一步，以便最终可以自己编写代码。

13. 关闭浏览器并返回 Animate。

14. 选择 actions 图层的第 1 帧，再次打开"动作"面板。

15. 针对其他 3 个按钮，继续在现有代码中添加额外的动作和触发器。每一个按钮都应该触发一个 gotoAndStop 动作，以将播放头移动到不同的关键帧上。

检查错误

即使对于编程老手而言，调试也是一个必要的过程。无论再怎么小心，代码中都可能会出现一些错误。幸好，向导有助于降低输入错误和常见的错误。如果是手动输入代码，那么可以通过下面几个技巧来预防、捕获和识别错误。

- 如果是在ActionScript 3.0文档中工作，那么Animate将在Compiler Errors（编译器错误）面板［Window（窗口）>Compiler Errors（编译器错误）]中自动显示代码错误、错误的描述及其所处的位置。如果代码中存在编译器错误，则代码将无法运行。

- 充分利用代码中的颜色提示。Animate为关键字、变量、注释和其他语言元素分别使用不同的颜色进行显示。我们不需要知道这样做的原因，只需知道不同的颜色可以给我们提供线索，指出哪里可能丢失了标点符号。

- 单击Actions（动作）面板右上角的Format Code（格式代码）按钮，对代码进行整理，使其更容易阅读。在Edit（编辑）>Preferences（首选项）>Code Editor（代码编辑器）（Windows）或Animate CC >Preferences（首选项）> Code Editor（代码编辑器）（macOS）中，你可以更改格式化设置。

7.9 创建主按钮

由于每个餐厅的信息覆盖了按钮，所以用户在做出了第一个选择之后，当前无法做出另外一个选择。我们需要添加另外一个按钮，该按钮的功能是让用户返回到第 1 帧，该操作将在 7.10 节中讲解。

Home（主）按钮直接将播放头移动到时间轴的第 1 帧，或者移动到带有一组初始选项的关键帧处，或者移动到主菜单，然后展示给用户。下面将创建一个能移动到第 1 帧处的按钮，其过程与创建 4 个餐厅按钮的过程相同。

7.9.1 添加另外一个按钮实例

课程文件示例在"库"面板中提供了一个 Home（或 mainmenu）按钮。

1. 选择 buttons 图层，并将其解锁（如果处于锁定状态的话）。

2. 将 MAIN MENU 按钮从"库"面板拖到舞台中。将按钮实例放置在舞台的右上角，如图 7.55 所示。

图7.55

3. 在"属性"面板中，将 X 的值设置为 726、Y 的值设置为 60。

4. 在"属性"面板中，将实例命名为 mainmenu_btn，如图 7.56 所示。

图7.56

7.9.2 为主按钮添加代码

动作是 Go to frame number and Stop（转到帧编号并停止），触发器是发生按钮点击。

1. 选择 actions 面板中的第 1 帧。

2. 打开"动作"面板（如果还没有打开的话）。

3. 将文本光标放置在 Script（脚本）窗口中最后一行代码后的新行上。接下来在已有的代码中添加额外的代码。

4. 单击 Add Using Wizard（使用向导添加）按钮。

向导在"动作"面板内打开。

5. 在 Step 1（步骤 1）中选择动作。向下滚动然后选择 Go to frame number and Stop（转到帧编号并停止），如图 7.57 所示。

窗口右侧出现了另一个菜单。

6. 在新出现的菜单中，选择 This timeline（这个时间轴），如图 7.58 所示。

代码出现在动作窗口中，该动作将应用到当前的时间轴上。

7. 将动作窗口中高亮显示的蓝色字母替换为一个帧编号（见图 7.59），我们希望播放头能够转到这个帧上。现在用 0 来替换 50。

图7.57

图7.58

为什么是 0 而不是 1 呢？原因是 JavaScript CreateJS 库从 0 开始对帧计数，因此时间轴的第 1 帧是 0，而不是 1。而 WebGL glTF 和 VR 文档的 ActionScript 与 JavaScript 则是从 1 开始统计时间轴的帧，因此在对帧编号进行编码时，一定要多加小心。出于这个原因，我建议尽量使用帧标签。

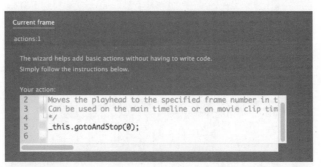

图7.59

还需要注意到的是，帧编号没有封在两个单引号中，而帧标签则是封装在两个单引号中的。

8. 单击 Next（下一步）按钮。

Step 2（步骤 2）出现在向导中。

9. Step 2 会请求能够生成所选动作的触发器。选择 On Mouse Click（鼠标单击时），如图 7.60 所示。

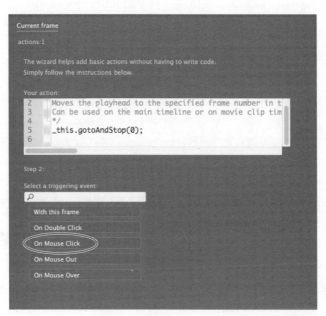

图7.60

当用户按鼠标按键然后松开时，会发生 On Mouse Click 事件。窗口右侧会出现另一个菜单。

10. 向导请求对象的触发事件。选择 mainmenu_btn，如图 7.61 所示。

11. 单击 Finish and add（结束并添加）按钮，结果如图 7.62 所示。

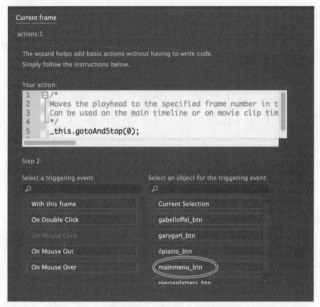

图7.61

```
22
23      var _this = this;
24      /*
25      Clicking on the specified symbol instance executes a function.
26      */
27      _this.mainmenu_btn.on('click', function(){
28      /*
29      Moves the playhead to the specified frame number in the timeline and stops the movie.
30      Can be used on the main timeline or on movie clip timelines.
31      */
32      _this.gotoAndStop(0);
33      });
34
35
```

图7.62

代码片段面板

Animate提供了一个名为Code Snippets（代码片段）的面板［Window（窗口）>Code Snippets（代码片段）］，如图7.63所示。该面板提供了一种添加ActionScript 3.0或JavaScript代码的方式。该面板针对不同类型的交互，组织成了不同的文件夹。你只需展开想要的文件夹然后选择里面的动作即可。Animate为你提供了额外的信息进行指导。

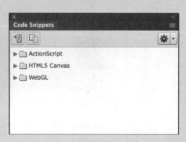

"代码片段"面板也为用户提供了一种存储自己的代码并与其他开发人员共享的方法。

对于初学者来说，最好使用"动作"面板中的Add Using Wizard（使用向导添加）选项来添加JavaScript代码。

图7.63

7.10 在目标处播放动画

到现在为止，这个交互式餐厅指南可通过 gotoAndStop 动作来在时间轴的不同关键帧处显示信息。但是，如果想让一个图像淡入而不是突然出现，则应该如何在单击按钮后播放动画呢？一种方式是使用 gotoAndPlay() 命令，该命令将播放头移动至某一帧编号或帧标签处，然后开始播放。

7.10.1 创建过渡动画

下面将要为每家餐厅的指南创建一个简短的过渡动画。这个过渡动画将缓慢地显示餐厅指南，并逐渐增强不透明度。然后更改代码，指导 Animate 跳转到每一个开始关键帧处，最后播放动画。

1. 将播放头移动到 label1 帧标签处。

2. 在舞台上右键单击餐厅信息的实例，并选择 Create Motion Tween（创建运动补间）选项，如图 7.64 所示。

图7.64

Animate 将为实例创建一个独立的补间图层，以便继续处理运动补间，如图 7.65 所示。

图7.65

3. 在舞台上选择实例，然后在"属性"面板的 Color Effect（色彩效果）区域，从 Style（样式）菜单中选择 Alpha。

4. 将 Alpha 滑块移至 0%，如图 7.66 所示。

图7.66

这样，"舞台"上的实例将变得完全透明。

5. 将播放头移动至第 19 帧，即补间范围的末尾，如图 7.67 所示。

6. 在舞台上选择透明的实例。

7. 在"属性"面板中，将 Alpha 滑块移至 100%，如图 7.68 所示。

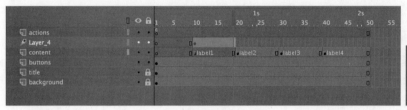

图7.67

图7.68

该实例以正常的不透明度级别进行显示。从第 10 帧到第 19 帧的运动补间生成了一个平滑的淡入效果。

8. 在 label2、label3 和 label4 的关键帧标签处，分别为其余 3 家餐厅创建与之相似的运动补间，如图 7.69 所示。现在不要试着去测试影片！你仍然需要在下一个任务中调整 JavaScript 代码来接着完善这个项目。

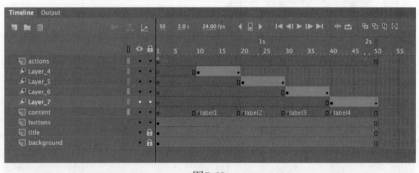

图7.69

7.10.2 使用 gotoAndPlay 命令

gotoAndPlay 命令可将 Animate 播放头移动到时间轴的某一指定关键帧处，并从该点开始播放。

1. 选择 actions 图层的第 1 帧，打开"动作"面板。

2. 在 JavaScript 代码中，将前 4 个 gotoAndStop() 命令替换为 gotoAndPlay() 命令，其中的参数保持不变：

- gotoAndStop（'label1'）应改为 gotoAndPlay（'label1'）；
- gotoAndStop（'label2'）应改为 gotoAndPlay（'label2'）；

- gotoAndStop（'label3'）应改为gotoAndPlay（'label3'）;
- gotoAndStop（'label4'）应改为gotoAndPlay（'label4'）。

对于每一个餐厅按钮，JavaScript 代码现在都将播放头引导到特定的帧标签，并从该点开始播放。

确保 Home（主）按钮的函数没有发生变化。也就是该按钮的函数仍然是一个 gotoAndStop() 命令。

 注意：快速进行多处替换的方法是在"动作"面板中使用Find And Replace（查找和替换）命令。单击该面板中右上角的Find（查找）按钮，选择Find（查找），然后从Find Text（查找文本）字段右侧的菜单中选择Find And Replace（查找和替换）选项。

7.10.3 停止动画

如果现在测试影片［Control（控制）> Test（测试）］，那么可以看到单击每个按钮都可以跳转到与其对应的帧标签处，然后从该点开始播放，但是它会持续播放，并显示该点之后时间轴上的所有动画。接下来是告知 Animate 在何时停止。

1. 选择 actions 图层的第 19 帧，即 content 图层上 label2 关键帧的前一帧。

2. 在帧上右键单击并选择 Insert Keyframe（插入关键帧）选项，如图 7.70 所示。

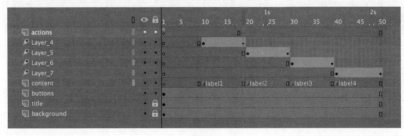

图7.70

下面将使用新关键帧来添加一个停止图标，其位置位于第二个动画开始播放的前一帧。

3. 打开"动作"面板。

"动作"面板中的 Script（脚本）窗口是空白的。不要惊慌！你的代码并没有消失。事件侦听器的代码位于 actions 图层的第 1 个关键帧。前面已经选择了一个新关键帧，下面将在这个关键帧中添加停止命令。

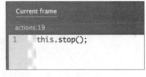

4. 在 Script（脚本）窗口中，输入 this.stop();，如图 7.71 所示。Animate 将会在到达第 19 帧时停止播放。

5. 在第 29 帧、第 39 帧和第 50 帧处插入关键帧，如图 7.72 所示。

图7.71

 提示：如果想快速且简单地直接复制包含了停止命令的关键帧，可按住Option/Alt键，然后将关键帧移动到时间轴上的一个新位置。

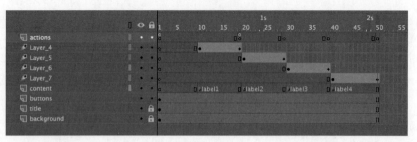

图7.72

 提示：如果愿意，也可以使用Add Using Wizard（使用向导添加）面板，为每一个关键帧添加停止命令。

6. 在"动作"面板中，分别在以上 3 处关键帧中添加一个停止命令，如图 7.73 所示。

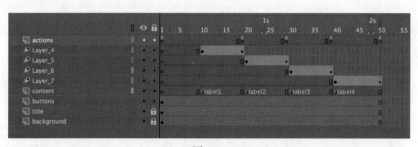

图7.73

7. 选择 Control（控制）>Test（测试）来测试影片。

这时，每个按钮都可前往不同的关键帧，并播放一个简短的淡入动画。在动画末尾，影片停止播放并等待观众单击 Home 按钮。

在"动作"面板中固定代码

当代码分散在时间轴上的多个关键帧中时，有时很难来回编辑或查看代码。"动作"面板提供了一种方法，可以将特定关键帧的代码"固定"到"动作"面板中。单击"动作"面板顶部的Pin Script（固定脚本）按钮，Animate将为当前显示在Script（脚本）窗口中的代码创建单独的选项卡，如图7.74所示。

图7.74

该选项卡将标记代码所在的帧的编号。你可以固定多个脚本，并轻松地在它们之间导航。

在继续本教程的剩余部分之前，请解锁所有脚本，以便只显示当前帧的选项卡。

7.11 对按钮进行动画处理

当前，当鼠标指针悬停在一个餐厅按钮上时，灰色的"附加信息框"会突然出现。我们可以尝试将灰色信息框制作成动画，这样将会给网站用户和按钮之间的交互性提供更多的活力和复杂性。

动画式按钮在 Up、Over 或 Down 关键帧中显示动画。创建动画式按钮的关键是，在影片剪辑元件内部创建动画，然后将该影片剪辑元件置于按钮元件的 Up、Over 或 Down 关键帧中。这样，当其中的一个按钮关键帧显示时，影片剪辑元件中的动画也将开始播放。

在影片剪辑元件中创建动画

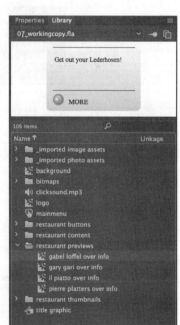

图7.75

交互式餐厅指南中的按钮元件已经在其 Over 状态中包含了一个灰色信息框的影片剪辑元件。接下来我们将编辑每一个影片剪辑元件以在其中添加动画。

1. 在"库"面板中，展开 restaurant previews 文件夹。双击 gabel loffel over info 影片剪辑元件图标，如图 7.75 所示。

接下来进入 gabel loffel over info 影片剪辑元件的元件编辑模式，如图 7.76 所示。

2. 选中舞台上所有的可见元素（Command + A/ Ctrl + A 组合键）。

3. 右键单击并选择 Create Motion Tween（创建运动补间）选项，如图 7.77 所示。

4. 在出现的对话框中，确认将所选内容转换为元件，然后单击 OK 按钮。

Layer 1 图层被转换为一个运动补间图层，并向影片剪辑时间轴上添加一个 1 秒的帧，如图 7.78 所示。

5. 向左拖动该补间范围的末尾，使得时间轴仅包含 10 帧，如图 7.79 所示。

6. 将播放头移动到第 1 帧，然后选择舞台上的实例。

7. 在"属性"面板的 Color Effect（色彩效果）区域，从 Style（样式）菜单中选择 Alpha，并将 Alpha 值设置为 0%，如图 7.80 所示。

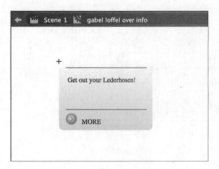

图7.76

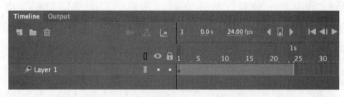

图7.77

图7.78

图7.79

图7.80

舞台上的实例变得完全透明。

8. 将播放头移动到第 10 帧,即补间范围的末尾,如图 7.81 所示。

图7.81

9. 在舞台上选中该透明实例。

10. 在"属性"面板中,将 Alpha 值设置为 100%,如图 7.82 所示。

图7.82

Animate 将会在 10 帧的补间范围中创建一个从透明实例到不透明实例的平滑过渡。

11. 插入一个新图层，并将其命名为 actions。

12. 在 actions 图层的最后一帧（第 10 帧）插入一个新的关键帧，如图 7.83 所示。

图7.83

13. 打开"动作"面板［Window（窗口）> Actions（动作）］，然后在 Script（脚本）窗口中输入 this.stop();。

在最后一帧中添加停止动作，可以确保淡入效果仅播放一次。actions 图层中位于第 10 帧处的最后一个关键帧显示了一个很小的字母 a，表示已经附加了代码，如图 7.84 所示。

图7.84

14. 单击舞台上方 Edit（编辑）栏中的 Scene 1 按钮，退出元件编辑模式。

15. 选择 Control（控制）>Test（测试）。

当鼠标指针略过第一个餐厅按钮时，其灰色信息框将出现淡入效果，如图 7.85 所示。这是因为位于影片剪辑元件内部的运动补间播放了淡入效果，而影片剪辑元件则位于按钮元件的 Over 状态中。

 提示：如果需要动画式按钮重复它的动画效果，可忽略影片剪辑时间轴末端的停止命令。

16. 为其他灰色信息框影片剪辑创建相同的运动补间，以便为所有餐厅按钮创建动画式效果，并在这些运动补间的末尾添加一个停止动作。

图7.85

7.12 复习题

1. 如何以及在何处添加 ActionScript 或 JavaScript 代码？
2. 如何命名一个实例，为什么这是必要的？
3. 如何为帧添加标签，添加标签的帧在何时发挥作用？
4. stop() 命令的作用是什么？
5. "动作"面板向导中的触发器是什么？
6. 如何创建动画式按钮？

7.13 复习题答案

1. ActionScript 或 JavaScript 代码可与时间轴上的关键帧关联起来。包含代码的关键帧用一个很小的小写字母 a 来指示。可以在"动作"面板中添加代码。选择 Window（窗口）>Actions（动作）以选择一个关键帧，并在"属性"面板中单击"动作"面板图标，或者右键单击并选择 Actions（动作）。可以直接在"动作"面板的 Script（脚本）窗口中输入代码，也可以通过 Add Using

Wizard（使用向导添加）选项来添加代码，还可以使用 Code Snippets（代码片段）面板添加代码。

2. 要命名一个实例，可以在舞台上选中它，然后在"属性"面板的 Instance Name（实例名称）字段中输入一个名字。只有对实例命名后，ActionScript 或 JavaScript 才能用代码识别它。

3. 要为帧添加标签，可以在时间轴上选择一个关键帧，然后在"属性"面板的 Frame Label（帧标签）框中输入其名称。在 Animate 中为帧添加标签后，就可以很容易地在代码中引用帧，从而让你的操作更灵活。

4. 在 ActionScript 或 JavaScript 中，stop() 命令会暂停播放头，不再让它继续播放。

5. 触发器是 Animate 能够使用动作进行响应的一个事件。点击按钮或者播放头移动到某个帧中都是典型的触发器。

6. 动画式按钮显示了 Up、Over 或 Down 关键帧中的动画。要创建动画式按钮，可在影片剪辑元件内部创建动画，然后将该影片剪辑元件置于按钮元件的 Up、Over 或 Down 关键帧中。这样，当显示其中的一个按钮关键帧时，影片剪辑元件中的动画也将开始播放。

第8课　创建虚拟现实环境

课程概述

本课将介绍如下内容：

- 创建VR 360和VR Panorama文档；
- 在项目图像中添加图层纹理以为环绕的虚拟现实环境做准备；
- 将图形和动画添加到VR环境中；
- 理解球面和圆柱投影；
- 为VR环境添加交互性；
- 通过代码控制VR摄像机；
- 测试并发布VR文档。

本课大约要用120分钟完成。启动 Adobe Animate 之前，请先访问异步社区，将本书的课程资源下载到本地硬盘中，并进行解压。在学习本课时，请打开相应的课程文件。建议先做好原始课程文件的备份工作，以免后期用到这些原始文件时，还需要重新下载。

　　VR 360 和 VR Panorama 文档允许
用户创建沉浸式虚拟现实 (VR) 体验的
环绕环境。图形添加、动画和交互性，
使这些体验更加丰富和引人注目。

8.1 开始

在开始之前，先来看一个已经完成的虚拟现实项目。在该项目中，你将创造一种身临其境的环境，让你的观众可以环顾四周，仿佛他们确实在参观博物馆。热点可以让他们从一个画廊到另一个画廊，以了解更多关于特定艺术品的知识。

1. 双击 Lesson08\08End 文件夹中的 08End.fla 文件，然后选择 Control（控制）>Test（测试），以查看最终的项目。

> **An** | **注意：** 如果还没有将本课的项目文件下载到计算机上，请现在就这样做。具体可见本书的"前言"。

> **An** | **注意：** 由于现代浏览器的安全协议，所以若直接打开（从当地的文件系统）已发布的VR 360和VR Panorama文档，它们可能无法正常运行。将HTML和依赖文件（附属资源和lib文件夹）上传到一个远程Web服务器中，或者启动一个本地Web服务器，这可以让你的项目能够正常显示。

2. 浏览器打开后将显示博物馆画廊的内部构造，如图 8.1 所示。向左、向右、向上和向下拖曳鼠标来观看画廊的其他部分。

图8.1

3. 博物馆画廊中有两个很显眼的门，单击右边的那个门。

4. 你进入一个新的画廊。拖曳浏览器窗口中的图像以查看房间周围的艺术品，然后单击显眼的门以返回到起始房间。

5. 现在单击左边的门以进入另一个画廊。在这个画廊中，矢量图形被无缝地混合在环境中，并为特定的艺术品提供更多的信息，如图 8.2 所示。这些矢量图形只是显示潜在功能的占位符，在本节课中并没有实际用途。

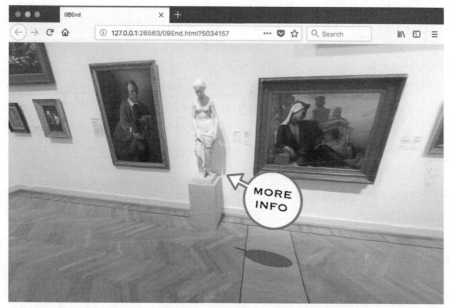

图8.2

6. 关闭浏览器窗口。

8.2 虚拟现实简介

虚拟现实（virtual reality，VR）利用计算机技术来创建模拟环境。对用户来说，现实是"虚拟的"，因为它们实际上并不位于不同的位置。计算机图形通过创建一个 360 度或全景环绕的环境可以将用户转换到任何虚拟世界（无论是在海底还是幻想的世界）中。在全景环绕环境中，用户可以从各个方向来观察虚拟世界。

VR 通常与一种头戴式设备相关联，这种设备一般戴在头上，它遮住眼睛，并跟踪用户的头部运动，以让用户获得完全沉浸式的体验。还有其他方法可以获得 360 度的效果。Adobe Animate CC 允许你在浏览器窗口中发布 VR 环境，用户可以在其中向任何方向拖动视图。你还可以添加图形、动画和交互性，以获得丰富的、引人注目的体验。

8.3 VR Panorama 和 VR 360 文档

Animate 为 VR 环境提供了两种文档类型：VR 360 和 VR Panorama。文档类型的选择取决于你想要的环境投影类型。VR 文档 project 或 map，用于将图形或图像的纹理映射到用户的环境中，以创建一个环绕的环境。VR 360 文档将纹理映射到一个球形的环境中，而 VR Panorama 文档将纹理映射到一个圆柱形的环境中。

球面和全景投影

球面投影使用的是等矩形图像。你可能在网上看到过这些图片——它们的宽度总是高度的两倍（宽高比 =2∶1）。它们会让物体看起来失真，尤其是物体的边缘。但是一旦等矩形图像被投影到一个球体上时，失真就会消失。注意，普通的地理地图是相反的——它们是地球（一个球形物体）投射到一个平面上的产物。唯一不同的是在 VR 环境中，用户是在球体里面看球体的内表面，而对于地球仪，用户是在外面看球体的外表面。广受欢迎的 360 度视频和静止摄像机通常拍摄等矩形图像。观察设备上的软件可以正确地映射图像，以实现球形环绕效果。

另一方面，全景投影要简单得多，因为它只是一张从左到右来捕捉更多视野的宽图像，就像你用相机或手机摄像头拍摄的全景照片一样。因为全景投影映射到一个圆柱体上，所以用户只能左右看（而不能上下看）。

Animate 允许你导入等矩形图像或全景照片，甚至可以自己创建图形并将其作为周围环境的纹理。

β 的含义

在撰写本书时，VR 360和VR Panorama文档类型仍处于 β（测试）阶段，这就是你看到那些附加单词被包含在文档类型名称中的原因。β 意味着软件还在测试模式。其中的一些特性可能是不完整的，或有些事情可能无法完全按预期工作。即使可能会出现一些不可预知的行为，但Adobe提供了这些文档类型的 β 版本，这是因为虚拟现实可以带来令人兴奋的潜能。

注意： 与其他的文档类型一样，并非所有的Animate特性都可以用于VR 360和VR Panorama文档。例如，蒙版、父子图层、3D旋转、3D平移和相机工具都不可用，并且在界面中它们呈灰色显示。

8.4　创建纹理图层

对于本课中的项目，你将启动一个新的 VR 360 文档，并导入用 360 相机拍摄的高分辨率等矩形图像。该图像展示了艺术博物馆里的各种画廊。你将为图像创建一个纹理图层，以便 Animate 可以正确地将它们投射到一个球形的环境中。

注意： 本节课的图片来自Flickr的用户Peter Leth，在作者许可后使用。

8.4.1　创建 VR 360 文档

1. 在 Animate 的主页面中，单击 Advanced（高级）类别。

2. 在 PLATFORMS（平台）部分，选择 VR 360（Beta）。在 Width（宽度）处输入 2048，Height（高度）输入 1024，如图 8.3 所示。

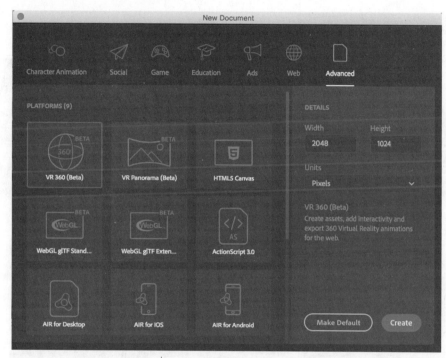

图8.3

VR 360 文档应该始终保持 2 : 1 的宽高比，以适应等矩形图像。

3. 单击 Create（创建）按钮。

一个新的 VR 360 文档将打开。

4. 选择 File（文件）>Save（保存）。对话框将打开，将新文件保存为 08_workingcopy.fla。

8.4.2　导入并调整图像

1. 选择 File（文件）>Import（导入）>Import To Library（导入至库）。

2. 在出现的对话框中，选择 08Start 文件夹并打开 Peter_Leth_FlickrCC 文件夹。按住 Shift 键选择所有（共有 3 张）的图像。单击 Open（打开）按钮。如果文件呈灰色显示且无法被选中，那么请确认对所有文件均设置了 Enable（使能）选项。

选中的图像被导入到 Library（库）面板中。

3. 在"时间轴"面板中，将第一个图层重命名为 image。

4. 将 gallery1 图像从"库"面板中拖曳到舞台上,如图 8.4 所示。

5. 在舞台上选中图像,然后在"属性"面板中将 W 的值改为 2048、H 的值改为 1024。

如果链接图标是完整的,那么 W 值和 H 值是链接的,因此更改一个维度将按比例更改另一个维度

6. 将已调整的图像移动至 $X=0$、$Y=0$ 处(见图 8.5),让图像填满整个舞台,如图 8.6 所示。

图8.4

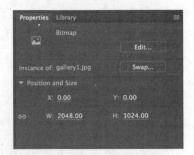

图8.5

图8.6

8.4.3　创建纹理图层

选择将哪个图层投影到球面环境中。

1. 在 image 图层中，单击 Create Texture wrapped For All Layers（为所有图层创建纹理环绕）选项下的黑点。

通过纹理环绕图标，我们可以启用 image 图层的纹理环绕选项，如图 8.7 所示。

2. 选择 Window（窗口）>VR View（VR 视图）。

VR View 面板将打开。该面板提供了图形、元件实例、动画和纹理图层中的图像如何投影的交互式预览，如图 8.8 所示。

图8.7

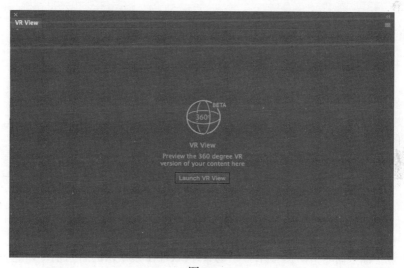

图8.8

3. 单击 Launch VR View（启动 VR 视图）。

交互预览在面板中显示。拖动图像可以查看所有方向，如图 8.9 所示。如果你向下看（向上拖动图像），你可以看到安装在 360 相机上的三脚架。

图8.9

8.5 创建新场景

场景是用来组织项目的独立时间轴。可以把场景想象成书中的章节。在动画中，从第一个场景到最后一个场景是线性播放的。

本课项目将包含 3 个独立画廊的 3 个场景。

 注意：场景并不仅限于VR 360或VR Panorama文档。你还可以在其他一些动画文档中使用场景来组织时间轴。

8.5.1 添加场景

1. 选择 Window（窗口）>Scene（场景）。

Scene（场景）面板将打开。只显示一个场景，Scene 1 是默认的时间轴，如图 8.10 所示。

2. 单击面板底部的 Add Scene（添加场景）按钮。

创建一个名为 Scene 2 的新场景，如图 8.11 所示。Scene 2 包含一个新的时间轴。

3. 再次单击"添加场景"按钮来添加第三个场景——Scene 3。

单击"场景"面板中的一个场景以导航到特定的时间轴。还可以通过单击舞台上方的 Edit scene（编辑场景）图标并从出现的菜单中选择场景来导航到另一个场景，如图 8.12 所示。

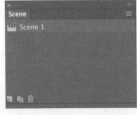

图8.10

图8.11

图8.12

8.5.2 编辑场景

你可以轻松地更改场景的顺序，也可以根据需要添加、删除或重命名场景。

- 你可以通过在"场景"面板中拖动场景来重新排列场景的顺序。
- 选中场景并单击面板底部的Delete Scene（删除场景）按钮可以删除不想要的场景。
- 双击场景可以对其重命名。在本课中，将Scene 1重命名为gallery 1，Scene 2重命名为gallery 2，Scene 3重命名为gallery 3，如图8.13所示。

图8.13

8.5.3 添加画廊

1. 在"场景"面板中，选择 gallery 2。

时间轴通过一段空白的阶段和一个空的时间轴来显示第二个场景，如图 8.14 所示。

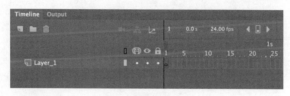

图8.14

2. 从"库"面板中将 gallery2 图像拖到舞台上。

3. 在"属性"面板中，重新设置图像的大小，让其宽度为 2048 像素，高度为 1024 像素。将图像放置在 $X=0$、$Y=0$ 处，如图 8.15 所示。

图8.15

图8.16

4. 在 gallery 2 场景中，将 Layer_1 图层重命名为 image，并将该图层设置为一个纹理图层，如图 8.16 所示。

5. 在"场景"面板中，选择 gallery 3。

6. 从"库"面板中将 gallery 3 图像拖到舞台上。

7. 在"属性"面板中，重新设置图像的大小，让其宽度为 2048 像素，高度为 1024 像素。将图像放置在 X=0、Y=0 处。

8. 在 gallery 3 场景中，将 Layer_1 图层重命名为 image，并将该图层设置为一个纹理图层，结果如图 8.17 所示。

图8.17

8.6 添加交互

现在，你将添加画廊内的可点击热点，这样你就可以更改场景，并从一个 VR 画廊环境移动到另一个。你将使用影片剪辑元件实例作为可单击的图形。

> An **注意：** VR 360和VR Panorama文档都不支持按钮元件。

8.6.1 添加另一个库中的元件

幸运的是，你可以使用 08End.fla 文件中的影片剪辑元件而不是新建一个，这可以节省时间。

1. 选择 File（文件）>Import（导入）>Open External Library（打开另一个库）（Shift+Command+

O/ Shift+Ctrl+O 组合键）。

文件导航对话框将打开。

2. 选择 08End 文件夹中的 08End.fla 文件。这是一个 VR 360 文档，对你来说足够用了。单击 Open（打开）按钮。

一个新的"库"面板将打开，展示了元件和从 08End.fla 文件中导入的资源，如图 8.18 所示。在接下来的步骤中，你将把这个库中的东西导入到 08_workingcopy.fla 文档中。

3. 在 gallery 1 场景中，添加一个新图层并将其重命名为 hotspots，如图 8.19 所示。

4. 在 08End.fla 文件的"库"面板中，将 door 影片剪辑元件拖动到 hotspots 图层的舞台上。door 影片剪辑元件被自动添加到 08_workingcopy 的"库"面板中，如图 8.20 所示。

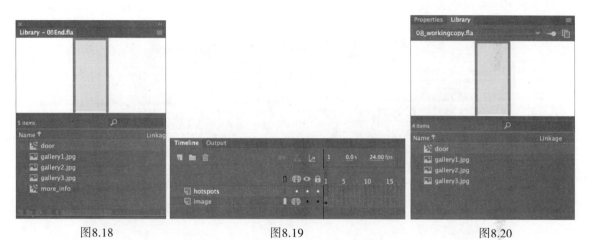

图8.18   图8.19   图8.20

5. 添加 door 影片剪辑元件的第二个实例。

6. 将这两个实例放置在画廊图像中左侧和右侧打开的门道上，如图 8.21 所示。使用 Free Transform（自由变换）工具将实例的大小调整为 fit（合适）。你可能必须缩小图像才能看到两个门。

图8.21

图8.22

使用 door 影片剪辑元件可以准确地匹配照片中门的轮廓。

7. 选择左侧的 door 实例，在"属性"面板中输入它的名字：door2，如图 8.22 所示。

回顾之前的内容，命名实例对于交互性非常重要，这样 JavaScript 代码就知道要引用舞台上的哪个对象了。

8. 选择右侧的 door 实例，在"属性"面板中输入它的名字：door3，结果如图 8.23 所示。

图8.23

8.6.2 添加代码来改变场景

你将使用 Action（动作）面板向导添加 JavaScript 代码。

1. 在 gallery 1 场景中，添加一个新的图层并将其重命名为 actions，如图 8.24 所示。

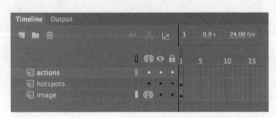

图8.24

代码应该与它的图层分开。

2. 在 actions 图层中选择第一个关键帧并打开"操作"面板［Window（窗口）>Actions（操作）］。

3. 单击"操作"面板右上角的 Add using wizard（添加使用向导）按钮，如图 8.25 所示。

图8.25

向导出现在脚本窗口的位置，它允许你从一系列菜单中添加代码，如图 8.26 所示。

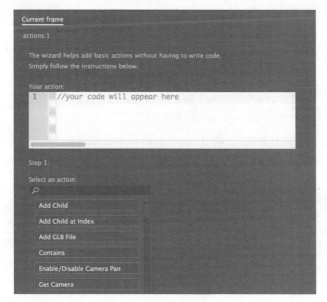

图8.26

4. 在"向导"页面的 Step 1（第一步）下，选择 Go to Scene（跳转到场景），如图 8.27 所示。

代码被自动生成，并在 Step 1 上面的窗口中预览，如图 8.28 所示。

5. 将高亮显示的字符串 Enter scene name 改为 gallery2，如图 8.29 所示。

执行代码时，播放头将被移动到一个新场景中。执行代码时需要新场景的名称——gallery2。

6. 单击 Next（下一步）按钮。

向导将跳转到下一步。在这一步（Step 2）中，你必须选择触发操作（移动到新的场景）的事件，如图 8.30 所示。

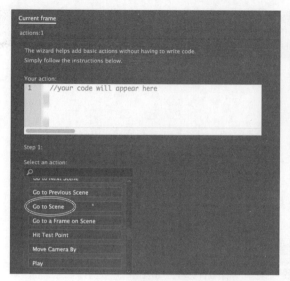

图8.27

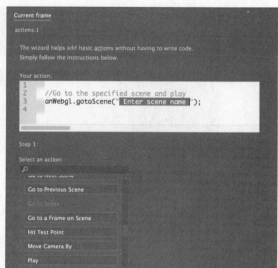

图8.28

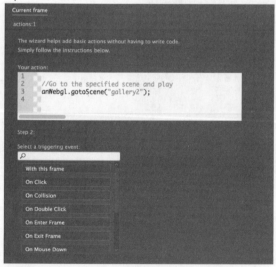

图8.29

7. 选择 On Click（在其上单击），在出现的菜单中选择 door2。

在单击 door2 影片剪辑实例时，代码会将项目移动到 gallery2 场景中，如图 8.31 所示。

图8.30

图8.31

8. 单击 Finish And Add（结束并添加）按钮。

向导将把 JavaScript 代码添加到"操作"面板的脚本窗格中，如图 8.32 所示。

在时间轴中，一个小写的 a 被添加到 actions 图层中，这表示代码附加在这里，如图 8.33 所示。关闭"操作"面板。

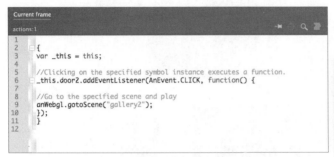

图8.32   图8.33

> **注意**：如果使用gotoAndStop()或gotoAndPlay()操作将播放头移动到VR 360文档或VR Panorama文档中的时间轴上的新帧，那么代码将时间轴的第一个帧指为1，而不是像HTML5 Canvas项目那样指为0。

8.6.3 预览 VR 项目

可以在浏览器中预览 VR 项目。确保拥有最新版本的 Web 浏览器，以便能够查看 360 环境。

1. 选择 Control（控制）>Test（测试）。

默认浏览器启动，它与 VR 项目位于一个新的窗口中。

2. 拖曳图像以查看画廊的四周。

注意门的实例是如何移动和变形来匹配纹理图层的，如图 8.34 所示。

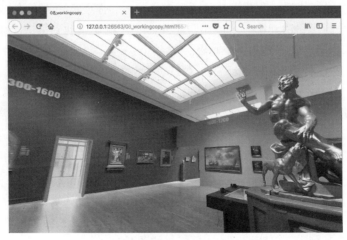

图8.34

3. 单击左边的门。

你将进入 gallery2 场景，图像在这里展示，如图 8.35 所示。

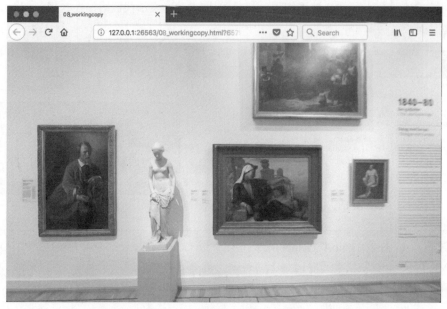

图8.35

4. 关闭浏览器窗口并返回 Animate CC。

 注意：只能在浏览器中预览JavaScript代码的交互性，而不能在VR视图窗口中预览。

8.6.4 添加其余的门和代码

你的代码让观众能够从第一个图库画廊到第二个画廊。你还需要为右边的门添加代码，这样他们就可以从第一个画廊移动到第三个画廊。此外，一旦观众移动到第二个画廊和第三个画廊，你需要有一种方法可以让他们回到第一个画廊。

1. 在"操作"面板中，将鼠标指针放置在代码末尾的新行上。

2. 单击 Add Using Wizard（添加使用向导）按钮来打开向导。

3. 与前面的任务类似，使用向导添加代码，如图 8.36 所示，以便单击 door3 触发移动到 gallery3 场景的操作。

与 gallery2 场景的交互已经完成。

4. 在"场景"面板中，选择 gallery2 场景。

5. 添加一个新图层并将其命名为 hotspots，正如你在 gallery1 场景中所做的。

6. 将 door 影片剪辑实例拖曳到舞台上，并将其放置在左侧的门口上面。使用 Free Transform（自由变换）工具调整其大小，以匹配照片中的门，如图 8.37 所示。

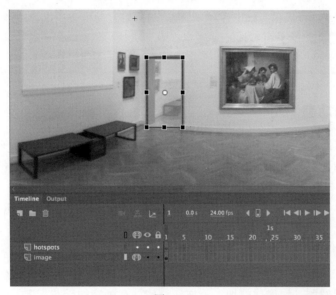

```
Current frame

actions:1

1
2    ⊟{
3        var _this = this;
4
5        //Clicking on the specified symbol instance executes a function.
6    ⊟    _this.door2.addEventListener(AnEvent.CLICK, function() {
7
8            //Go to the specified scene and play
9            anWebgl.gotoScene("gallery2");
10       });
11   }
12
13   ⊟{
14       var _this = this;
15
16       //Clicking on the specified symbol instance executes a function.
17   ⊟    _this.door3.addEventListener(AnEvent.CLICK, function() {
18
19           //Go to the specified scene and play
20           anWebgl.gotoScene("gallery3");
21       });
22   }
23
```

图8.36

图8.37

7. 在"属性"面板中,将实例命名为door1,如图 8.38 所示。

8. 添加一个新图层并将其命名为 actions。

9. 在"操作"面板中,使用向导来添加代码,以便单击 door1 可以触发移动到 gallery1 场景的操作。

与 gallery2 场景的交互已经完成。注意,在"操作"面板中,你可以导航到已经添加到 gallery1 或 gallery2 时间轴的任意代码段,如图 8.39 所示。

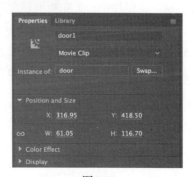

图8.38

```
Actions
 >  📁 Global                    Current frame
 ∨  🗺 gallery1                  actions:1
      📄 actions : Frame 1
 ∨  🗺 gallery2              1
      📄 actions : Frame 1   2    {
                            3    var _this = this;
                            4
                            5    //Clicking on the specified symbol instance executes a function.
                            6    _this.door1.addEventListener(AnEvent.CLICK, function() {
                            7
                            8    //Go to the specified scene and play
                            9    anWebgl.gotoScene("gallery1");
                           10    });
                           11    }
                           12
```

图8.39

10. 你觉得有必要添加一些必要的元素来完成 gallery3 场景吗？使用向导完成添加图层、添加影片剪辑实例、命名实例和添加代码的相同步骤。把门放在照片最右边的入口处。如果遇到问题，可以检查 08End.fla 文件来查看可能错过了哪些步骤。

> **提示：** gallery3的代码与gallery2的代码是相同的，如果你将doors实例命名为相同的名称，那么为了节省时间，你可以在放置door1实例之后将代码从gallery2复制粘贴到gallery3。

8.7 添加图形和动画

添加图形可以增强 VR 环境。比起简单地投射 360 度的图像，Animate 允许你添加和集成动画。想象一下，观众是如何穿过画廊，互相交流或者指着墙上的画的。用户将不仅仅是观看动画的被动观察者，而是随着动画在他们周围展开，他们将成为积极的参与者。

在下一节中，虽然你不会添加动画，但你将学习如何将图形无缝地集成到 VR 环境中。

使用 VR 视图面板来放置图形

将图形集成到 VR 环境中并不像将它们移动到舞台上那样简单。平面舞台上的变形可能会造成精确的放置误差。例如，如果你想把一个迪斯科球挂在画廊的天花板上，你会把它放在哪里？毕竟，在照片中，天花板的顶部边缘被拉长了。

VR View（VR 视图）面板可以帮助你解决这个问题。除了提供投影预览之外，"VR 视图"面板还允许你将影片剪辑实例移动到你希望看到它们的 VR 环境中。在"VR 视图"面板中移动实例后，实例中的对象会自动移动到舞台上相应的位置。

1. 在 gallery2 场景中，在 hotspots 图层上面添加一个新图层，将其命名为 more_info，如图 8.40 所示。

2. 如果还没有打开 08End.fla 库，请打开它［File（文件）>Import（导入）>Open External Library（导入外面的库）］。将 more_info 影片剪辑元件从"库"面板拖曳到舞台上。

more_info 元件被添加到 08_workingcopy.fla 库面板中。该元件是一个包含 MORE INFO 路标

和透明阴影的简单图形，它看起来像悬浮在空中，如图 8.41 所示。

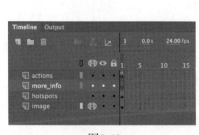

图8.40

图8.41

3. 在"VR 视图"面板中，单击 Refresh（刷新）按钮。

"VR 视图"面板刷新显示的内容，以反映舞台上添加的 more_info 实例，如图 8.42 所示。

图8.42

4. 围绕"VR 视图"面板拖曳 more_info 实例。

注意实例是如何在面板边缘轻微弯曲的，以保持物体与球面投影的一致性。

5. 拖曳 more_info 实例让其靠近雕像然后松开鼠标。

舞台上的影片剪辑元件会移动到相应的位置，如图 8.43 所示。

6. 向舞台添加另一个 more_info 实例。

7. 在"VR 视图"面板中，单击 Refresh（刷新）按钮。

图8.43

"VR 视图"面板刷新显示的内容，以反映舞台上添加的第二个 more_info 实例。

8. 在"VR 视图"面板中拖曳第二个 more_info 实例让其靠近雕像对面的画，如图 8.44 所示。

图8.44

注意：这幅画被图像分割开了。这幅画的一部分在左边，另一部分在右边。当 Animate 包装这个纹理图层时，将这幅画的边缘缝合在了一起。当你需要在接缝附近或外缘（这里的变形比较明显）操作时，"VR视图"面板可以帮助你定位物体。

在某些情况下，图形可能会出现在舞台之外的位置（如图 8.44 中的箭头），但在"VR 视图"面板中，对象可以在另一边无缝地继续。

你整合到该场景中的 MORE INFO 图形表明，用户可以点击它来获得关于它所指向的特定艺术品的额外信息。你不会这样做来结束本课，因为你正在通过添加图形来学习如何在"VR 视图"面板中放置它。

8.8 移动摄像机位置

当你从 gallery1 场景移到 gallery3 场景时，你对 gallery3 场景的第一印象就是一面橙色的挂满画的墙、一个桌子和一扇门。

如果你想从另一个角度来欣赏 gallery3 场景呢？你不能通过在纹理图层中移动图像来做到这一点，但是你可以通过代码来实现。

"操作"面板中的向导还包含了移动摄像机位置的代码，这样你就可以让你的用户以你设定的方向观看。

设置虚拟摄像机

接下来你将移动虚拟摄像机，让用户在第一次进入 gallery3 场景时自动查看房间中比较有趣的部分。

1. 在"场景"面板中，选择 gallery3 场景。
2. 选择 actions 图层的第一个帧然后打开 Actions（操作）面板。
3. 在"操作"面板中，将鼠标指针放在代码末尾的新行上。
4. 单击 Add Using Wizard（添加使用向导）按钮来打开向导。
5. 在 Step 1 中，选择 Set Camera Position（设置摄像机位置），如图 8.45 所示。

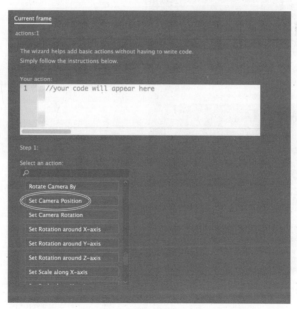

图8.45

代码是在预览面板的顶部编写的。摄像机位置的值（x、y 和 z）可以在代码中更改。当前突出显示了 x 值，如图 8.46 所示。

6. x 值为 120，y 值为 –10，z 值为 30，如图 8.47 所示。单击 Next（下一步）按钮。

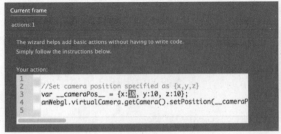
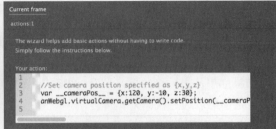

图8.46　　　　　　　　　　　　　　　　　图8.47

　　x 值表示从左到右的相机视图，*y* 值表示向上和向下的视图，*z* 值表示视角（可以看到多少）。

　　现在设置的这 3 个值会使摄像机向左旋转（逆时针方向），稍微向上旋转，而且视野更宽。

　　7. 在 Step 2 中，选择 With this frame（使用该帧）作为触发操作，如图 8.48 所示。

　　With this frame 表示当播放头到达时间轴上的该帧时执行操作。

　　8. 单击 Finish And Add（结束并添加）按钮。

　　"操作"面板中的当前脚本中添加了额外的代码，如图 8.49 所示。

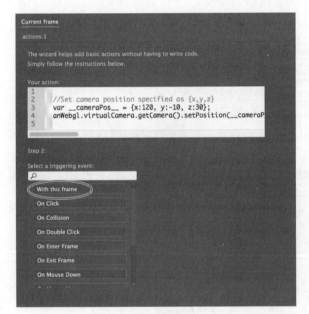

图8.48　　　　　　　　　　　　　　　　　图8.49

　　9. 测试项目。

　　10. 在浏览器窗口中，单击右边的门以移动到 gallery3 场景中。

　　你所写的代码设置了摄像机的位置，这样最初的视图就会显示很多的画，而不是门，如图 8.50 所示。

图8.50

8.9 发布 VR 项目

VR 项目已经完成，现在来发布它。

检查发布设置并导出 HTML 和 JavaScript

1. 选择 File（文件）> Publish Setting（发布设置）（Shift+Command+F12/Shift+Ctrl+F12 组合键）来打开 Publish Setting（发布设置）对话框，如图 8.51 所示。

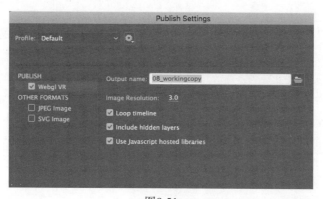

图8.51

2. 如果你想禁用时间轴的自动循环（当有动画时），请取消选择 Loop Timeline（循环时间轴）。在这个项目中，请选中它。

3. 如果希望依赖互联网上的 JavaScript 库，请选择 Use JavaScript Hosted Libraries（使用 JavaScript 托管库）选项。这个选项允许你发布更精简的东西，因为不必包含很多 JavaScript 代码。

4. 单击 Finish（完成）按钮。

Animate 从"库"面板导出必要的 JavaScript 代码和图形素材。如果检查 08Start 文件夹，你将看到 Animate 在文件夹中组织代码和素材。所有这些东西，连同 08_workingcopy.html 文档，都是在浏览器中播放 VR 项目时所必需的，如图 8.52 所示。把它们上传到你的服务器上，和全世界分享你的虚拟博物馆！播放时不需要 FLA，所以不要把它上传到服务器中。但是，请确保它是安全的，这样你就可以对项目进行其他的编辑。

08_workingcopy.fla   08_workingcopy.html   assets   libs

图8.52

8.10　复习题

1. VR 360 文档和 VR Panorama 文档类型的区别是什么？
2. 什么是等矩形图像？
3. 如何在 VR 360 和 VR Panorama 文档中创建纹理图层？
4. VR View（VR 视图）面板的用途是什么？

8.11　复习题答案

1. VR 360 文档将其纹理图层映射到一个球形的环境中，而 VR Panorama 文档将其纹理图层映射到一个圆柱形的环境中。

2. 将球形物体投影到平面矩形表面时会产生等矩形图像，它就像地球的一张地理地图。等矩形图像是 360 摄像机的常见格式。在 Animate 中，你可以 VR 360 文档中的纹理图层中的等矩形图像来创建一个虚拟现实环境。

3. 在包含要作为纹理投影的图像或图形的图层中单击 Create Texture Wrap（创建图层环绕）选项可在 VR 360 或 VR Panorama 文档中创建纹理图层。可以有多个纹理图层。

4. "VR 视图"面板用于预览纹理图层中的图像或图形如何被投影为 VR 环境。你还可以在"VR 视图"面板中拖动影片剪辑实例，以便将它们精确地放置在舞台上，使它们处于你希望它们出现的 VR 环境中。

第9课　处理声音和视频

课程概述

本课将介绍如下内容：

- 导入声音文件；
- 编辑声音文件；
- 使用Adobe Media Encoder准备视频；
- 理解视频和音频编码选项；
- 使用组件为Adobe AIR、ActionScript 3.0或HTML5 Canvas文档播放视频；
- 将嵌入视频作为动画指南；
- 自定义视频播放组件的选项。

本课大约要用60分钟完成。启动 Adobe Animate 之前，请先访问异步社区，将本书的课程资源下载到本地硬盘中，并进行解压。在学习本课时，请打开相应的课程文件。建议先做好原始课程文件的备份工作，以免后期用到这些原始文件时，还需要重新下载。

声音和视频可以为项目添加全新的维度。你可以直接在 Adobe Animate CC 中导入声音文件并对其进行编辑，然后使用 Adobe Media Encoder CC 来压缩、转换视频文件，以便在项目中使用。

9.1　开始

在开始本课之前，先来看看最终的动画式动物园信息亭。本课将在 Adobe Animate CC 中为 AIR for Desktop 文档中的项目添加声音和视频文件，来创建信息亭。

Shearwood-Wildlife-
Preserve.air

图9.1

1. 双击 Lesson09\09End 文件夹中的 Shearwood-Wildlife-Preserve.air 文件（一个跨平台的安装程序）以播放动画，如图 9.1 所示。

 注意：如果还没有将本课的项目文件下载到计算机上，请现在就这样做。具体可见本书的"前言"。

这个安装程序将警告用户：该应用程序来自未知的作者，但你可以信任我们！单击 Install（安装）按钮。安装完成后，应用程序将在桌面左上角启动一个新窗口。在一段简短的音乐结束之后，窗口中将出现一位动物园负责人，他开始了自我介绍，如图 9.2 所示。

图9.2

 注意：如果计算机要求用户选择要打开文件的应用程序，则需要安装Adobe AIR运行时。

2. 单击一个声音按钮（在窗口左下角）以倾听一种动物的声音。

3. 单击一个带有图片和动物名字的按钮来观看一段关于该动物的短片。使用影片下方的界面控件可以暂停或继续播放影片，也可以降低音量，如图 9.3 所示。

4. 按 Command + Q/Ctrl + Q 组合键关闭应用程序（也可以从 Windows 任务栏或 macOS Dock 栏中选择 Quit）。

图9.3

在本课中，你将导入音频文件，并将其放在时间轴上以创建简短的介绍性音乐，然后在按钮中嵌入声音。现在开始处理视频，本课将使用 Adobe Media Encoder CC 来压缩和转换视频文件，使其成为可在 Animate 中使用的格式。本课还将介绍如何使用和自定义音频组件来播放外部的视频文件。

1. 双击 Lesson09\09Start 文件夹中的 9Start.fla 文件，以在 Animate CC 中打开初始项目文件。

2. 选择菜单 File（文件）>Save As（另存为）。把文件命名为 09_workingcopy.fla，并把它保存在 9Start 文件夹中。保存一份工作副本，以确保想要重新设计时，能够使用原始文件。

9.2 理解项目文件

项目文件是 AIR for Desktop 文档。最终发布的项目是一个独立的应用程序，可以在 Windows 或 macOS 桌面上运行，不需要浏览器。该应用程序可以很容易地在固定显示屏（比如博物馆信息亭或问询台）中播放。

除了音频和视频部分之外，该项目的初始设置已经完成。舞台为 1000 像素 ×700 像素，应用程序的背景是一张打盹的狮子的照片，如图 9.4 所示。背景上面的图层是一排位于舞台底部的按钮，其中 3 个简单的按钮位于左侧，一组带有动物图案的按钮位于右侧。标题栏位于舞台的顶部。

时间轴包含了几个图层，用来分隔不同类型的内容，如图 9.5 所示。

名为 background photo、black、title 和 bottom navbar 的底部图层，包含了设计元素、文本和图像。它们上方的两个图层（buttons 和 sound buttons）包含了按钮元件的实例。videos 图层包含了几个带标签的关键帧，actions 图层包含了 ActionScript 3.0 代码，该代码用于为舞台底部的按钮提供交互性。

图9.4

图9.5

如果你已完成第 7 课，就应该熟悉这个时间轴的结构了。最下面行中的各个按钮已经被编码，这使得用户在单击按钮时播放头可以移动到视频图层中相应的带标记的关键帧上。接下来将在每个关键帧中插入内容。在此之前，先学习如何使用声音。

9.3 使用声音文件

你可向 Animate 中导入各种类型的声音文件，比如 MP3、AIFF 和 WAV 文件，这是常见的 3 种声音格式。在向 Animate 中导入声音文件时，这些文件被保存在"库"面板中。你可将"库"面板中的声音文件拖动到舞台上，使其位于时间轴的不同位置，以便与舞台上发生的行为同步。

9.3.1 导入声音文件

下面将向"库"面板中导入几个声音文件，本课会用到这些声音文件。

1. 选择 File（文件）>Import（导入）>Import To Library（导入到库）。

2. 在 Lesson09\09Start\Sounds 文件夹中选中 Monkey.wav 文件，然后单击 Open（打开）按钮。

Monkey.wav 文件将会出现在"库"面板中。该声音文件会用一个独特的图标来表示，而且在选中该文件时，预览窗口中会显示一个波形——代表声音的一系列的波峰和波谷，如图 9.6 所示。

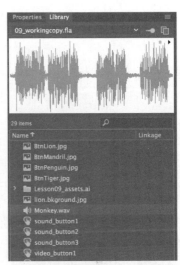

图9.6

 注意：如果Monkey.wav文件是灰色的，并不能被选中，请确保你在Enable（使能）菜单中选择了All Files（所有文件）或WAV Sound（WAV声音）。

3. 单击"库"预览窗口右上角的 Play（播放）按钮，播放声音文件。

4. 双击图 9.6 中 Monkey.wav 文件左侧的声音图标，结果如图 9.7 所示。

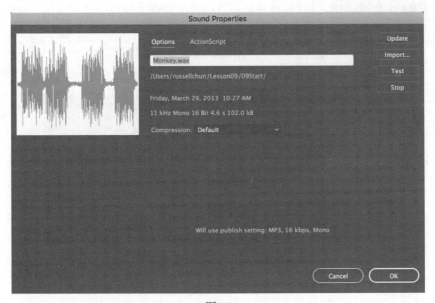

图9.7

将出现 Sound Properties（声音属性）对话框。该对话框提供了关于该声音文件的各种信息，包括其原始位置、大小和其他属性。单击 OK 按钮关闭对话框。

5. 选择 File（文件）>Import（导入）>Import To Library（导入到库），然后选中其他声音文件，将其导入到 Animate 项目中。导入 Elephant.wav、Lion.wav、Africanbeat.mp3 和 Afrolatinbeat.mp3 这几个文件。单击 Open（打开）按钮，导入这些文件。

"库"面板中应该包含了所有的声音文件。

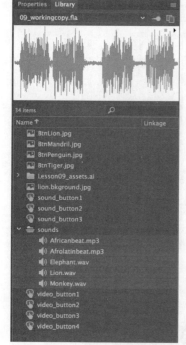

图9.8

注意：除了MP3、AIFF和WAV文件外，Animate还支持ASND（Adobe Sound）、SD2（Sound Designer II）、AU（Sun AU）、FLAC、OGG和OFF（Ogg Vorbis）。

6. 在"库"面板中创建一个文件夹，并将所有声音文件放入其中以组织"库"面板。将文件夹命名为 sounds，如图9.8所示。

提示：按住Shift键选择多个文件，可将其一次导入。

9.3.2 把音频放在时间轴上

可将声音放在时间轴的任一关键帧上，而 Animate 会在播放头到达该关键帧时播放声音。接下来将一段声音放置在第 1 个关键帧，以便影片开始播放时就出现令人愉悦的音频介绍，让听众有一个好心情。

1. 在时间轴上选择 videos 图层。

2. 插入一个新图层并将其命名为 sounds，如图 9.9 所示。

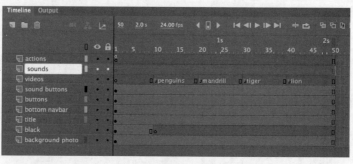

图9.9

3. 选中 sounds 图层的第一个关键帧。

4. 从"库"面板的 sounds 文件夹中将 Afrolatinbeat.mp3 文件拖到舞台上。

该声音的波形将会出现在时间轴上，如图 9.10 所示。

5. 选中 sounds 图层的第一个关键帧（如果还没有选中的话）。

在"属性"面板的 Sound（声音）区域，注意到该声音文件出现在 Name（名称）菜单中，如图 9.11 所示。

6. 在 Sync（同步）菜单中选择 Stream（流），如图 9.12 所示。

Sync（同步）选项决定了声音在时间轴上的播放方式。想要将声音与时间轴同步时，可使用 Stream（流）同步来播放较长的音频或解说音频。

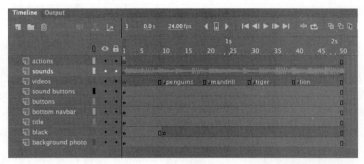

图9.10

图9.11

图9.12

7. 将播放头在时间轴上来回移动。

此时将播放该声音文件。

8. 选择 Control（控制）>Test（测试）。

声音并没有播放。不要着急，这在预期之内。原因是声音被设置为"流"同步，所以只有当播放头沿着时间轴移动，而且有足够的播放帧时，才播放音乐。在第 1 帧处有一个停止动作，会让播放头暂停以等待用户单击按钮，此时将停止播放声音文件。

9. 在时间轴的 sounds 图层中选择关键帧。在"属性"面板中，将 Sync（同步）选项从 Stream（流）修改为 Event（事件），如图 9.13 所示。

在选择了"事件"同步选项之后，只要播放头进入声音所在的关键帧，就播放声音。选择 Control（控制）>Test（测试），播放并收听完整的声音。

图9.13

声音同步指的是声音被触发、播放的方式。通常有4个选项：Event（事件）、Start（开始）、Stop（停止）和Stream（流）。Stream是将声音关联到时间轴上，以便可以轻松地将动画元素与声音进行同步。而Event和Start选项则用于触发特定事件的声音（通常是短促的声音），比如按钮的点击。Event和Start相似，但是当声音已经在播放时，Start同步不会再触发声音（这样一来，在使用Start同步时，不会出现声音重叠的情况）。Stop选项用来停止播放声音，不过它很少使用。如果想要停止使用Stream同步的声音，只需插入一个空白关键帧。

9.3.3　剪切声音的末尾

导入的声音要比需要的播放长度略长一点。下面需要使用 Edit Envelope（编辑封套）对话框来缩短该声音文件，然后应用淡出效果使声音在结束时逐渐减弱。

1. 选中 sounds 图层的第一个关键帧。

2. 在"属性"面板的 Sound（声音）区域中，单击 Edit Sound Envelope（编辑声音封套）按钮。该按钮位于 Effect（效果）菜单的右侧，显示为一个铅笔图标，如图 9.14 所示。

这将打开 Edit Envelope（编辑封套）对话框，里面展示了声音文件的波形，如图 9.15 所示。

图9.14

图9.15

上面和下面的波形分别表示立体声的左、右声道。每个波形上方的水平黑线显示了每个声道的音量级别。声道和音量级别共同构成了声音的封套（envelope，其他作品中也译为"包络"）。时间轴位于这两个波形之间，左上角的 Effect（效果）菜单体用了预设效果，右下角的按钮用来启用查看选项。

3. 在"编辑封套"对话框中，单击 Seconds（秒）按钮（如果还没有选择的话），如图 9.16 所示。

图9.16

时间轴的单位将从"帧"变为"秒"。单击 Frame（帧）按钮即可再次转换为"帧"单位。你可以在这两个单位之间来回切换，这取决于你查看声音的方式。

4. 单击 Zoom Out（缩小）按钮，直到可以看到整个波形，如图 9.17 所示。

波形大约在第 240 帧或 10 秒处结束。

5. 将时间滑块的右端向左拖动，拖至大约第 50 帧，如图 9.18 所示。

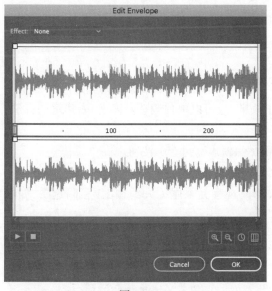

图9.17

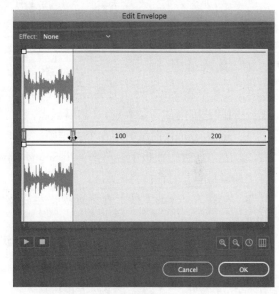

图9.18

这样，我们就将声音文件从末尾剪短了，现在声音大约播放 50 帧。

6. 单击 OK 按钮，接受所做的修改。

"编辑封套"对话框关闭。

7. 选择 Control（控制）>Test（测试）。

声音大约播放 50 帧（2 秒多一点），然后突然停止。关闭 Test Movie（测试影片）预览窗口。

注意： 在"编辑封套"对话框中所做的编辑是非破坏性的。这意味着缩短音频剪辑不会丢弃任何数据——它只是改变剪辑在电影中的播放时间。如果以后改变了主意，可以随时增加剪辑的播放时间。

音频拆分

如果想在时间轴上暂停流音频，然后在稍后的时间点从停止的位置处恢复播放音频，那么可以使用音频拆分（audio split）。你不需要在本课程中拆分音频，但这里将告诉你如何拆分音频。

要在时间轴上拆分声音，声音必须被设置为Sync（同步）流传输。在要暂停音频的位置选择帧，然后右键单击并选择Split Audio（拆分音频）。

声音将被拆分成两个流，由位于音频拆分点处的新关键帧指示。

在音频拆分点处的关键帧后面插入一个新关键帧。

现在，移动包含音频第二部分的关键帧，两个音频之间将出现一个间隙。

音频将开始播放，直到到达空的关键帧处，然后暂停播放。当播放头到达具有拆分音频的下一个关键帧时，声音将恢复播放。

9.3.4 更改音量

如果声音是淡出，而不是突然中断的话，效果会更好。可以通过在"编辑封套"对话框中修改整个时间范围内的音量级别，让声音具备淡入、淡出效果，或可以单独调整左声道、右声道的音量。

1. 选中 sounds 图层的第 1 个关键帧。

2. 在"属性"面板中，单击 Edit Sound Envelope（编辑声音封套）按钮。

"编辑封套"对话框将出现。

3. 选择 Seconds（秒）查看选项，然后放大波形以观察其末尾（大约在 2.1 秒附近），如图 9.19 所示。

4. 单击位于 1.0 秒标记上方的左声道音量级别，如图 9.20 所示。

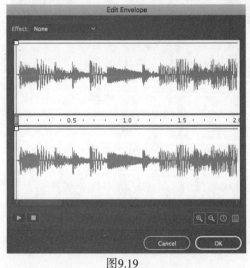

图9.19

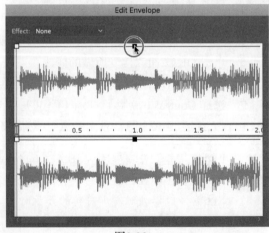

图9.20

水平线上将出现一个方块，表示已经在音量上添加了一个关键帧。右声道上也将添加一个相应的关键帧。

5. 单击位于 2.0 秒标记（在最末尾）上方的左声道音量级别，将其向下拖动，一直到声道底部，如图 9.21 所示。

向下的对角线表明音量从 100% 下降到 0。

6. 在右声道的音量级别上单击相应的关键帧，将其拖动到声道底部，如图 9.22 所示。

7. 单击 Play（播放）按钮，收听编辑后的声音。

这段音乐播放了大约 1 秒，然后缓慢淡出。

8. 单击 OK 按钮，关闭对话框，并接受更改。

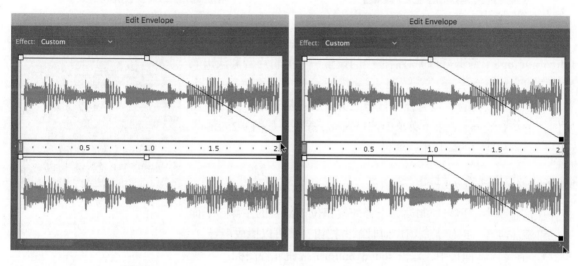

图9.21　　　　　　　　　　　　　　　　　图9.22

9.3.5　删除或更改声音文件

如果不想要时间轴上的声音文件，或者先要将其替换为不同的声音文件，可以在"属性"面板中进行更改。

1. 选中 sounds 图层中的第 1 个关键帧。

2. 如果你想删除"属性"面板的 Sound（声音）区域的时间轴中的声音，那么可以从 Name（名称）菜单中选择 None（无），如图 9.23 所示。但是不要在这节中选择 None，因为本课还需要接着使用这个声音文件。

若要将声音更改为不同的声音，请从菜单中选择一个新的声音文件，请选择 Africanbeat.mp3，如图 9.24 所示。

图9.23

图9.24

将 Africanbeat.mp3 的声音替换为 Afrolatinbeat.mp3 的声音。将 Edit Envelope（编辑封套）对话框中的设置——剪辑声音和淡出效果，应用于新声音中。

如果你想要声音（没有任何自定义剪辑或音量调整）的一个新实例，请在 Effect（效果）菜单中选择 None 选项，如图 9.25 所示。但是，不要在现在的项目中这样做。

图9.25

9.3.6 为按钮添加声音

在信息亭中，用来控制动物声音的按钮位于舞台的左侧。下面为按钮添加声音，以便无论用户何时单击按钮，都可以播放声音。

1. 在"库"面板中，双击 sound_button1 按钮元件图标。

这将进入该按钮元件的元件编辑模式，如图 9.26 所示。

该按钮元件中的 3 个图层可以为 Up（弹起）、Over（悬停）、Down（按下）和 Hit（集中）状态组织内容。

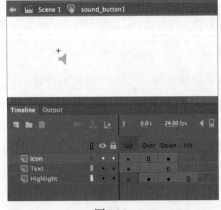

图9.26

图9.27

2. 插入一个新图层，将其命名为 sounds，如图 9.27 所示。

3. 在 sounds 图层中选择 Down 关键帧，然后在该处插入一个关键帧，如图 9.28 所示。

4. 将 Monkey.wav 文件从"库"面板的 sounds 文件夹拖到舞台中。

Monkey.wav 文件的波形就会出现在 sounds 图层的 Down 关键帧中，如图 9.29 所示。

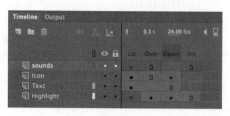

图9.28

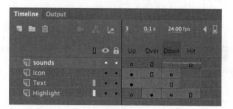

图9.29

5. 在 sounds 图层中选中 Down 关键帧。

6. 在"属性"面板的声音（Sound）区域中，从 Sync（同步）菜单中选择 Start（开始），如图 9.30 所示。

当将关键帧的 Sync（同步）设置为 Start（开始）时，只要播放头进入这个关键帧，都将触发声音。

7. 选择 Control（控制）>Test（测试），结果如图 9.31 所示。测试第一个按钮以收听猴子的声音，然后关闭预览窗口。

图9.30

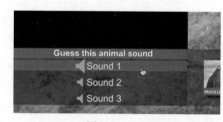

图9.31

注意： 还可以通过选择"同步"菜单中的 Event（事件）或 Start（开始），来将声音添加到按钮元件的 Over（悬停）状态。这样，只要将鼠标指针放在按钮上，就会播放声音。

---

8. 为 sound_button2 和 sound_button3 重复 1~7 步，分别为它们的 Down（按下）状态添加 Lion.wav 和 Elephant.wav 声音文件。单击 Edit（编辑）栏中的 Scene 1，退出元件编辑模式。

9.4 理解 Animate 视频

Animate 让视频传递变得很容易。通过结合视频、交互性和动画，可以为观众创建丰富多彩的沉浸式多媒体体验。

视频的部署，取决于工作文档是 ActionScript 3.0、AIR for Desktop、AIR for Android、AIR for iOS，还是 HTML5 Canvas。

> **An** | **注意**：WebGL glTF、VR 360和VR Panorama文档不支持视频播放。

9.4.1 使用 ActionScript 3.0 或 AIR 文档的视频

如果是在 ActionScript 3.0 或 AIR 文档中工作（如本课中所做的一样），那么有两种显示视频的方法。第一个方法是使用 FLVPlayback 组件播放视频。Animate 中的组件（component）是一个可重用的封装模块，可为 Animate 文档添加特定的功能。FLVPlayback 组件是一个特殊的小部件，用于在舞台上播放外部视频。

使用 FLVPlayback 组件可以让视频与 Animate 文件分离。

第二个方法是使用 ActionScript 代码来设置视频对象并播放外部视频文件。它需要更高级的编程知识，本课不对其进行深入讲解。

如果视频剪辑很短，则可以使用第三个方法，将视频直接嵌入到 Animate 文件中。这个方法很少使用，也不推荐使用（本课中不会这样做）。

避免在ActionScript 3.0或AIR文档中嵌入视频

尽管可以直接将视频直接嵌入到ActionScript 3.0或AIR文档中，但这是不现实的。这个特性是Animate应用程序之前版本的残留物，它要求将视频格式化为FLV文件（Flash Video文件），但是Media Encoder不支持该文件。此外，要想嵌入视频，视频文件就不能太大，而且在嵌入视频之后，会生成一个很大的最终文件，这将给下载和管理带来不便。

9.4.2 使用 HTML5 Canvas 文档的视频

如果要在 HTML5 Canvas 文档中显示视频，请使用 Animate 的 Video（视频）组件 [Window（窗口）>Components（组件）]。视频组件（例如针对 ActionScript3.0 文档的 FLVPlayback 组件）提供了一个简单的界面，你可以在该界面中指向正确的外部视频文件，并更改播放参数。

9.4.3 视频编码

无论使用哪种组件播放视频，Animate 需要先对视频进行正确编码。要使用 Animate 的播放组件播放视频，视频必须采用 H.264 标准进行编码。H.264 标准是一种视频编解码器，可提供高质量及非常高效的压缩能力。编解码器（压缩 - 解压缩）是计算机用于压缩视频文件以节省空间然后解压缩以播放它的一种方法。H.264 编解码器用于 MP4 视频文件（这种文件很常见），因此 MP4 视频可用于 ActionScript3.0、AIR 和 HTML5 Canvas 文档。下表总结了视频格式、组件、文档类型和回放目标之间的关系。

视频格式	组件	文档类型	目标回放
H.264 encoded.MP4	FLVPlayback	ActionScript3.0	Flash 播放器
H.264 encoded.MP4	FLVPlayback	台式机 AIR、iOS、Android	台式机或手机应用程序
H.264 encoded.MP4	Video	HTML5 Canvas	浏览器

9.5 使用 Adobe Media Encoder CC

你可使用 Adobe Media Encoder CC 将视频文件转化为合适的视频格式。Adobe Media Encoder CC 是一款随 Animate CC 一起安装的独立应用程序，它可以转化单个或多个文件（叫作批处理）从而让整个工作流程更快速、便捷。

 注意：如果机器上的Adobe Media Encoder CC因为某些原因而不可用，那么可使用Adobe Creative Cloud桌面应用程序进行下载和安装。

9.5.1 向 Adobe Media Encoder CC 添加视频文件

要将视频文件转化为兼容的 Animate 格式，第一步是向 Adobe Media Encoder CC 中添加视频文件以便进行编码。

1. 启动 Adobe Media Encoder CC。

打开的界面（见图 9.32）在右上角显示了一个 Queue（队列）面板，该面板用于显示当前已添加的待处理视频文件。"队列"面板现在应该是空的。界面中还有 Encoding（编码）面板、Media Browser（媒体浏览器）和 Preset Browser（预设浏览器）。其中，"编码"面板显示了当前正在处理的视频；"媒体浏览器"允许用户在计算机上导航，以查找视频文件；"预设浏览器"提供了常用的预先定义的设置。

2. 选择 File（文件）>Add Source（添加源），或单击 Queue（队列）面板中的 Add Source（添加源）按钮（一个加号图标），如图 9.33 所示。

这将打开一个文件导航对话框，用来选择视频文件。

 注意：默认情况下，当Adobe Media Encoder CC程序空闲时，它并不会自动处理队列。我们可以更改这一设置，方法是选择Adobe Media Encoder >Preferences（首选项）（macOS）或Edit（编辑）>Preferences（首选项）（Windows），然后选择Start Queue Automatically（自动开始队列）选项。

媒体浏览器　　　　　　　　　　　　　　　"队列"面板

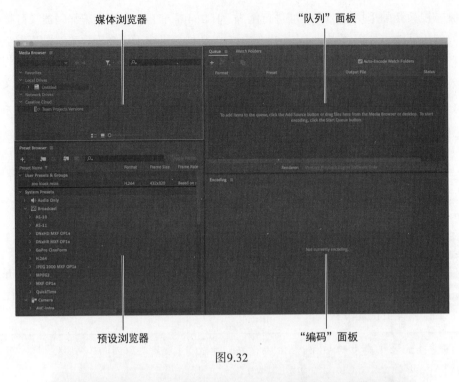

预设浏览器　　　　　　　　　　　　　　　"编码"面板

图9.32

图9.33

| **提示**：也可将该文件直接从桌面拖至"队列"面板。

3. 导航到 Lesson9\9Start 文件夹，选择 Penguins.mov 文件，然后单击 Open（打开）按钮，如图 9.34 所示。

图9.34

Penguins.mov 文件将被添加到文件队列中进行处理，并准备转换为所选择的视频格式。

9.5.2 将视频文件转换为 Animate 视频

视频文件的转换很容易，所需的时间取决于原始视频文件的大小以及计算机的处理速度。

1. 在 Format（格式）下的第一列中，继续使用默认值 H.264。

H.264 是一种被广泛使用的网络视频编解码器，可与 Animate 的视频组件配合使用。

2. 单击 Preset（预设）列中的箭头，打开"预设"菜单，如图 9.35 所示。

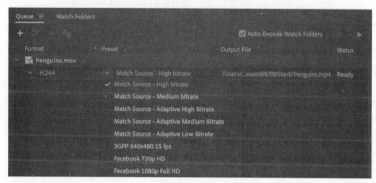

图9.35

视频预设基于特定的回放平台和设备来确定视频的尺寸和视频的质量。选择 Match Source - Medium Bitrate（匹配源 - 中等比特率）。

3. 单击刚才选择的预设名称，如图 9.36 所示。

图9.36

这将打开 Export Settings（导出设置）对话框，其中包含用于裁剪、调整大小、剪切的高级选项，以及许多其他视频和音频选项。下面将调整企鹅视频的大小，以便它符合动物园信息亭项目的舞台大小。

4. 单击 Video（视频）选项卡。取消选择 Match This Property To The Source Video（将该属性与源视频相匹配），以重新调整视频。在 Width（宽度）字段中输入 432，如图 9.37 所示。在字段外面单击，接受这一更改。

视频大小　　　　将该属性与源视频相匹配

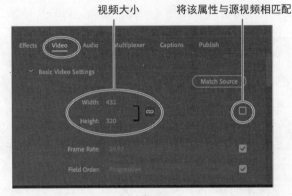

图9.37

因为选择了 Constrain Proportions（固定比例）选项（链接图标），Animate 会将 Height（高度）修改为 320，以保持视频比例一致。

5. 单击 OK 按钮。

Animate 将关闭 Export Settings（导出设置）对话框，并保存高级视频和音频设置。

6. 要想为编码视频选择不同的位置或不同的文件名，可单击 Output File（输出文件）列下的链接，如图 9.38 所示。

图9.38

7. 单击右上角的 Start Queue（开始队列）按钮（绿色三角形图标），如图 9.39 所示。

图9.39

Adobe Media Encoder CC 开始编码过程。Encoding（编码）面板显示操作的进度（以及视频的预览）和编码设置，如图 9.40 所示。

图9.40

编码过程完成后，Done（完成）将出现在 Queue（队列）面板的 Status（状态）列中。现在，Lesson09\09Start 文件夹中包含了 Penguins.mp4 文件以及原始的 Penguins.mov 文件。

> **注意：** 可以在Queue（队列）面板中更改单个文件的状态，方法是选择Edit（编辑）>Reset Status（重置状态）或Edit（编辑）>Skip Selection（跳过选择）。"重置状态"将从已完成的文件中删除Done（完成）标签，以便再次进行编码，而"跳过选择"则是在队列中有多个文件时，跳过特定的文件。

9.6 理解编码选项

转换原始视频时可以自定义各种设置。之前在转换企鹅视频时，已经讲解了如何更改原始视频的大小。你还可以将视频裁剪为特定的大小，只转换视频的某一片段，调整压缩类型和压缩程度，甚至为视频应用滤镜。要显示可用的编码选项，可在"队列"面板中选择 Penguins.mov 文件，然后选择 Edit（编辑）>Reset Status（重置状态）。单击 Format（格式）或 Preset（预设）列中的选项，将出现 Export Settings（导出设置）对话框，如图 9.41 所示。单击左上角的 Source（资源）按钮。

9.6.1 调整视频长度

视频可能会在开端或末尾有不想要的片段。如果想让视频在特定地方开始和结束，可在相应的位置分别放置 In Point（入点）和 Out Point（出点）来修剪视频素材。

1. 在视频中拖动播放头（位于顶部的蓝色标记）来预览素材。将播放头放置在期望视频开始的位置，如图 9.42 所示。

裁剪按钮
输出按钮
裁剪选项

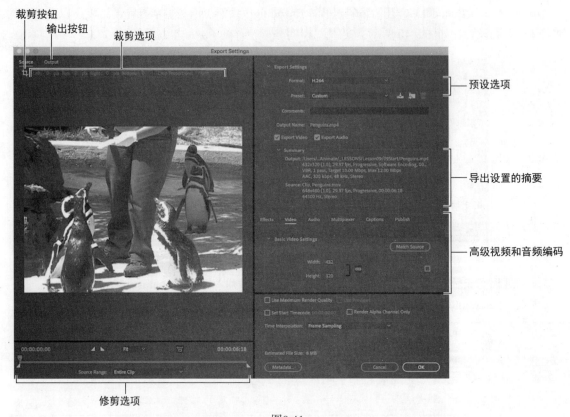

预设选项

导出设置的摘要

高级视频和音频编码

修剪选项

图9.41

图9.42

位于时间轴左侧的当前时间指示器以"时∶分∶秒∶帧"的形式显示了播放头的位置。

2. 单击 Set In Point（设置入点）按钮来将"入点"置于播放头的当前位置，如图 9.43 所示。

图9.43

3. 将播放头拖至期望视频停止的位置。

4. 单击 Set Out Point（设置出点）按钮将"出点"移至播放头的当前位置，如图 9.44 所示。

图9.44

在"入点"和"出点"标记之间呈高亮显示的视频段就是原始视频中唯一一段将会进行编码的片段。

> **An** 提示：还可以拖动"入点"和"出点"标记来将所需的视频段括起来。

5. 将入点和出点分别拖回各自的原始位置，或在 Source Range（源范围）菜单中选择 Entire Clip（整个剪辑），原因是本课并不需要修改视频的长度，如图 9.45 所示。

图9.45

> **An** 提示：可使用键盘的左方向键或右方向键，逐帧前移或后移，以进行更精确的控制。

9.6.2 设置高级视频和音频选项

Export Settings（导出设置）对话框右侧包含了有关原始视频的信息以及导出设置的摘要，如图 9.46 所示。

可以从 Preset（预设）菜单的顶部选择一个选项。在菜单的中间，可以通过选项卡导航到高级视频和音频编码选项。在菜单的最底部，Animate 显示了预估的输出文件的大小。

9.6.3 保存高级视频和音频选项

如果想对多个视频应用同样的设置，那么保存高级视频和音频选项非常有意义。你可以在 Adobe Media Encoder CC 中执行此操作。保存设置后，你可以轻松地将其应用到队列中的其他视频。

1. 在"导出设置"对话框中，单击 Save Preset（保存预设）按钮，如图 9.47 所示。

2. 在打开的对话框中，为视频和音频选项提供一个描述性名称。单击 OK 按钮，如图 9.48 所示。

3. 在"导出设置"对话框中，单击 OK 按钮返回视频队列。可以通过在 Preset（预设）菜单或 Preset Browser（预设浏览器）面板中选择项目，将自定义设置应用于其他视频，如图 9.49 所示。

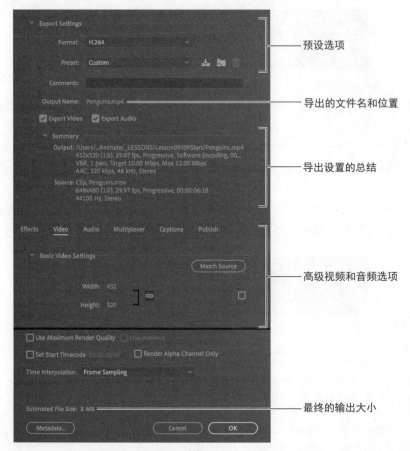

图9.46

图9.47

图9.48

图9.49

4. 按 Command + Q /Ctrl + Q 组合键退出 Adobe Media Encoder。

9.7 播放项目中的外部视频

既然已经成功地将视频转换为可兼容的正确格式,那么就可以在动物园信息亭中使用它了。下面来播放位于时间轴不同标签的关键帧处的每一个动物视频。

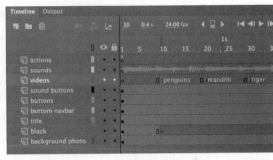

图9.50

这些视频独立于 Animate 项目。将视频放在项目外部,用户可以单独编辑它们,而且可以让从 Animate 项目中导出的视频具有不同的帧速率。

1. 在 Animate CC 中打开 9_workingcopy.fla 项目。

2. 在 videos 图层中选择标签为 penguins 的关键帧,如图 9.50 所示。

> **提示:** 在Import Video(导入视频)向导中,从时间轴中选择Embed H.264 Video(嵌入H.264视频),以嵌入一个用H.264格式编码的视频,将其用作手绘动画的指南。动画师在使用影像描摹(rotoscoping)技术进行逐帧绘制时,通常使用实景视频来指导。视频会出现在时间轴中,但是不会被导出来。

3. 选择 File(文件)>Import(导入)>Import Video(导入视频)。

这将出现 Import Video(导入视频)向导。该向导可逐步地指导用户如何在 Animate 中添加视频,如图 9.51 所示。

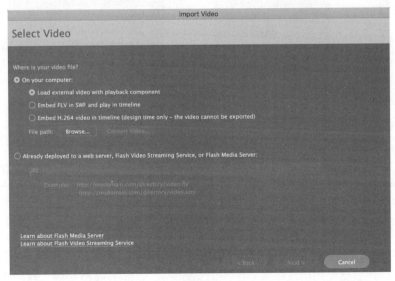

图9.51

4. 在"导入视频"向导中，选择 On your computer（在你的计算机上），然后选择 Load external video with playbook component（使用播放组件加载外部视频），再单击 File path（文件路径）字段旁边的 Browse（浏览）按钮，如图 9.52 所示。

图9.52

5. 在 Open（打开）对话框中，从 Lesson09\09Start 文件夹选择 Penguins.mp4 文件，单击 Open（打开）按钮。

视频文件的路径显示在"浏览"按钮下。因为 Penguins.mp4 和 09_workingcopy.fla 文件都在 09Start 文件夹中，所以 FLA 文档到视频的路径就是文件名。

6. 单击 Next（下一步）或 Continue（继续）按钮。

7. 在下一个屏幕中，为视频选择界面控件的皮肤或样式。在 Skin（皮肤）菜单中，选择第 3 个选项 MinimaFlatCustomColorPlayBackSeekCounterVolMute.swf（从上到下数，如果还没有选择的话），如图 9.53 所示。

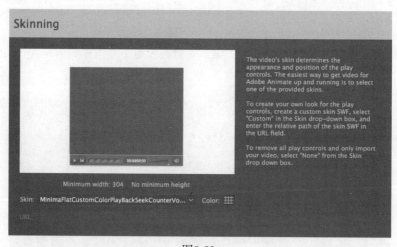

图9.53

> **An** **注意**：皮肤是一个很小的SWF文件，它决定了视频控件的功能和外观。用户可以使用Animate提供的皮肤，也可以从菜单顶部选择None（无）。

皮肤分为 3 大类。名字以 Minima 打头的皮肤是最新设计，它包括带有数字计算器的选项；以 SkinUnder 打头的皮肤则使用出现在视频下面的控件；以 SkinOver 打头的皮肤包含覆盖视频底部边缘的控件。皮肤及其控件的预览将出现在预览窗口中。

8. 单击 Color（颜色）框，选择 #333333，然后在 Alpha:% 字段中输入 75，如图 9.54 所示。单击 Next（下一步）或 Continue（继续）按钮。

图9.54

9. 在"导入视频"向导的下一个屏幕中，查看视频文件的信息，然后单击 Finish（完成）以放置视频。

10. 带有选定皮肤的视频将出现在舞台上。选中 Selection（选择）工具，将视频放置在舞台的左侧，如图 9.55 所示。在"属性"面板中，将 X 的值设置为 65，Y 的值设置为 160。

图9.55

videos 图层中带有 penguins 标签的关键帧显示为一个圆形，后面紧跟着一个浅灰色的帧范围，这表示这里面包含了内容。

此时，"库"面板中将会出现一个 FLVPlayback 组件。

11. 选择 Control（控制）>Test（测试）。在简短的音乐播放过后，单击 MAGELLANIC PENGUINES 按钮，结果如图 9.56 所示。

图9.56

FLVPlayback 组件将播放外部的企鹅视频，而且它的皮肤是在"导入视频"导向中所选择的。如果视频无法播放，请确保 MP4 视频文件与 FLA 文件在同一文件夹中。在"属性"面板的 Component Parameters（组件参数）区域［Window（窗口）> Component Parameters（组件参数）］中，Source（源）选项指出了视频文件的路径。

关闭预览窗口。

12. 其他动物视频已经使用 H.264 格式进行了编码，它们都位于 9Start 文件夹中。向与其对应的关键帧中分别导入 Mandrill.mp4、Tiger.mp4 和 Lion.mp4 视频文件，将它们放置到舞台上，其位置与 Penguins.mp4 视频的位置相同。然后选择与 Penguins.mp4 视频相同的皮肤。

控制视频播放

视频组件可以让用户控制播放哪个视频、是否自动播放该视频以及其他一些播放选项。用户可在 Component Parameters（组件参数）面板中访问这些播放选项。在舞台上选择 FLVPlayback 组件，然后在"属性"面板中选择 Show Parameters（显示参数），或者选择 Window（窗口）> Component Parameters（组件参数），如图 9.57 所示。

窗口左侧中列出了各种属性，与属性相对应的值列在窗口右侧，如图 9.58 所示。选中舞台上的任一视频，然后在以下选项中进行选择。

图9.57

图9.58

- autoPlay：当选中该选项时，视频将自动播放；取消选中时，视频将在第1帧处暂停。
- skinAutoHide：选择该选项可隐藏控制器，并且只有当用户在视频上滚动鼠标滚轮时，才显示控制器。
- skin：显示当前皮肤文件的名称。单击皮肤的名称，打开Select Skin（选择皮肤）对话框，可在Skin（皮肤）菜单中选择其他选项。
- skinBackgroundAlpha：要更改皮肤的透明度，可输入一个0（完全透明）~1（完全不透明）的小数值。
- skinBackgroundColor：要更改皮肤的颜色，可单击色块，然后选择一个新颜色。
- source：用来显示Animate要播放的视频文件的名称和位置。要修改名称或位置，可单击文件信息。在出现的Content Path（内容路径）对话框中，输入一个新文件名，然后单击Folder（文件夹）图标，选择要播放的新文件。路径与Animate文件的位置有关。

> **An** | **注意：** 视频文件、09_workingcopy.swf文件和皮肤文件都是动物园信息亭工作所需的。皮肤文件发布在与SWF文件相同的文件夹中。

> **An** | **提示：** 在Animate CC的舞台上不能预览视频。必须测试影片［Control（控制）> Test（测试）］，才能在视频组件中观看视频的播放情况。

> **An** | **注意：** 虽然在ActionScript 3.0文档中播放视频的组件称为FLVPlayback，但它能够播放H.264编码的视频（MP4）以及FLV视频。

使用HTML5 Canvas视频组件

要在HTML5 Canvas文档中显示视频，可使用Video（视频）组件，该组件与本课前面学到的FLVPlayback组件很相似。

用户必须自己将Video（视频）组件从Components（组件）面板添加到舞台上。与ActionScript 3.0或AIR文档相反，Video组件没有Import（导入）向导可带领读者完成添加视频的步骤。但是这个过程很简单。

要在HTML5 Canvas文档中添加视频，请打开Components（组件）面板［Window（窗口）> Components（组件）］，然后展开Video（视频）类别，如图9.59所示。

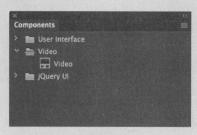

图9.59

将"视频"组件从"组件"面板拖动至舞台。在"属性"面板中，选择Show Parameters（显示参数）或Window（窗口）>Component Parameters（组件参数）来显示使用"视频"组件进行视频播放的属性，如图9.60所示。

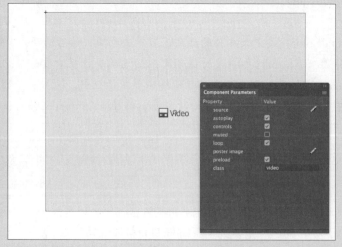

图9.60

在"属性"面板的Component Parameters（组件参数）区域中，单击source（源）旁边的Edit（编辑）按钮（铅笔图标），如图9.61所示。

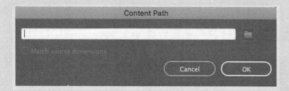

图9.61

这将打开Content Path（内容路径）对话框。输入H.264编码视频文件（.mp4）的路径，或选择文件夹图标，来导航到计算机上的视频文件。Animate会检索视频的正确尺寸。使用"属性"面板中的播放和UI选项可更改视频在浏览器中播放的方式。

9.8 添加不带播放控件的视频

在动物视频中显示的播放控件，可让观众暂停、倒回或重新播放视频，以便收听与每种动物相关的信息。但是，有时可能想显示不包含控件的视频文件，以便给观众一个更无缝衔接、更完整的体验。对该项目来说，动物园负责人会在动画刚开始播放时弹出，然后进行介绍。视频将在FLVPlayback组件中播放，但是控件将被隐藏起来。

下面将导入视频文件，该文件已经被正确地编码为H.264格式。

导入视频剪辑

现在使用 Import Video（导入视频）向导来导入 Popup.mp4 文件。

1. 选择 videos 图层中的第 1 帧。

2. 选择 File（文件）>Import（导入）>Import Video（导入视频）。

3. 在 Import Video（导入视频）向导中选择 On your computer（在你的计算机上），然后选择 Load external video with playbook component（使用播放组件加载外部视频），再单击 Browse（浏览）按钮。选择 Lesson9\9Start 文件夹中的 Popup.mp4 文件，然后单击 Open（打开）按钮。

4. 单击 Next（下一步）或 Continue（继续）按钮。

5. 在 Skin（皮肤）菜单中选择 None（无），如图 9.62 所示。单击 Next 或 Continue 按钮。没有皮肤也就意味着视频没有播放控件。但是，视频仍然使用 Video（视频）组件来播放。

6. 单击 Finish（完成）按钮来播放视频，结果如图 9.63 所示。

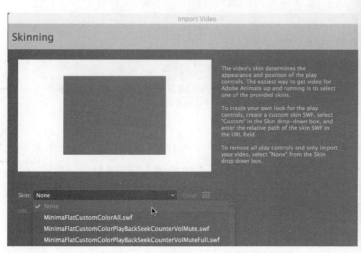

图9.62　　　　　　　　　　　　　　图9.63

带有黑色背景的动物园负责人的视频将出现在舞台上。移动视频，以便底部边缘与声音按钮上方的红色长条的顶部边缘对齐。将"属性"面板中的 X 值设置为45。

7. 选择 Control（控制）>Test（测试）。

在介绍音乐播放过后，动物园负责人将出现，并进行简短讲话。如果视频无法播放，请确保视频文件所在的文件夹与 FLA 项目文件相同。

现在项目已经完成！在本书的最后一课，你将学习如何发布项目以传递给观众，项目可以是视频文件、网站，或者是像这个动物园信息亭项目一样的独立程序。

> **An** **注意：** 在本书写作时，在当不同的关键帧之间导航时，Animate中的一个bug使得Animate无法识别视频组件中新实例的大小信息。因此，初始视频popup.mp4可能让动物视频显得更小。一种解决办法是在videos图层上的视频组件实例之间插入空白关键帧。

> **An** **注意：** 如果在导航到包含第二个视频的另外一个关键帧时，没有停止当前视频的播放，这会发生声音重叠的情况。预防该情况发生的一种方式是，使用SoundMixer.stopAll()命令停止所有声音，然后再开始播放一个新视频。在9_workingcopy.fla文件的actions图层的第一个关键帧中，ActionScript代码包含了正确的代码，可以停止播放所有的声音，然后再导航到一个新的动物视频。

9.9　复习题

1. 如何编辑一个音频剪辑的长度？

2. 什么是视频的皮肤？

3. 在 HTML5 Canvas 文档中使用视频的正确格式是什么？

4. FLVPlayback 组件和 Video 组件之间的区别是什么？

5. 如何自定义视频播放控件的外观？

9.10　复习题答案

1. 要编辑一个声音剪辑的长度，可选中包含该剪辑的关键帧，然后在"属性"面板中单击"编辑声音封套"按钮。接着在"编辑封套"对话框中移动时间滑块，以便从文件的开头或末尾裁剪声音。

2. 皮肤是视频控件的功能和外观的组合，如 Play（播放）、Fast Forward（快进）和 Pause（暂停）按钮。可以将按钮放在不同的位置，以得到各种组合，还可以使用不同的颜色或透明度级别来自定义皮肤。如果不想让观众去控制视频，可以在 Skin（皮肤）菜单中选择 None（无）。

3. 要使用 Animate 视频播放控件来播放视频，那么视频文件必须被编码为 H.264 格式。用户可以使用 Adobe Media Encoder CC 这款独立的应用程序来导入各种媒体类型，对其进行修剪、裁切，并导出 H.264 编码的 MP4 视频文件。

4. 在播放来自 ActionScript 3.0 或 AIR 文档的用 H.264 编码的外部视频时，需要使用 FLVPlayback 组件。在播放来自 HTML5 Canvas 文档的用 H.264 编码的外部视频时，需要使用 Video 组件。可以将 Components（组件）面板中的任何一个组件添加到舞台上，或者针对 ActionScript 3.0 或 AIR 文档使用 Import Video（导入视频）向导。

5. 要更改可用的控件类型或者视频播放界面的设计，可从 Component Parameters（组件参数）面板中选择一种不同的皮肤。

第10课 发布

课程概述

本课将介绍如下内容：

- 理解运行时环境；
- 理解不同Animate文档类型的输出文件；
- 修改发布设置；
- 将一个Animate文档类型转换为不同的文档类型；
- 针对桌面端发布Adobe AIR应用程序；
- 发布HTML5 Canvas文档；
- 针对macOS和Windows发布放映文件；
- 在AIR Debug Launcher中测试移动交互；
- 理解针对iPhone或Android的发布

本课大约要用90分钟完成。启动 Adobe Animate 之前，请先访问异步社区，将本书的课程资源下载到本地硬盘中，并进行解压。在学习本课时，请打开相应的课程文件。建议先做好原始课程文件的备份工作，以免后期用到这些原始文件时，还需要重新下载。

　　在 Adobe Animate CC 中使用各种文档类型可以创建面向各种平台和用途的内容，包括用于 Web 浏览器的 HTML5 多媒体、桌面应用程序、高清视频或移动设备应用程序。利用 Animate 强大且熟悉的动画和绘图工具，用户可以将内容呈现在任何地方。

10.1　理解发布

发布指的是为观众创建一个或多个文件,以播放最终的 Adobe Animate CC 项目的过程。请注意,Animate CC 是用户进行创作时使用的应用程序, 它与观众体验电影时的环境不同。在 Animate CC 中, 用户在创作内容,这意味着用户正在创建艺术和动画,或者添加文字、视频、声音、按钮和代码。在目标环境(比如桌面浏览器或移动设备)中, 观众会看到内容的播放或运行。因此, 开发人员需要区分"开发时"(author-time)环境和"运行时"(runtime)环境。

 注意:如果还没有将本课的项目文件下载到计算机上,请现在就这样做。具体可见本书的"前言"。

Animate 可以将内容发布到各种运行时环境,用户所需的运行时环境决定了首次开始项目时选择的 Animate 文档。

有时, 单个文档类型可以为多个运行时环境发布内容。例如, ActionScript 3.0 文档可以导出一个高清视频、在桌面播放的放映文件或用于社交媒体的动画 gif。

10.1.1　文档类型

第 1 课讲解了各种 Animate 文档类型,并且你已经在本书的项目中使用了几个。例如, 第 2 课创建了一个 HTML5 Canvas 文档, 第 5 课创建了一个 ActionScript 3.0 文档, 第 9 课创建了一个 AIR for Desktop 文档。每个项目都为其目标运行时环境发布了一组不同的文件,但每个项目都保存为可以在 Animate CC 中编辑的 FLA(Animate 文档)或 XFL(未压缩的 Animate 文档)文件。

本课将更详细地介绍文档类型的各种发布选项。

10.1.2　运行时环境

如果将 ActionScript 3.0 文档发布到 SWF 并在桌面 Web 浏览器中使用 Flash Player 播放, 则 Flash Player 是该 ActionScript 3.0 文档的运行时环境。Flash Player 31 是最新版本, 支持 Animate CC 中的所有新功能。Flash Player 是 Adobe 网站提供的一个免费插件,可用于所有主流的浏览器和平台。

 注意:ActionScript 3.0文档还支持将内容作为macOS或Windows的放映文件(projector)发布。放映文件作为桌面上的独立应用程序播放,不需要浏览器。

但是, 到 2020 年底, Adobe 将不再为 Web 浏览器提供 Flash Player 支持。越来越多的主流浏览器自动阻止 Flash Player, 用户必须手动启用 Flash Player 插件。出于这些原因, 最好使用 ActionScript 3.0 文档来为导出文件(比如高清视频、精灵表单或 PNG 序列)或放映文件(本课将讲解)创建动画素材。

如果你针对的是不需要 Flash Player 的 Web 浏览器, 则使用 HTML5 Canvas、VR 360、VR Panorama 或 WebGL glTF 文档开始你的 Animate 项目。要将交互性集成到 HTML5 Canvas、VR

360、VR Panorama 或 WebGL glTF 文档中，可以使用 JavaScript 而不是 ActionScript。可以直接在 Actions（动作）面板中添加 JavaScript，或在"动作"面板中使用 Actions 代码向导。

 提示： 当在Publish Settings（发布设置）对话框中更改设置时，Animate会把设置保存在文档中。

Adobe AIR 是另一个运行时环境。AIR（Adobe Integrated Runtime，Adobe 集成运行时）直接从桌面运行内容，而无须使用浏览器。当为 AIR 发布内容时，可以将内容生成为能够创建独立应用程序的一个安装程序，或者使用已安装的运行时（称为"运行时绑定"）构建应用程序。

你还可以将 AIR 应用程序发布为可在 Android 设备和 iOS 设备上安装、运行的移动应用程序。iOS 设备如 Apple iPhone 或 iPad，其浏览器不支持 FlashPlayer。

 注意： 并非所有的文档类型都支持所有的特性。例如，WebGL glTF文档不支持Camera（摄像机）工具，HTML5 Canvas文档不支持3D旋转和平移工具。不支持的工具呈灰色显示。

10.2　转换为 HTML5 Canvas

我们可能有许多 ActionScript 3.0 文档类型的旧动画，但是客户希望将其用作 HTML5 动画。不要担心，我们不必重做所有的工作。幸运的是，Animate CC 包含了将 ActionScript3.0 文档转换为 HTML5 Canvas 文档的选项，因此我们的动画可以覆盖最广泛的受众群体。

使用 Animate 素材创建 HTML5 Canvas 文档有两种方法。第一种方法，可以创建一个新的 HTML5 Canvas 文档，然后将图层从一个文件复制并粘贴到新文件。第二种方法，可以打开 ActionScript 3.0 文档，然后选择 File（文件）>Convert To（转换为）>HTML5 Canvas。Animate CC 将进行转换，然后将新文件保存为 HTML5 Canvas 文档。

 注意： 要知道ActionScript 3.0文档没有必要一定包含ActionScript 3.0。ActionScript 3.0文档只是一个Animate动画文档，默认情况下针对浏览器中的Flash Player发布。ActionScript 3.0文档只能由动画构成。

将 ActionScript 3.0 文档转换为 HTML5 Canvas 文档。

现在将把前面的内容中作为 ActionScript 3.0 文档构建的动画转换为 HTML5 Canvas 文档。

1. 打开 10Start 文件夹中的 10Start_convert.fla 文件，如图 10.1 所示。

该项目是为虚构的电影 Double Identity 创建的一个宣传片。ActionScript 3.0 文档中包含位图和补间动画（其位置、缩放、色彩效果、3D 效果和滤镜都有变化）。

文件针对的是 Flash Player。其帧速率为 30 帧 / 秒，其中黑色舞台尺寸固定:宽度为 1280 像素，高度为 787 像素。

图10.1

2. 选择 File（文件）>Convert To（转换为）>HTML5 Canvas。

Animate 将询问用户转换后的新文件保存在哪里。

3. 单击 Save（保存）按钮，将文件存放到 10Start 文件夹中。

Animate 将内容复制到一个新 HTML5 Canvas 文档中，并保存为一个新文件。新的 HTML5 Canvas 文档包含转换后的内容。

4. 查看 Output（输出）面板中的警告，如图 10.2 所示。

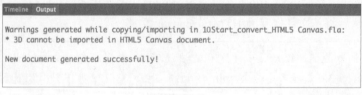

图10.2

"输出"面板显示以下警告：

*3D cannot be imported in HTML5 Canvas document.（不能在 HTML5 Canvas 文档中导入 3D）

HTML5 Canvas 文档不支持 3D 旋转和 3D 平移工具，因此不显示补间。请留意 Output（输出）面板中的消息，以确保理解了 Animate 如何将内容从 Flash Player 转换到 HTML5，以及哪些特性未成功移植。通常，在每次转换后，必须对动画进行额外的修改。

5. 选择 Control（控制）>Test（测试）来测试转换的内容，如图 10.3 所示。

图10.3

Animate 导出 HTML5 和 JavaScript，并在浏览器中显示动画。转换后的动画在播放时显示了所有的补间动画，包括汽车在减速时的嵌套动画。标题的 3D 动画（没有得到支持）出现在结尾，没有任何动画效果。此外，Blur（模糊）滤镜没有动画效果，这是 HTML5 Canvas 文档的另一个限制。

"输出"面板显示了包含在动画中的有关特性的其他警告。

10.3 针对 HTML5 的发布

HTML5、CSS3 和 JavaScript 是用于在桌面端、手机和平板电脑上为 Web 创建内容的现代标准。在 Animate 中选择 HTML5 Canvas 文档类型，将会把 HTML5 定义为发布的运行时环境，并输出 HTML5 和 JavaScript 文件的集合。

10.3.1 什么是 HTML5 Canvas

Canvas 指的是 canvas（画布）元素，这是 HTML5 中的一个标记，允许 JavaScript 对 2D 图形进行渲染和动画处理。Animate 通过 CreateJS JavaScript 库来生成 HTML5 项目 canvas 元素中的图形和动画。

10.3.2 什么是 CreateJS

CreateJS 是一系列的 JavaScript 库，可通过 HTML5 实现丰富的互动内容。CreateJS 是几个单独的 JavaScript 库（EaselJS、TweenJS、SoundJS 和 PreloadJS）的集合。

- EaselJS库提供了一个显示列表，允许用户使用浏览器中画布上的对象。
- TweenJS库提供了动画特性。
- SoundJS库提供了在浏览器中播放音频的功能。

- PreloadJS 库用来管理和协调内容的加载。

借助于 CreateJS，Animate CC 会生成所有必要的 JavaScript 代码，以在舞台上表示图像、图形、元件、动画和声音。Animate 还输出依赖的资源，比如图像和声音。你可以轻松配置这些图像和声音资源在发布设置中的组织方式。

还可以直接在 Actions（动作）面板中包含自己的 JavaScript 命令从而来控制动画。这些 JavaScript 命令被导出为 JavaScript 文件。

登录 Create 网站可学到关于 CreateJS JavaScript 库的更多知识。

10.3.3　导出到 HTML5

将动画导出到 HTML5 和 JavaScript 的过程相当简单。

1. 在刚刚转换的文件 10Start_convert_HTML5 Canvas.fla 中选择 File（文件）>Publish（发布）。

Animate 将动画导出为 HTML 和 JavaScript 文件，并将它存放在与 FLA 文件相同的文件夹中（根据默认的"发布设置"选项）。

2. 双击 HTML 文件，将其命名为 10Start_convert_HTML5 Canvas.html。

默认的浏览器将打开并播放动画。由于安全限制，用户可能无法从本地文件系统中播放浏览器的内容。如果发生这种情况，可将 HTML 文件和相关素材上传到 Web 服务器。

10.3.4　理解导出的文件

这个动画使用了位图图像。必须将导入到 Animate 库中的图像导出来，以便 HTML 和 JavaScript 文档访问。

1. 在桌面端检查保存了 Animate 文件 10Start_convert_HTML5 Canvas.fla 的文件夹，如图 10.4 所示。

Animate 创建了一个 HTML 文件，还有一个包含代码的 JavaScript 文件，这些代码用来对图像资源进行动画处理。此外，Animate 还创建了一个名为 images 的文件夹。

2. images 文件夹中存放的是被保存为单个 PNG 图像的动画的所有位图资源，如图 10.5 所示。位于导出文件中的 JavaScript 代码可以动态地载入需要在单个 PNG 图像中显示的图像（叫作精灵表单）。

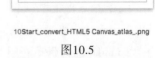

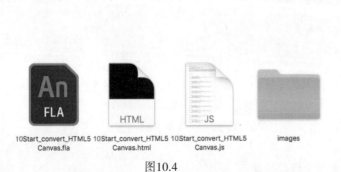

10Start_convert_HTML5　10Start_convert_HTML5　10Start_convert_HTML5　　　　images
Canvas.fla　　　　　Canvas.html　　　　　Canvas.js

图10.4

10Start_convert_HTML5 Canvas_atlas_.png

图10.5

要在网络上分享 HTML5 动画，只需要将 HTML 文件、JavaScript 文件和 images 文件夹上传到服务器即可。然后将观众引向 HTML5 文档，让他们看到你的动画。你可以对 HTML5 文档重命名，但是不要重命名 JavaScript 文件、images 文件夹，以及文件夹中的精灵表单。HTML5 文档会引用这些文件，如果重命名了这些文件，则 HTML5 文档将找不到这些文件，动画也就无法运行了。

支持的特性

HTML5 Canvas文档不支持所有的Animate CC特性。幸运的是，Output（输出）面板针对Animate文件中无法成功导出的文件显示了警告信息。

Animate将禁用无法成功导出到HTML5和JavaScript的任何特性。例如，"工具"面板中的3D旋转工具和3D平移工具将呈灰色显示，表明HTML5 Canvas文档不支持3D旋转和平移。HTML5 Canvas文档还不支持许多混合模式和某些滤镜效果。

10.3.5 发布设置

Publish Settings（发布设置）对话框可以用来更改文件的存储位置和存储方式。

1. 在"属性"面板中单击 Publish Settings（发布设置），或选择 File（文件）>Publish Settings（发布设置），打开"发布设置"对话框，如图 10.6 所示。

图10.6

2. 在 Basic（基本）选项卡中，执行如下操作。

- 如果只想让时间轴播放一次，则取消选中Loop Timeline（循环时间轴）。

- 单击靠近Output name（输出名称）字段附近的文件夹图标，将发布的文件存储到一个不同的文件夹中或不同的文件名下。

- 如果要将资源存放到不同的文件夹，可修改Export assets（导出资源）选项附近的路径。如果文件中包含图像，则必须选中Export Image assets（导出图像资源）复选框；如果文件中包含声音，则必须选中Export Sound assets（导出声音资源）复选框。

- 选择Center stage（居中舞台），将Animate项目在浏览器窗口中居中对齐。可以使用这个选项附近的菜单来选择影片的居中方式：Horizontally（水平）、Vertically（垂直）或Both（水平和垂直）。

- 选择Make response（做出响应），让Animate项目对浏览器窗口大小的改变做出响应，然后使用该选项附近的菜单，选择项目是响应窗口高度的变化、窗口宽度的变化，还是同时响应。Scale to fill visible area（缩放以填充可见区域）选项决定了项目如何填充浏览器窗口中的可见区域。

- 选择Include preloader（包含预加载器）。该选项包含一个标准的循环播放的小动画，其目的是在动画开始播放之前，让用户知道文件正在下载。

3. 选择 HTML/JS 选项卡，如图 10.7 所示。

如果想发布单个文件，且这个文件包含了项目中所有必要的 JavaScript 和 HTML 代码，则可以单击 Include JavaScript in HTML（在 HTML 中包含 JavaScript）。如果选择该选项，在每次发布时，Animate 都将覆盖导出的文件。

如果想保留 HTML 文件，只是想更改生成的让动画动起来的 JavaScript 代码，则取消选中 Overwrite HTML file on publish（在发布时覆盖 HTML 文件）复选框。

Hosted Libraries（托管库）选项告诉发布的文件在哪里可以找到 CreateJS JavaScript 库。在选中该选项时，用户的发布文件将指向 CDN（内容分发网络）来下载库，CDN 的地址为 CreateJS 的官网。在选中该选项时，要想让动画能运行，用户必须接入了 Internet。在取消选中 Hosted Libraries 选项时，Animate 将 CreateJS JavaScript 库作为必须伴随项目文件的单独文档包含进来。

保留其他所有 Advanced JavaScript（高级 JavaScript）选项的默认设置。

4. 选择 Image Settings（图像设置）选项，如图 10.8 所示。

> **注意**：可以在HTML Canvas文档中发布一个透明的舞台，方法是在"属性"面板的Properties（属性）区域中，单击带有红色对角线的位置，这表示舞台没有颜色。

如果想为导入到库中的所有位图创建一个单独的图像文件（叫作纹理图集），可以选择 Export Document As Texture（将文件导出为纹理）。HTML5 Web 页面可以载入单个图像文件，而且在检索图像的特定部分时，其速度远快于载入多个更小的图像。

注意：如果在Basic（基本）选项卡中选择了Export Image Assets（导出图像素材）区域中的Combine Images Into Spritesheet（合并到精灵表单）选项，则Image Settings（图像设置）选项卡中的Combine Images Into Spritesheet（将图像合并到精灵表单）选项也将被选中，反之亦然。

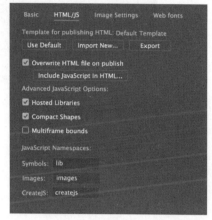

图10.7

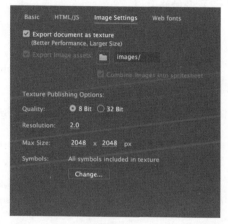

图10.8

可以取消选择 Export Document As Texture（将文件导出为纹理）选项，并选择 Export Image Assets（导出图像素材）> Combine Images Into Spritesheet（合并到精灵表单），精灵表单将位图组合到单个图像中，图像中的某部分是动态检索的。

一般来说，纹理图集比精灵表单更大，但是更有效。你还可以增加纹理图集中 HiDPI 显示的分辨率，并选择要包含在纹理中的某些元件。

为导出的图像选择 Format（格式）选项，并设置图像的质量、大小和背景颜色。如果选择的尺寸太小，无法适应库中的图像，则 Animate 会根据需要发布多个精灵表单。

5. 单击 OK 按钮，保存所有设置。关闭文件，本课将不再需要这些文件。

10.4　发布桌面端应用程序

用户可能希望发布的影片无须浏览器也能运行。

可以将影片作为 AIR 文件输出，该文件会在用户的桌面端上安装一个应用程序。Adobe AIR 是一个健壮的运行时环境，支持的技术范围比较广泛。

观看影片的观众必须从 Adobe 网站上下载免费的 Adobe AIR 运行时。当然，也可以使用 Captive Runtime（运行时绑定）选项输出 AIR 项目，"运行时绑定"选项包含了 AIR 运行时，这样观众就不需要下载任何插件了。

10.4.1 创建 AIR 应用程序

Adobe AIR 允许观众以应用程序的方式在其桌面端查看 Animate 内容。第 9 课讲到，最终的项目是一个互动式动物园凉亭的桌面端应用程序。在本节，用户将指定必要的发布设置，为一个餐馆手册创建桌面端应用程序。

1. 打开 10Start_restaurantguide.fla。

它与用户在第 9 课中创建的互动式餐厅手册一样，只是对背景图像做了少量修改。

2. 在"属性"面板的 Publish（发布）区域，从 Target（目标）菜单中选择 AIR 30.0 for Desktop，如图 10.9 所示。

3. 单击"目标"菜单附近的 Edit Application Settings（编辑应用程序设置）按钮（扳手图标）。

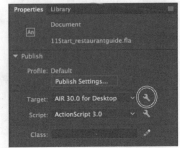

图10.9

这将打开 AIR Settings（AIR 设置）对话框，如图 10.10 所示。

图10.10

4. 检查 General（通用）选项卡中的设置。

Output file（输出文件）字段显示了发布的 ARI 安装程序的文件名 10Start_restaurantguide.air。Output as（输出为）选项提供了创建 AIR 应用程序的 3 种方式。这里应该选择第一个选项 AIR package。下面是每一个选项的功能描述。

- AIR package（AIR包）创建独立于平台的AIR安装程序。
- Mac installer（macOS）/Windows installer（Windows）创建特定于平台的AIR安装程序。
- Application with runtime embedded（嵌入运行时的应用程序）创建不需要安装程序的应用程序，或者不需要在终端用户的桌面上安装AIR运行时的应用程序。

5. 在 Name（macOS）或 App Name（Windows）字段中，输入 Meridien Restaurant Guide，如图 10.11 所示。

图10.11

Meridien Restaurant Guide 将成为发布的应用程序的名字。

6. 从 Window style（窗口类型）菜单中，选择 Custom Chrome（transparent）[自定义镶边（透明）]，如图 10.12 所示。

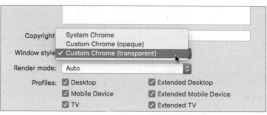

图10.12

"自定义镶边（透明）"选项将创建一个没有界面或框架元素（叫作 chrome）且背景为透明的应用程序。

7. 单击 AIR Settings（AIR 设置）对话框顶部的 Signature（签名）选项卡，如图 10.13 所示。

创建 AIR 应用程序需要用到证书，以便用户能够识别并信任 Animate 内容的开发人员。在本课中，我们不需要正式的证书，创建自签名的证书即可。

8. 单击 Certificate（证书）附近的 New（新建）（macOS）或 Create（创建）（Windows）按钮。

9. 在空字段中输入信息。可以在 Publisher name（发布者名称）中输入 Meridien Press，在 Organization unit（组织单位）中输入 Digital，在 Organization name（组织姓名）中输入 Interactive。然后在两个密码字段中输入密码，然后在 Save as（另存为）字段中输入 meridienpress.p12。单击 Folder(文件夹)/Browse(浏览)按钮，将其存放到与 FLA 文件相同的文件夹中。最后单击 Save(保存)以及单击 OK 按钮，如图 10.14 所示。

图10.13

Animate 将在计算机上创建一个自签名的证书（.p12），如图 10.15 所示。

图10.14　　　　　　　　　　　　　　　　图10.15

 注意：如果打开了在另外一台计算机上创建的FLA文件，Animate将警告用户：当前计算机上没有字体与构建文件时使用的字体相同。在警告对话框中单击OK按钮，接受Animate建议的替换字体。

Animate 将自动在 Certificate（证书）字段中填写 .p12 文件的路径。确保填写了 Password（密码）字段（密码必须与创建证书时使用的相同），并选择了 Remember Password For This Session（记住这个会话的密码）和 Timestamp（时间戳）选项。

 提示：也可以从Publish Settings（发布设置）对话框中打开AIR Settings（AIR设置）对话框。单击Target（目标）菜单附近的Player Settings（播放器设置）按钮（扳手图标）。

10. 现在单击"AIR 设置"对话框中的 Icons（图标）选项卡，如图 10.16 所示。

图10.16

11. 选择 icon 128 × 128，然后单击文件夹图标。

12. 导航到 10Start 文件夹中的 AppIconsForPublish 文件夹，选择 restaurantguide.png 文件，然后单击 Open（打开）按钮。

restaurantguide.png 文件中的图像将成为桌面上的应用程序图标，如图 10.17 所示。

图10.17

13. 单击"AIR 设置"对话框中的 Advanced（高级）选项卡。

14. 在 Initial window settings（初始窗口设置）中，在 X 字段中输入 0，在 Y 字段中输入 50，如图 10.18 所示。

AIR Settings

General Signature Icons Advanced Languages

Associated file types

Initial window settings

Width:		Height:	
X:	0	Y:	50
Maximum width:		Maximum height:	
Minimum width:		Minimum height:	

☑ Maximizable
☑ Minimizable
☑ Resizable
☑ Visible

Other settings

Install folder:

Program menu folder:

☐ Use custom UI for update

图10.18

应用程序启动后将出现在屏幕左侧且距离顶部 50 像素的位置。

15. 单击 Publish（发布），然后单击 OK 按钮以退出"AIR 设置"对话框。Animate 创建了一个 AIR 安装程序（.air），如图 10.19 所示。

图10.19

10.4.2　安装 AIR 应用程序

AIR 安装程序独立于平台，但是用户的系统上需要安装 AIR 运行时。

1. 双击刚才创建的 AIR 安装程序 10Start_restaurantguide.air。

Adobe AIR Application Installer（Adobe AIR 应用程序安装程序）打开并请求安装应用程序。由于我们在创建 AIR 安装程序时使用了自签名的证书，所以 Adobe 会警告这是一个未知不可信任的开发程序，可能存在潜在的安全威胁（我们可以信任自己，因此可以继续进行），如图 10.20 所示。

2. 单击 Install（安装），然后单击 Continue（继续），以默认设置继续安装。

名为 Meridien Restaurant Guide 的应用程序将安装在计算机上，并自动打开，如图 10.21 所示。

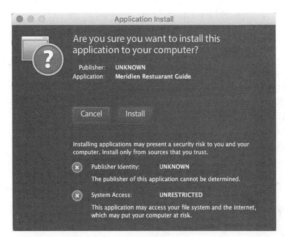

图10.20

图10.21

注意：应用程序位于桌面的最左侧，距离顶部边缘为50像素（大致在1/4英寸到1/2英寸之间，取决于显示器的分辨率），正如在"AIR设置"对话框中指定的那样。而且还注意到，舞台是透明的，图形元素漂浮在桌面上，就像其他应用程序的外观那样。

3. 按 Command + Q（macOS）/Ctrl+ Q（Windows）组合键退出应用程序。

10.4.3　创建放映文件

在某些情况下，例如，如果有个应用程序需要安装，而且在安装时会出现安全问题，你不想与这样的程序打交道，就可能需要使用低技术含量和简单的分发方法。放映文件是一个包含 Flash Player 运行时的自包含文件，因此观众只需要双击放映文件图标，就可以播放和查看多媒体内容。

可以从 ActionScript 3.0 或 AIR 文档发布 macOS 或 Windows 放映文件。但是，与创建 AIR 应用程序时不同，在发布放映文件时没有发布选项，例如为应用程序图标选择缩略图，或者在应用程序启动时指定透明背景或初始位置。

1. 打开 10Start_restaurantguide.fla。

2. 选择 File（文件）>Publish Settings（发布设置）。

3. 在左侧列中的 OTHER FORMATS（其他格式）下，选择 Mac Projector（Mac 放映文件）、Win Projector（Windows 放映文件），或两者都选，如图 10.22 所示。Windows 放映文件的文件扩展名为 .exe，Mac 放映文件的文件扩展名为 .app。

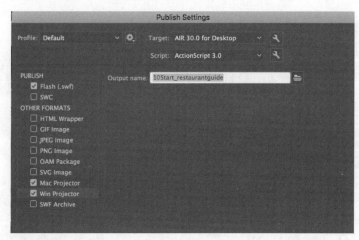

图10.22

4. 指定希望 Animate 保存放映文件的文件名和位置。每个放映文件（macOS 和 Windows）都需要一个唯一的文件名，因此突出显示每个选项以输入文件名。

 注意：任何依赖资源，比如视频文件，必须包含到放映文件中，这样才能正常播放。Animate不会将这些依赖文件嵌入到放映文件中。

5. 单击 Publish（发布）按钮。

Animate 在输出位置创建选定的放映文件，其文件名与 Output name（输出名称）字段中的相同。单击 OK 按钮。

6. 双击放映文件，结果如图 10.23 所示。

餐厅手册作为单独的应用程序在桌面上打开。可以将放映文件应用程序与 AIR 应用程序进行比较。本课中不再用到这个文件，现在将其关闭。

图10.23

10.5　发布到移动设备

　　还可以将Animate内容发布到运行在iOS（比如iPhone或iPad）或Android系统上的移动设备中。要将Animate内容发布到移动设备上，则需要将目标设置为AIR for iOS或AIR for Android，以便创建一个用户可以在其设备上下载并安装的应用程序。

10.5.1　测试移动应用程序

　　相较于为桌面端创建应用程序，为移动设备创建应用程序要更加复杂，主要原因是需要获得开发和分发所需要的特定证书。例如，如果想将应用程序上传到iTunes Store，Apple会要求你按年付费，这样你才能成为一名经过认证的开发人员。为Android设备进行开发只需一次性付费。另外，在单独的设备上测试和调试时，还需要考虑此项行为引起的额外的时间和精力。但是，Animate CC 提供了几种方法来帮助你测试移动设备的内容。

> **An** **注意**：iOS Simulator隶属于Apple的Xcode开发工具集，这个工具集可以从Apple网站中免费下载。

> **An** **注意**：要在iOS设备上测试应用程序，你需要加入Apple的iOS Developer计划，在这里你可以创建开发、分发和提供证书（create development, distribution, and provisioning certificates）。有了证书之后，可以在iOS设备上安装应用程序进行测试，并将应用程序上传到iTunes Store。

- 可以使用Animate提供的移动设备模拟器AIR Debug Launcher来测试移动交互性。与AIR Debug Launcher配套的SimController可以模拟设备倾斜（使用加速度计）、触摸姿势（如拖动和缩放）甚至地理定位功能。

- 对于iOS设备，Animate能够发布一个AIR应用程序，以在本地的iOS Simulator中进行测试，这个模拟器能够在macOS桌面端模拟移动应用程序的使用。

- 使用USB线将移动设备连接到计算机，然后Animate就可以直接将AIR应用程序发布到移动设备上了。

10.5.2 模拟移动应用程序

下面将在 Animate CC 中使用 Adobe SimController 和 AIR Debug Launcher 来模拟移动设备的交互性。

1. 打开 10Start_mobileapp.fla 文件，检查图层 2 中的 4 个关键帧，如图 10.24 所示。

> **An** **注意**：在Windows中，当使用AIR Debug Launcher时可能会出现一个安全警告。单击Allow Access（运行访问），可以继续运行。

这个项目是一个很简单的应用程序，用于宣布在 Meridien 城市举行的一项虚拟的体育赛事。

这个项目已经包含了可以让观众向舞台左侧或右侧滑动、以分别进入下一帧和上一帧的 ActionScript 代码。

图10.24

检查 Actions（动作）面板中的代码。这段代码是通过 Code Snippets（代码片段）面板添加的，包含了许多可以用于手机设备交互的代码片段。

2. 在"属性"面板中，请注意目标是针对 AIR30.0 for Android 设置的。

3. 选择 Control（控制）>Test Movie（测试影片）>In AIR Debug Launcher（Mobile），它应该已经被选中。

这个项目将发布到一个新窗口中。另外，SimController 应用程序还会打开，它提供了与 Animate 内容进行交互的选项，如图 10.25 所示。

4. 在 Simulator（模拟器）面板中，单击 TOUCH AND GESTURE（触摸和手势）来展开该区域。

5. 选择 Touch layer（触摸层）。

该模拟器会在 Animate 内容上覆盖一个透明的灰色框，以模拟移动设备的触摸屏。

6. 选择 Gesture（姿势）>Swipe（滑动），如图 10.26 所示。

图10.25

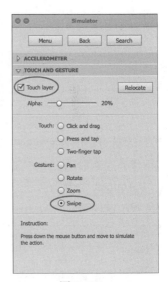

图10.26

现在启用了模拟器来模拟滑动的交互性。面板底部的 Instructions（说明）会提示如何仅通过鼠标指针来创建交互设计。

7. 在 Animate 内容的触摸层上，向左拖动，然后松开鼠标按键。

提示：通过更改 Alpha 值，可以更改触摸层的不透明度。

黄色的点表示移动设备触摸层上的接触点，如图 10.27 所示。

图10.27

项目可以识别滑动的交互，然后出现第二个关键帧。

8. 左右滑动。

Animate 会分别前进一帧或后退一帧。

9. 关闭窗口。

 注意：在启用触摸层时，不要移动包含Animate内容（AIR Debug Launcher或ADL）的窗口。如果这样做了，触摸层将无法与ADL窗口对齐，也就无法准确地测试移动交互性了。

10.6　下一步

恭喜！最后一课顺利完成。到目前为止，我们知道了 Adobe Animate CC 具有创建富媒体交互式项目和动画（发布到多个平台上）所需的所有特性。我们已经完成了这些课程，其中许多课程是从头开始的，因此也就理解了各种工具、面板和代码是如何在真实的应用程序中协同工作的。

学无止境。请你通过创建自己的动画或互动网站来继续练习、实践 Animate 技能。在网络电视中观看动画，在网上寻找多媒体项目，以及探索移动设备上的应用程序，这些可以激发你的灵感。探索 Adobe Animate 帮助资源和其他精彩的 Adobe Press 出版物，以进一步扩充 Animate 知识。

 注意：有关将Animate内容发布到AIR for iOS或Android平台的更多信息，请访问 Adobe AIR Developer Center网站。在该网站中可以下载相关的教程、技巧、提示以及示例文件。

10.7 复习题

1. 开发时和运行时的区别是什么？

2. 什么是 CreateJS？

3. 在发布 HTML5 Canvas 文档时，会生成哪种类型的文件？

4. 应该去哪里寻找有关"将 Animate 文件从一种文档类型转换为另一种文档类型"的警告？

5. 为移动设备测试 Animate 文件时，有哪些不同的方法？

6. 什么是代码签名证书，为什么 AIR 应用程序需要证书？

10.8 复习题答案

1. 开发时（author-time）指的是创建 Animate 内容时所在的环境，比如 Animate CC。运行时（runtime）指的是为观众播放 Animate 内容时所在的环境。Animate 内容的运行时可以是桌面浏览器中的 Flash Player，可以是桌面上或移动设备上的 AIR 应用程序，可以是标准或扩展的 WebGL 运行时，可以是使用 HTML5 和 JavaScript 的现在浏览器，还可以是在 YouTube 上播放的视频。

2. CreateJS 是一系列开源的 JavaScript 库，包含 EaselJS、TweenJS、SoundJS 和 PreloadJS。要让 HTML5 Canvas 项目中的动画和交互性能正常运行，需要用到 JavaScript。

3. 在发布或测试 HTML5 Canvas 文档时，Animate 会导出所有必要的 JavaScript 代码，以表示舞台上的图像、图像、元件、动画和声音。它还可以导出一个 HTML 文件和依赖资源，比如图像和声音。

4. 在将一种类型的 Animate 文档转换为另一种类型时，在 Output（输出）面板中会出现警告，用来告知用户"交互式或动画特性可能无法正确转换"。

5. 要为移动设备测试 Animate 项目，可以在 Air Debug Launcher 中进行测试，方法是选择 Control（控制）>Test Movie（测试影片）>In AIR Debug Launcher（Mobile）。与之配套的 SimController 允许模拟不同的移动交互，比如滑动屏幕。也可以直接将 Animate 项目发布到相连的 USB 设备（Android 或 iOS）中进行测试。最后，还可以在本地的 iOS Simulator 中测试 iOS 应用程序，方法是选择 Control（控制）>Test Movie（测试影片）>On iOS Simulator。

6. 代码签名证书是一份可以作为用户的数字签名的证明文档。用户可以从证书颁发机构购买证书。签名证书提供了一种让观众认证你的身份的方式，以便让他们有信心下载和安装桌面 AIR 应用程序，以及用于 Android 或 iOS 设备的 AIR 应用程序。